交通版普通高等教育规划教材

土木工程施工技术
与组织管理

杨世聪　任青阳　陈思甜　罗　徐　张江涛　编

人民交通出版社股份有限公司
北京

内 容 提 要

本书主要介绍了土方工程、基础工程、混凝土结构工程、预应力混凝土工程、砌筑工程、钢结构工程、脚手架工程、结构安装工程、防水工程、装饰工程的施工技术,以及流水施工原理、网络计划技术、施工组织设计与管理等内容。

本书基于与时俱进思想,在土木工程专业课程体系改革的基础上,根据面向新世纪土木类人才培养目标编写,可作为本科和高职高专院校土木工程类、工程管理类、工程造价类等相关专业的教材使用,也可供广大从事土木工程施工作业的人员学习参考。

图书在版编目(CIP)数据

土木工程施工技术与组织管理 / 杨世聪等编. — 北京:
人民交通出版社股份有限公司, 2021.8
ISBN 978-7-114-17438-4

Ⅰ.①土… Ⅱ.①杨… Ⅲ.①土木工程—工程施工—高等学校—教材②土木工程—施工组织—高等学校—教材③土木工程—施工管理—高等学校—教材 Ⅳ.①TU7

中国版本图书馆 CIP 数据核字(2021)第 125067 号

交通版普通高等教育规划教材
Tumu Gongcheng Shigong Jishu yu Zuzhi Guanli

书　　名	土木工程施工技术与组织管理
著 作 者	杨世聪　任青阳　陈思甜　罗　徐　张江涛
责任编辑	闫吉维　郭红蕊
责任校对	孙国靖　魏佳宁
责任印制	张　凯
出版发行	人民交通出版社股份有限公司
地　　址	(100011)北京市朝阳区安定门外外馆斜街 3 号
网　　址	http://www.ccpcl.com.cn
销售电话	(010)59757973
总 经 销	人民交通出版社股份有限公司发行部
经　　销	各地新华书店
印　　刷	北京鑫正大印刷有限公司
开　　本	787×1092　1/16
印　　张	15.25
字　　数	363 千
版　　次	2021 年 8 月　第 1 版
印　　次	2021 年 8 月　第 1 次印刷
书　　号	ISBN 978-7-114-17438-4
定　　价	45.00 元

前言

  随着我国工程建设与科学技术的不断发展,土木工程施工的新技术、新工艺、新材料、新工法层出不穷。本教材基于与时俱进思想,在土木工程专业课程体系改革的基础上,根据面向新世纪土木类人才培养目标进行编写,可作为本科和高职高专院校土木工程类、工程管理类、工程造价类等相关专业的教材使用,也可供广大从事土木工程施工作业的人员学习参考。

  土木工程包括建筑工程、桥梁工程、地下工程、道路工程、港口工程、码头工程等,对其施工规律的研究要综合运用数学、力学、材料、测量、结构、机电、运筹学及有关管理方面的基础理论。土木工程施工技术与组织管理课程主要研究土木工程施工中各主要工种工程的施工技术、工艺原理和组织管理。该课程具有涉及面广、实践性强、发展迅速的特点。作为应用性的专业基础课程,其研究内容均来源于丰富的工程实践。因此,为提高本课程的教学质量,学生在课程学习的基础上,除应掌握有关土木工程施工技术与组织管理的基础知识外,还必须密切联系工程实际,进行现场学习、参观实习等。

  本书由重庆交通大学土木工程学院结构工程系编写。"钢结构工程""脚手架工程"由陈思甜编写,"结构安装工程"由张江涛编写,"网络计划技术"由罗徐编写,其余均由杨世聪编写。硕士研究生伯金山、刘鹏对本书的编写做了很多基础性工作,任青阳对书稿进行了审核。

  招商局重庆交通科研设计院有限公司王福敏研究员对全书进行了审定,并提出宝贵意见,在此表示感谢!

  本书在编写中力求做到理论联系实际,既介绍了土木工程施工技术与组织管理的基本知识,又反映了当前土木工程施工的先进水平,并严格遵照我国现行规范、规程与标准的相关规定,努力做到深入浅出、通俗易懂。由于作者的水平有限,书中不足之处在所难免,诚挚地希望广大读者提出宝贵意见。

编　者

2021 年 3 月

目录

第1章　概　　论

1.1　建设项目

1.1.1　建设项目含义

建设项目也称基本建设工程项目,是指在一个总体设计或初步设计范围内,由一个或几个单项工程组成的建筑工程实体。建设项目一般是对一个企业或一个事业单位的建设来说的,如××工厂、××商厦、××大学、××住宅小区等。

凡属于一个总体设计中的主体工程和相应的附属配套工程,都统作为一个建设项目。凡是不属于一个总体设计,经济上分别核算,工艺流程上没有直接联系的几个独立工程,应分别列为单独的建筑工程项目。

建设项目的基本特征如下:

(1)统一性。在一个总体设计或初步设计范围内,由一个或若干个互相有内在联系的单项工程所组成,建设中实行统一核算、统一管理。

(2)约束性。在一定的约束条件下,以形成固定资产为特定目标。约束条件有时间约束、资源约束、质量约束。时间约束即有建设工期目标,资源约束即有投资总量目标,质量约束即一个建设项目都有预期的生产能力、技术水平或使用效益目标。

(3)程序性。需要遵循必要的建设程序和特定的建设过程。一个建设项目从提出建设的设想、建议、方案选择、评估、决策、勘察、设计、施工一直到竣工、投入使用,均是一个有序的全过程。

(4)一次性。其表现是投资的一次性投入,建设地点的一次性固定,设计单一,施工单件。

(5)限额性。具有投资限额标准,即只有达到一定限额投资的才作为建设项目,不满限额标准的称为零星固定资产购置。

1.1.2　建筑工程项目类型

建筑工程项目可以根据需要进行各种类型划分,常用划分方式有以下几种:

(1)按建设性质划分为新建项目、扩建项目、改建项目、迁建项目、恢复项目。

新建项目是指从无到有新开始建设的项目。有的建设项目原有基础很小,经扩大建设规模后,其新增加的固定资产价值在原有固定资产价值3倍以上的,也算新建项目。

扩建项目是指原有企业、事业单位,为扩大原有产品生产能力(或效益),或增加新的产品生产能力,而新建主要车间或工程项目。

改建项目是指原有企业为提高生产效率,采用新技术,改进产品质量,或改变新产品方向,对原有设备或工程进行改造的项目。企业增建一些附属、辅助车间或非生产性工程,也算改建项目。

迁建项目是指原有企业、事业单位,由于各种原因经上级批准搬迁到另地建设的项目。迁建项目中符合新建、扩建、改建条件的,应分别作为新建、扩建或改建项目。迁建项目不包括留在原址的部分。

恢复项目是指企业、事业单位因自然灾害、战争等原因,使原有固定资产全部或部分报废,以后又投资按原有规模重新恢复起来的项目。在恢复的同时进行扩建的,应作为扩建项目。

这种分类反映了投资使用方向、投资结构,是研究分析投资效果的重要手段。

(2)按建设规模大小划分为大型项目、中型项目、小型项目。

基本建设大中小型项目是按项目的建设总规模或总投资来确定的。习惯上将大型和中型项目合称为大中型项目。新建项目按项目的全部设计规模(能力)或所需投资(总概算)计算;扩建项目按扩建新增的设计能力或扩建所需投资(扩建总概算)计算,不包括扩建以前原有的生产能力。但是,新建项目的规模是指经批准的可行性研究报告中规定的建设规模,而不是指远景规划所设想的长远发展规模。明确分期设计、分期建设的,应按分期规模计算。基本建设项目大中小型划分标准,是国家规定的。按总投资划分的项目,能源、交通、原材料工业项目5000万元以上,其他项目3000万元以上的为大中型项目,在此标准以下的为小型项目。

这种分类可以正确地反映大、中、小型各类建设项目的建设规模,以适应统一计划和分级管理的需要。

(3)按项目在国民经济中的作用划分为生产性项目、非生产性项目。

生产性项目指直接用于物质生产或直接为物质生产服务的项目,主要包括工业项目、建筑业、地质资源勘探及农林水有关的生产项目、运输邮电项目、商业和物资供应项目等。

非生产性项目指直接用于满足人民物质和文化生活需要的项目,主要包括文教卫生、科学研究、社会福利、公用事业建设、行政机关和团体办公用房建设等项目。

这种分类是为了反映国民经济中生产和生活设施投资的比例关系,同时也能反映基本建设投资的分配方向。

1.1.3 建设项目划分

因为一项建设项目是一个巨大的复杂工程,它需要经过许多工序才能完成,所以需要将一个形体庞大、结构复杂、构成内容繁多的建设项目逐渐分解为一系列简单内容。按国家规定和行业习惯,建设项目按层次划分为建设项目、单项工程、单位工程、分部工程、分项工程。

1)建设项目

建设项目是指批准在一个设计任务书范围内,由一个或几个单项工程组成的建设工程实体。在一个设计任务书的范围内,按规定分期进行建设的项目,仍算作一个建设项目。

2)单项工程

单项工程又称工程项目,是建设项目的组成部分。一个建设项目,可以只有一个工程项目,也可以包括几个或几十个工程项目。工程项目都有独立的设计文件,竣工后能够独立发挥生产能力或使用效益,如××工业项目化工厂中的烧碱车间、盐酸车间,民用建设项目大学中的图书馆、理化教学楼。工程项目是具有独立存在意义的一个完整实体,也是一个极为复杂的综合体,它由许多单位工程组成。

3)单位工程

单位工程是指具有单独设计、可以独立组织施工,但竣工后不能独立发挥生产能力或使用效益的工程。一个工程项目,按照其构成,一般都可以划分为建筑工程、设备购置及其安装工程,其中建筑工程还可以按照其中各个组成部分的性质、作用,划分为若干个单位工程。以一幢住宅楼为例,它可以分解为一般土建工程、室内给排水工程、室内采暖工程、电气照明工程等单位工程。

4)分部工程

分部工程是指按部位、材料和工种进一步分解单位工程后划分出来的工程。每一个单位工程仍然是一个较大的组合体,它本身是由许多结构构件、部件或更小的部分所组成,把这些内容按部位、材料和工种进一步分解,就是分部工程。如土建工程中可划分出土石方工程、地基与防护工程、砌筑工程、门窗及木结构工程等分部工程。

5)分项工程

分项工程是指能够单独地经过一定施工工序就能完成,并且可以采用适当计量单位计算的建筑或安装工程。由于每一分部工程中影响工料消耗大小的因素仍然很多,为了计算工程造价和工料消耗量的方便,还必须把分部工程按照不同的施工方法、不同的构造、不同的规格等,进一步地分解为分项工程。如条形砖基础分部工程可划分为基槽开挖、砌基础、回填土等分项工程。

一般来说,分部、分项工程独立存在往往是没有实用意义的,它只是建设项目构成的一种基本部分,是建设项目施工所取定的较小考量单元,是为了确定工程造价而划分出来的假定性产品。

建设项目划分的层次结构如图1-1所示。

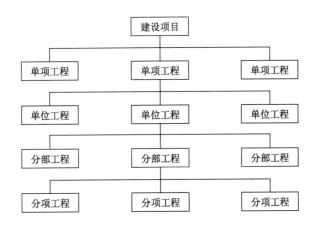

图1-1 建设项目划分的层次结构

1.2 项目施工顺序概述

施工顺序是指单位工程各分部工程之间的先后顺序以及各分项工程或施工过程之间的先后次序。建筑过程遵循"先地下、后地上，先主体、后围护，先结构、后装饰"的施工工序原则。建筑工程的施工顺序，需要在施工原则指导下，根据具体工程项目特征来灵活、合理确定。多层砖混结构房屋的施工，一般可划分为三个施工阶段，即基础工程、主体工程、屋面及装饰工程。

（1）基础工程。

基础工程一般以房屋底层室内地坪（即高程±0.00）为界，以上为主体工程，以下为基础工程。

施工顺序为：挖地槽、混凝土垫层、砖基础、地圈梁、回填土等。如有桩基础，在挖地槽前，进行桩基础工程施工。如有地下室，则应包括地下室结构、防水等施工过程。

基础工程施工时，在保证质量的前提下，强调加快施工速度，即"抢基础"；冬雨季施工时，应预留10~20cm的土不挖，防止雨水浸泡地基；混凝土浇筑应一次成型，不留施工缝，保证基础的整体性。

（2）主体工程。

多层砖混结构房屋主体工程的主导工程是砌墙、安楼板，还有搭设脚手架、安门窗框、安门窗过梁、浇筑圈梁和现浇平板、楼梯等施工过程。主体施工时，应尽量组织流水施工，可将每栋房屋划分两三个施工段，使主导工程施工能连续进行。

（3）屋面及装饰工程。

主体工程施工完成以后，首先进行屋面防水工程的施工，以保证室内装饰的顺利进行。装饰工程主要分为室内装饰、室外装饰、门窗、油漆及玻璃等。该阶段的主导工程是抹灰工作。

装饰工程施工顺序如下：

室内外装饰的施工顺序一般为先室外、后室内。

室外装饰的施工顺序一般为自上而下施工，同时拆除脚手架。

室内抹灰的施工顺序从整体上通常采用自上而下、自下而上、自中而下再自上而中三种施工方案。

室内抹灰同一层内的天棚、墙面、地面的施工顺序，通常有两种：一种是地面→天棚→墙面；另一种是天棚→墙面→地面。

楼梯和过道是施工运输材料的主要通道，它们通常在室内抹灰完成以后，再自上而下施工。室内抹灰全部完成以后，进行门窗扇的安装，然后进行油漆工程，最后安装门窗玻璃。单幢砌块住宅施工顺序如图1-2所示。

从概念上讲，小区绿化工程属于住宅小区建设项目的组成部分，但如果在施工合同中没有包括，建设单位是有权利另行委托施工的。建筑施工公司应该在承诺配合绿化工程公司小区绿化工程施工同时，提出配合施工的费用要求。单项工程、单位工程和特殊专业工程（如桩基工程）可以分别发包，一般分部工程和分项工程不能单独发包。小区绿化工程属于住宅小区建设项目中的一个单项工程，可以单独发包。

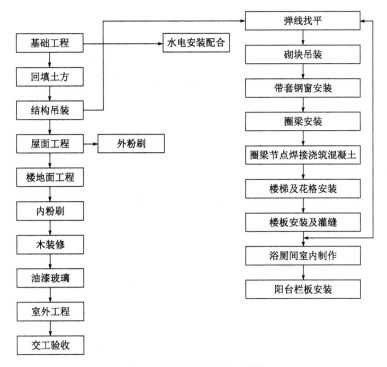

图 1-2 单幢砌块住宅施工顺序

![books icon] **思考题**

1.建设项目划分为单项工程、单位工程、分部工程、分项工程,目的是什么?

2.了解一个你熟悉的建设项目的施工顺序。

第2章 土 方 工 程

2.1 土方工程概述

土方工程是土木工程施工中主要分部工程之一,任何一项工程施工都是从土方工程开始。它包括土方的开挖、运输、填筑与弃土、平整与压实等主要施工过程,以及场地清理、测量放线、施工排水、降水和土壁支护等准备与辅助工作。

2.1.1 土方工程特点与施工要求

土方工程施工,作业对象独特,施工方法多样,具有以下明显的特点:

1) 面广量大、劳动繁重

建筑工地的场地平整,面积往往很大,某些大型工矿企业工地,土方工程面积可达数平方千米,甚至数十平方千米。在场地平整、大型基坑开挖中,土方工程量可达几百万立方米以上;路基、堤坝施工中土方量更大。若采用人工开挖、运输、填筑压实时,劳动强度很大。

2) 施工条件复杂

土方工程施工多为露天作业,土又是一种天然物质,成分较为复杂,且地下情况难以确切掌握。因此,施工中直接受到地区、气候、水文和地质等条件及周围环境的影响。

正是由于土方工程施工,面广量大、劳动繁重、施工条件复杂,所以在组织土方工程施工时,要符合一些基本要求。组织土方工程施工的要求如下:

(1) 在条件允许的情况下,应尽可能采用机械化施工;在条件不够或机械设备不足时,应创造条件,采取半机械化和革新工具相结合的方法,以代替或减轻繁重的体力劳动。

(2) 要合理安排施工计划,尽量避开冬季、雨季施工。否则,应做好相应的准备工作。

(3) 为了降低土方工程施工费用,减少运输量和占用农田,要对土方进行合理调配、统筹安排。

(4) 在施工前要做好调查研究,了解土壤的种类和工程性质,工期要求、质量要求及施工条件,施工地区的地形、地质、水文、气象资料,拟定合理的施工方案和技术措施,以保证工程质量和安全,加快施工进度。

2.1.2 土的工程分类

土的种类很多,其分类方法也有很多,如按土的沉积年代、颗粒级配、密实度、液性指数分类等。在土木工程施工中,土方工程按土的开挖难易程度将土分为 8 类,见表 2-1。表中列出了土的工程分类直观的鉴别方法。

土的开挖难易程度直接影响土方工程的施工方案、劳动量消耗和工程费用。土越硬,劳动量消耗越多,工程成本越高。

土 的 工 程 分 类　　　　　　表 2-1

土 的 分 类	土 的 名 称	开挖方法及工具	可松性系数	
			K_s	K'_s
一类土（松软土）	砂;粉土;冲积砂土层;种植土;泥炭(淤泥)	用锹、锄头挖掘	1.08 ~ 1.17	1.01 ~ 1.03
二类土（普通土）	粉质黏土;潮湿的黄土;夹有碎石、卵石的砂;种植土;填筑土及亚砂土	用锹、锄头挖掘,少许需用镐翻松	1.14 ~ 1.28	1.02 ~ 1.05
三类土（坚土）	软及中等密实黏土;重亚黏土;粗砾石;干黄土及含碎石、卵石黄土;亚黏土;压实填土	主要用镐,少许用锹、锄头,部分用撬棍	1.24 ~ 1.30	1.04 ~ 1.07
四类土（砂砾坚土）	重黏土及含碎石、卵石的黏土;粗卵石;密实黄土;天然级配砂石;软泥炭岩及蛋白石	先用镐、撬棍,后用锹挖掘,部分用楔子及大锤	1.26 ~ 1.37	1.06 ~ 1.09
五类土（软石）	硬石炭纪黏土;中等密实的页岩、泥炭岩、白垩土;胶结不紧的砾岩、软的石灰岩	用镐或撬棍、大锤,部分用爆破方法	1.30 ~ 1.40	1.10 ~ 1.20
六类土（次坚石）	泥岩、砂岩、砾岩;坚硬的页岩、泥灰岩;密实的石灰岩;风化花岗岩、片麻岩	用爆破方法,部分用风镐	1.30 ~ 1.45	1.10 ~ 1.20
七类土（坚石）	大理岩、辉绿岩;玢岩、粗、中粒花岗岩;坚实的白云岩、砾岩、砂岩、片麻岩、石灰岩;有风化痕迹的安山石、玄武岩	用爆破方法	1.30 ~ 1.45	1.10 ~ 1.20
八类土（特坚石）	安山岩、玄武岩;花岗片麻岩;坚实的细粒花岗岩、闪长岩、石英岩、辉长岩、辉绿岩、玢岩	用爆破方法	1.45 ~ 1.50	1.20 ~ 1.30

注:K_s-土的最初可松性系数;K'_s-土的最终可松性系数。

2.1.3　土的工程性质

土的工程性质对土方工程施工有直接影响,也是进行土方施工设计必须掌握的基本资料。土的工程性质主要有土的密度、土的可松性、土的含水率及土的渗透性等。

1)土的密度

与土方工程施工有关的是天然密度 ρ 和干密度 ρ_d。土的天然密度是指土在天然状态下单位体积的质量,它影响土的承载力、土压力及边坡的稳定性。土的干密度是指单位体积土中固体颗粒的质量,即土体空隙中无水时的单位体积质量。它在一定程度上反映了土颗粒排列的紧密程度,可用来作为填土压实质量的控制指标。

2）土的含水率

土的含水率 w 是土中所含水的质量与土的固体颗粒间的质量之比,以百分数表示。即

$$w = \frac{m_w}{m_s} \times 100\%$$ (2-1)

式中：m_w——土中水的质量；

m_s——土中固体颗粒经温度为105℃烘干后的质量。

土的含水率会影响土方开挖、边坡稳定和回填土夯实等施工。当土的含水率超过25% ~ 30%时,采用机械施工就很困难;含水率超过20%时,一般运土汽车就容易打滑、陷车,影响挖土机的工作。回填土夯实时,若含水率过大,则会产生橡皮土现象,无法夯实。

3）土的渗透性

土的渗透性是指水在土体中渗流的性能,一般用渗透系数 K 表示,即单位时间内水透过土层的能力,一般由试验确定。常见土的渗透系数见表2-2。根据土的渗透系数不同,可分为透水性土(如砂土)和不透水性土(如黏土)。

土 的 渗 透 系 数　　　　　　　　　表 2-2

土 的 种 类	K	土 的 种 类	K
亚黏土、黏土	<0.1	含黏土的中砂及纯细砂	20 ~ 25
亚黏土	0.1 ~ 0.5	含黏土的细砂及纯中砂	35 ~ 50
含亚黏土的粉砂	0.5 ~ 10	纯粗砂	50 ~ 75
纯粉砂	1.5 ~ 5.0	粗砂夹卵石	50 ~ 100
含黏土的粉砂	10 ~ 15	卵石	100 ~ 200

在降排地下水时,需根据土层的渗透系数来确定降水方案和计算涌水量;在土方填筑时,也需根据不同土层的渗透系数,确定其铺填顺序。

4）土的可松性

土的可松性是指在自然状态下的土经开挖后,其体积因松散而增加,以后虽经回填压实,仍不能恢复成原来体积的性质。由于土方工程量是以自然状态的体积来计算的,所以在土方调配、计算土方机械生产率及运输工具数量等的时候,应考虑土的可松性影响。土的可松性程度可用可松性系数表示,即

$$K_s = \frac{V_2}{V_1}$$ (2-2)

$$K'_s = \frac{V_3}{V_1}$$ (2-3)

式中：K_s——土的最初可松性系数；

K'_s——土的最终可松性系数；

V_1——土在天然状态下的体积；

V_2——土经开挖后的松散体积；

V_3——土经压(夯)实后的体积。

土的可松性与土质及其密实程度有关,其相应的可松性系数可参考表2-1。土的可松性对土方量的平衡调配、基坑开挖时的留、弃土量及运输工具数量的计算均有直接影响。

2.1.4 土方边坡坡度

为保证土方工程施工时土体的稳定,防止塌方,保证施工安全,当挖土超过一定的深度时,应留置一定的坡度。土方边坡的坡度以其高度 h 与底宽度 b 之比来表示。如图 2-1 所示,边坡可以做成直线形边坡、折线形边坡及阶梯形边坡。

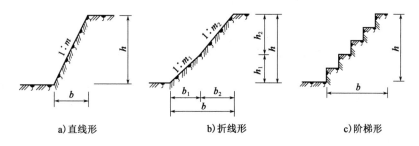

a) 直线形　　　　　　　b) 折线形　　　　　　　c) 阶梯形

图 2-1　土方边坡形式

$$土方边坡坡度 = \frac{h}{b} = \frac{1}{b/h} = \frac{1}{m} \tag{2-4}$$

式中:m——坡度系数,即当边坡高度为 h 时,边坡宽度为 $b = mh$。

土方边坡的大小主要与土质、开挖深度、开挖方法、边坡留置时间的长短、边坡附近的各种荷载状况及排水情况有关。当土质均匀且地下水位低于基坑(槽)或管沟底高程时,挖方边坡可做成直立壁而不加支撑,但深度不宜超过下列规定:

密实、中密的砂土和碎石类土为 1m;

硬塑、可塑的轻亚黏土及亚黏土为 1.25m;

硬塑、可塑的黏土和碎石类土(填充物为黏性土)为 1.5m;坚硬的黏性土为 2m。当地质条件良好,土质均匀且地下水位低于基坑(槽)或沟底高程时,挖土深度在 5m 以内不加支撑的边坡最陡坡度应符合表 2-3 的规定,即使按规定边坡,施工中也要随时检查边坡的稳定情况。

深度在 5m 内的基坑(槽)、管沟边坡的最陡坡度(不加支撑)　　　　表 2-3

土 的 类 别	边坡坡度(高:宽)		
	坡顶无荷载	坡顶有静荷载	坡顶有动荷载
中密的砂土	1 : 1.00	1 : 1.25	1 : 1.50
中密的碎石类土(填充物为砂土)	1 : 0.75	1 : 1.10	1 : 1.25
硬塑的粉土	1 : 0.67	1 : 0.75	1 : 1.00
中密的碎石类土(填充物为黏性土)	1 : 0.50	1 : 0.67	1 : 0.75
硬塑的粉质黏土、黏土	1 : 0.33	1 : 0.50	1 : 0.67
老黄土	1 : 0.10	1 : 0.25	1 : 0.33
软土(经井点降水后)	1 : 1.00	—	—

注:1.静载指堆放土或材料等,动载指机械挖方或汽车运输作业等。静载或动载距挖方边缘应保证边坡直立壁的稳定,堆土或材料应距挖方边缘 0.8m 以外,高度不超过 1.5m。

2.当有成熟的施工经验时,可不受本表限制。

2.2　土方工程量计算与土方调配

在土方工程施工前,通常要计算土方的工程量,以便根据土方工程量的大小拟定土方施工的方案,组织土方工程的施工。但土方工程的地形往往复杂,几何形状不规则,要进行精确计算比较困难。通常将其假设或划分成为一定的几何形状,并采用具有一定精度而又与实际情况近似的方法进行计算。

2.2.1　基坑(槽)土方量的计算

1)基坑土方量计算

基坑的长宽比一般小于或等于3,其土方量可按立体几何中棱柱体(由两个平行的平面作底的一种多面体)的体积公式计算,如图 2-2a)所示,即

$$V = \frac{H}{6}(A_1 + 4A_0 + A_2) \tag{2-5}$$

式中:V——土方工程量,m^3;

　　　H——基坑深度,m;

A_1、A_2——基坑上、下底的面积,m^2;

　　　A_0——基坑中截面的面积,m^2。

2)基槽土方量计算

基槽的土方量可以沿长度方向分段后,再用同样的方法计算,如图 2-2b)所示,即

$$V_i = \frac{L_i}{6}(A_{i1} + 4A_{i0} + A_{i2}) \tag{2-6}$$

式中:V_i——第 i 段的土方量,m^3;

　　　L_i——第 i 段的长度,m。

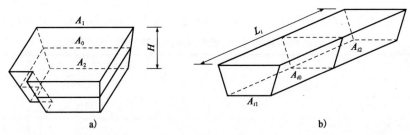

图 2-2　基坑土方量计算

则总土方量为各段的和:

$$V = V_1 + V_2 + \cdots + V_n$$

式中:V_1、V_2、V_n——各段的土方量,m^3。

2.2.2　场地设计高程的确定

大型工程项目通常都要确定场地设计平面,进行场地平整。场地平整就是将自然地面改造成人们所要求的平面。场地设计高程应满足规划、生产工艺及运输、排水及最高洪水位等要

求,并力求使场地内土方挖填平衡且土方量最小。场地设计高程确定一般有两种方法:

①按挖填平衡原则确定设计高程。如场地高差起伏不大,对场地设计高程无特殊要求,可按照挖填土方量相等的原则确定场地设计高程。

②用最小二乘法原理求最佳设计平面。应用最小二乘法的原理,不仅可满足土方挖填平衡的要求,还可做到土方的总工程量最小,实现场地设计平面的最优化。

1)按挖填平衡原则确定设计高程

场地设计高程确定的一般方法是按以下步骤计算的:

(1)划分场地方格网。

(2)计算或实测各角点的原地形高程。

(3)计算场地设计高程。

(4)泄水坡度调整。

将场地划分成边长为 a 的若干方格,并将方格网角点的原地形高程标在图上[图 2-3a)]。原地形高程可利用等高线用插入法求得或在实地测量得到。

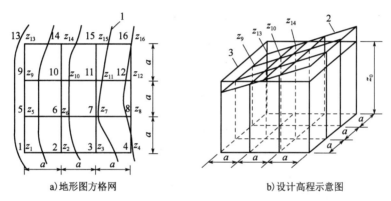

a)地形图方格网　　　　　　b)设计高程示意图

图 2-3　场地设计高程计算示意图

1-等高线;2-自然地面;3-设计平面

按照挖填土方量相等的原则[图 2-3b)],场地设计高程可按下式计算:

$$na^2 z_0 = \sum_{i=1}^{n} \left(a^2 \frac{z_{i1} + z_{i2} + z_{i3} + z_{i4}}{4} \right) \qquad (2-7)$$

即

$$z_0 = \frac{1}{4n} \sum_{i=1}^{n} (z_{i1} + z_{i2} + z_{i3} + z_{i4}) \qquad (2-8)$$

式中:　　z_0——所计算场地的设计高程,m;

　　　　　n——方格数;

z_{i1}、z_{i2}、z_{i3}、z_{i4}——第 i 个方格 4 个角点的原地形高程,m。

由图 2-3 可见,1、4、13、16 号角点为一个方格独有,而 2、3、5、8、9、12、14、15 号角点为两个方格共有,6、7、10、11 角点则为四个方格所共有,在用式(2-8)计算 z_0 的过程中,类似 1 号角点的高程仅加一次,类似 2 号角点的高程加 2 次,类似 6 号角点的高程则加 4 次,这种在计算过程中被应用的次数 P_i,反映了各角点高程对计算结果的影响程度,测量上的术语称为"权"。考虑各角点高程的"权",式(2-8)可改写成更便于计算的形式:

$$z_0 = \frac{1}{4n} \left(\sum z_{P1} + 2\sum z_{P2} + 3\sum z_{P3} + 4\sum z_{P4} \right) \tag{2-9}$$

式中：　z_{P1}——一个方格独有的角点高程；

z_{P2}、z_{P3}、z_{P4}——2、3、4 个方格所共有的角点高程。

设计高程的调整主要是泄水坡度的调整，由于按式(2-9)得到的设计平面为一水平的、挖填平衡的场地，而实际场地往往需有一定的泄水坡度。因此，应根据泄水要求计算出实际施工时所采用的设计高程。

以 z_0 作为场地中心的高程(图 2-4)，则场地任意点的设计高程为：

$$z_t' = z_0 \pm l_x i_x \pm l_y i_y \tag{2-10}$$

式中：z_t'——考虑泄水坡度的角点设计高程；

i_x、i_y——x 方向和 y 方向的泄水坡度。

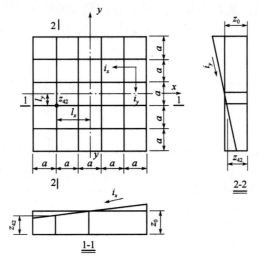

图 2-4　场地泄水坡度

求得 z_i' 后，即可按下式计算各角点的施工高度 H_i，施工高度的含义是该角点的设计高程与原地形高程的差值：

$$H_i = z_i' - z_i \tag{2-11}$$

式中：z_i——i 角点的原地形高程。

若 H_i 为正值，则该点为填方；H_i 为负值则为挖方。

2）最佳设计平面

最佳设计平面即设计高程满足规划、生产工艺及运输、排水及最高洪水位等要求，并做到场地内土方挖填平衡，且挖填的总土方工程量最小。

当地形比较复杂时，一般需设计成多平面场地，此时可根据工艺要求和地形特点，预先把场地划分成几个平面，分别计算出最佳设计单平面的各个参数。然后适当修正各设计单平面交界处的高程，使场地各单平面之间的变化平缓且连续。因此，确定单平面的最佳设计平面是竖向规划设计的基础。

我们知道，任何一个平面在直角坐标体系中都可以用三个参数 c、i_x、i_y 来确定(图 2-5)。在这个平面上任何一点 i 的高程 z_i'，可以根据下式求出：

$$z'_i = c \pm x_i i_x \pm y_{iiy} \tag{2-12}$$

式中：x_i——i 点在 x 方向的坐标；

　　　y_i——i 点在 y 方向的坐标。

与前述方法类似，将场地划分成方格网，并将原地形高程 z'_i 标于图上，设最佳设计平面的方程为式(2-12)的形式，则该场地方格网角点的施工高度为：

$$H_i = z'_i - z_i = c + x_i i_x + y_{iiy} - z_i \quad (i = 1, 2, \cdots, n) \tag{2-13}$$

式中：H_i——方格网各角点的施工高度；

　　　z'_i——方格网各角点的设计平面高程；

　　　z_i——方格网各角点的原地形高程；

　　　n——方格角点总数。

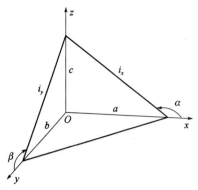

图 2-5　一个平面的空间位置

c-原点坐标；$i_x = \tan\alpha = -\dfrac{c}{a}$，$x$ 方向的坡度；

$i_y = \tan\beta = -\dfrac{c}{b}$，$y$ 方向的坡度

由土方量计算公式可知，施工高度之和与土方工程量成正比。由于施工高度有正有负，当施工高度之和为零时，则表明该场地土方的填挖平衡，但它不能反映出填方和挖方的绝对值之和为多少。为了不使施工高度正负相互抵消，若把施工高度平方之后再相加，则其总和能反映土方工程填挖方绝对值之和的大小。但要注意，在计算施工高度总和时，应考虑方格网各点施工高度在计算土方量时被应用的次数 P_i，令 σ 为土方施工高度之平方和，则有：

$$\sigma = \sum_{i=1}^{n} P_i H_i^2 = P_1 H_1^2 + P_2 H_2^2 + \cdots + P_n H_n^2 \tag{2-14}$$

将式(2-13)代入式(2-14)，得：

$$\sigma = P_1 (c + x_1 i_x + y_1 i_y - z_1)^2 + P_2 (c + x_2 i_x + y_2 i_y - z_2)^2 + \cdots + P_n (c + x_n i_x + y_n i_y - z_n)^2 \tag{2-15}$$

当 σ 值最小时，该设计平面既能使土方工程量最小，又能保证填挖方量相等（填挖方不平衡时，上式所得数值不可能最小）。这就是用最小二乘法求最佳设计平面的方法。

3）场地设计高程的调整

实际工程中，对计算所得的设计高程，还应考虑下述因素进行调整，此工作在完成土方量计算后进行：

（1）考虑土的最终可松性，需相应提高设计高程，以达到土方量的实际平衡。

（2）考虑工程余土或工程用土，相应提高或降低设计高程。

（3）根据经济比较结果，如采用场外取土或弃土的施工方案，则应考虑因此引起的土方量的变化，需将设计高程进行调整。

场地设计平面的调整工作也是繁重的，如修改设计高程，则须重新计算土方工程量。

2.2.3　土方工程量计算

在场地平整土方工程施工之前，通常要计算土方的工程量。但土方外形往往复杂、不规则，要得到精确的计算结果很困难。一般情况下，可以按方格网将其划为一定的几何形状，并采用具有一定精度而又和实际情况近似的方法进行计算。

场地平整土方量的计算可按以下步骤进行：

（1）场地设计高程确定后，求出平整的场地方格网各角点的施工高度 H_i。

（2）确定"零线"的位置。确定"零线"的位置有助于了解整个场地挖、填区域分布状态。

（3）然后按每个方格角点的施工高度算出填、挖土方量，并计算场地边坡的土方量，这样即得到整个场地的填、挖土方总量。

零线即挖方区与填方区的交线，在该线上，施工高度为零。零线的确定方法是：在相邻角点施工高度为一挖一填的方格边线上，用插入法求出方格边线上零点的位置，再将各相邻的零点连接起来即得零线。

如不需计算零线的确切位置，则绘出零线的大致走向即可。土方量的计算有四方棱柱体法和三角棱柱体法两种方法。

1）四方棱柱体的体积计算方法

四方棱柱体的体积计算方法分两种情况：

（1）方格四个角点全部为填或全部为挖时［图2-6a)］

$$V = \frac{a^2}{4}(H_1 + H_2 + H_3 + H_4) \tag{2-16}$$

式中：　　　　V——挖方或填方体积，m³；

H_1、H_2、H_3、H_4——方格四个角点的填挖高度，m，均取绝对值；

a——方格边长，m。

（2）方格四个角点，部分是挖方，部分是填方时［图2-6b)和图2-6c)］

$$V_填 = \frac{a^2}{4}\frac{(\sum H_填)^2}{\sum H} \tag{2-17}$$

$$V_挖 = \frac{a^2}{4}\frac{(\sum H_挖)^2}{\sum H} \tag{2-18}$$

式中：$\sum H_{填(挖)}$——方格角点中填（挖）方施工高度总和，m，各角点施工高度取绝对值；

$\sum H$——方格四角点施工高度总和，各角点施工高度，m 取绝对值。

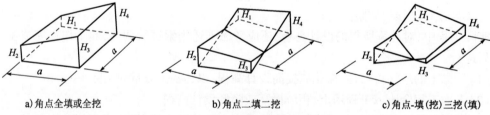

a)角点全填或全挖　　　　b)角点二填二挖　　　　c)角点-填(挖)三挖(填)

图2-6　四方棱柱体的体积计算

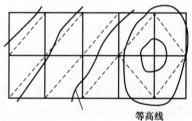

等高线

图2-7　按地形将方格划分成三角形

2）三角棱柱体的体积计算方法

计算时先把方格网顺地形等高线，将各个方格划分成三角形（图2-7）。

每个三角形的三个角点的填挖施工高度，用 H_1、H_2、H_3 表示。

三角棱柱体的体积计算方法也分以下两种情况：

(1)三角形三个角点全部为挖或全部为填时[图2-8a)]

$$V = \frac{a^2}{6}(H_1 + H_2 + H_3) \qquad (2-19)$$

式中： a ——方格边长，m；

H_1、H_2、H_3 ——三角形各角点的施工高度，m，用绝对值代入。

（2）三角形三个角点有填有挖时

当三角形三个角点有填有挖时，零线将三角形分成两部分：一部分是底面为三角形的锥体，另一部分是底面为四边形的去楔体[图2-8b)]。其中锥体部分的体积为：

$$V_{锥} = \frac{a^2}{6} \frac{H_3^3}{(H_1 + H_3)(H_2 + H_3)} \qquad (2-20)$$

楔体部分的体积为：

$$V_{楔} = \frac{a^2}{6}\left[\frac{H_3^3}{(H_1 + H_3)(H_2 + H_3)} - H_3 + H_2 + H_1 \right] \qquad (2-21)$$

式中：H_1、H_2、H_3 ——三角形各角点的施工高度，m，用绝对值，其中 H_3 指的是锥体顶点的施工高度。

上述土方工程量的计算公式均为近似公式，实际工程中还有一些其他的近似算法，只是它们的计算精度有所不同。

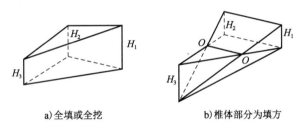

a)全填或全挖   b)椎体部分为填方

图2-8 三角棱柱体的体积计算

采用最佳设计平面设计方法所得到的设计平面其土方工程量比仅考虑土方挖填平衡的设计方法的工程量小得多。

2.3 土方边坡与土壁支护

土方在开挖、填筑等施工过程中，土壁的稳定主要是靠土体的内摩阻力和黏结力来保持平衡。一旦土体在外力作用下失去平衡，就会出现基坑(槽)边坡土方局部或大面积塌落或滑塌。边坡塌方会引起人员伤亡事故，同时会妨碍基坑开挖或基础施工，有时还会危及附近的建筑物。这类事故在工程中时常发生，需要引起足够的重视。

为了防止土壁坍塌，保持土体稳定，保证施工安全，在土方工程施工过程中，对挖方或填方的边缘，均应做成一定的边坡。由于条件限制不能放坡或为了减少土方工程量而不放坡时，可设置土壁支护结构，以确保施工安全。

2.3.1　边坡稳定

土方边坡的稳定,主要是由于土体内颗粒间存在摩擦力和黏聚力,从而使土体具有一定的抗剪强度。土体抗剪强度的大小主要决定于土的内摩擦角和黏聚力的大小。土壤颗粒间不仅存在抵抗滑动的摩阻力,而且存在黏聚力(除了干净和干燥的砂之外)。不同的土和土的不同物理性质对土体的抗剪强度均有影响。

根据工程实践调查分析,造成边坡塌方的主要原因有以下几点:

(1)边坡过陡,土体本身稳定性不够而产生塌方。

(2)坡顶堆载过大,尤其是存在动载,使土体中产生的剪应力超过土体的抗剪强度。

(3)地面水及地下水渗入边坡土体,使土体的自重增大,抗剪能力降低,从而产生塌方。

针对以上造成边坡塌方的主要原因,应该采取如下措施防止边坡塌方:

(1)放足边坡。边坡的留置应符合规范的要求,其坡度大小应根据土壤的性质、水文地质条件、施工方法、开挖深度、工期的长短等因素而定。施工时应随时观察土壁变化情况。

(2)减少在边坡上堆载或动载的不利影响。在边坡上堆土方或材料以及使用施工机械时,应保持与边坡边缘有一定距离。当土质良好时,堆土或材料应距挖方边缘0.8m以外,高度不应超过1.5m。在软土地区开挖时,应随挖随运,以防由于地面加荷引起的边坡塌方。

(3)做好排水工作。防止地表水、施工用水和生活废水浸入边坡土体。在雨期施工时,应更加注意检查边坡的稳定性,必要时加设支撑。

(4)进行边坡面保护。在基坑开挖过程中,可采取塑料薄膜覆盖,水泥砂浆抹面、挂网抹面或喷浆等方法进行边坡面保护,可有效防止边坡失稳。

(5)提高土壁的稳定性。采用通风疏干、电渗排水、爆破灌浆、化学加固等方法,改善滑动带岩土的性质,以稳定边坡,确保土壁的稳定性。

(6)重视施工观察。在土方开挖过程中,应随时观察边坡土体,当出现裂缝、滑动等失稳迹象时,应暂停施工,必要时将施工人员和机械撤出至安全地点。同时,应设置观察点,并对土体平面位移和沉降变化做好记录,随后与设计单位联系,研究相应的措施,如排水、支挡、减重减压和护坡等方法进行综合治理。

2.3.2　土壁支护

在开挖基坑(槽)或管沟时,如果地质和场地周围条件允许,采用放坡开挖,往往是比较经济的。但在建筑物密集地区施工时,常因受场地的限制而不能放坡,或放坡所增加的土方量很大,或有防止地下水渗入基坑要求时,可采用设置土壁支撑或支护,以保证施工的顺利和安全,并减少对相邻已有建筑物等的不利影响。

1)基槽支护结构

开挖较窄的沟槽,多用横撑式土壁支撑。横撑式支撑根据挡土板的设置方向不同,分为水平式支撑和垂直式支撑,如图2-9所示。

(1)水平式支撑。间断或连续的挡土板水平放置。间断式水平挡土板支撑,适用于能保持直立壁的干土或天然湿度的黏土,深度在3m以内。连续式水平挡土板支撑,适用于较潮湿的或散粒的土,深度在5m以内。

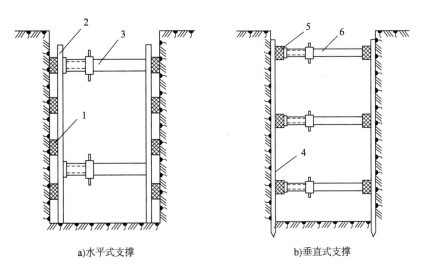

a)水平式支撑   b)垂直式支撑

图 2-9 横撑式支撑

1-水平挡土板;2-立柱;3、6-工具式横撑;4-垂直挡土板;5-横楞木

（2）垂直式支撑。间断或连续的挡土板垂直放置。适用于土质较松散或湿度很高的土，地下水较少，深度不限。

支撑所承受的荷载为土压力。土压力的分布不仅与土的性质、土坡高度有关，且与支撑的形式及变形亦有关。由于沟槽的支护多为随挖、随铺、随撑，支撑构件的刚度不同，撑紧的程度又难以一致，故作用在支撑上的土压力不能按库仑或朗肯土压力理论计算。实测资料表明，作用在横撑式支撑上的土压力的分布很复杂，也很不规则。工程中通常按图 2-10 所示几种简化图形进行计算。

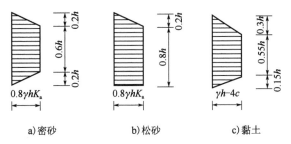

a)密砂   b)松砂   c)黏土

图 2-10 支撑计算土压力

γ-重度;K_a-主动土压力;c-黏聚力

挡土板、立柱及横撑的强度、变形及稳定等，可根据实际布置情况进行结构计算。对于较宽的沟槽，采用横撑式支撑便不适应，此时的土壁支护可采用类似于基坑的支护方法。

2）基坑支护结构

在地下室或其他地下结构、深基础等施工时，常需要开挖基坑。为保证基坑侧壁的稳定，保护周围环境，满足地下工程施工，往往需要设置基坑支护结构。基坑支护结构一般根据地质条件、基坑开挖深度、对周围环境保护要求及降排水情况等选用。在支护结构设计中首先要考虑安全可靠性，其次要满足该工程地下结构施工的要求，并应尽可能降低造价和便于施工。

支护结构包括挡墙与支撑(拉锚)两部分。按受力不同,可分为重力式支护结构、非重力式支护结构和边坡稳定式支护。非重力式支护结构按支护结构支撑系统的不同又分为悬臂式支护结构、内撑式支护结构和坑外锚拉式支护结构。按挡墙所选用的材料不同,支护结构分为钢板桩、钢筋混凝土桩、地下连续墙、深层搅拌水泥土桩、高压旋喷桩等排桩挡墙。土钉墙挡土墙属于边坡稳定式支护法,深层搅拌水泥土桩挡墙和高压旋喷桩挡墙属于重力式支护结构,其他均属于非重力式支护结构。

(1)重力式支护墙类型

重力式支护墙是对基坑边坡滑动体范围及其附近土体进行加固,改善其物理力学性能,使其成为具有一定强度和稳定性的土体结构,从而保证边坡稳定,并兼有抗渗作用。

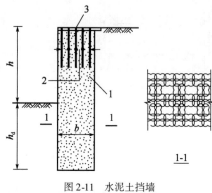

图 2-11　水泥土挡墙
1-搅拌桩;2-插筋;3-面板

①深层搅拌水泥土桩挡墙(图 2-11)。深层搅拌法是利用深层搅拌机在边坡土体需要加固的范围内,将软土与固化剂强制拌和,使软土硬结成具有整体性、水稳性和足够强度的水泥加固土,称为水泥土搅拌桩。水泥土桩相互搭接硬化后即形成具有一定强度的壁状挡墙,具有挡土、截水双重功能。一般靠自重和刚度进行挡土,适用于深度为 4 ~ 6m 的基坑,最大可达 7 ~ 8m。

②高压旋喷桩挡墙。高压旋喷桩是指工程钻机钻孔至设计深度后,在钻杆从地基土中逐渐上提的过程中,利用插入钻杆端部的旋转喷嘴,将水泥浆固化剂喷入地基土中形成水泥土桩,桩体相连形成帷幕墙,可用作支护结构挡墙。在旋喷桩施工时,要控制好上提速度、喷射压力和喷射量,否则难以保证质量。它与深层搅拌水泥土桩只是在形成水泥土桩的工艺有所不同。

(2)非重力式支护结构

非重力式支护结构就是在基坑四周设置支挡构件形成围护墙,以便承受土壁的侧压力以及其他荷载,保持土体结构的稳定。围护墙有桩式和板式两种基本类型。桩式围护墙一般适用于中等深度以下的基坑,在无水的较为稳定的土层中也可用于大深度的基坑。桩式围护墙的形式有钢筋混凝土板桩、钢板桩等连续式排桩;钻孔灌注桩、人工挖孔桩、大直径沉管灌注桩、钢筋混凝土预制桩、H 型钢桩等分离式排桩。板式围护墙一般采用现浇地下连续墙。

(3)支撑系统

当基坑深度较大,悬臂的挡墙在强度和变形方面不能满足要求时,需要增设支撑系统。支撑系统分两类:坑内支撑和坑外锚拉。坑外锚拉又分为顶部拉锚与土层锚杆拉锚,前者用于不太深的基坑,多为钢板桩,在基坑顶部将钢板桩挡墙用钢筋或钢丝等拉结锚固在一定距离之外的锚桩上;土层锚杆拉锚多用于较深的基坑。常见的支护结构形式如图 2-12 所示。

目前支护结构的内支撑常用的有钢结构支撑和钢筋混凝土结构支撑两类。钢结构支撑多用圆钢管和 H 型钢。为了减少挡墙的变形,用钢结构支撑时可用液压千斤顶施加预顶力。

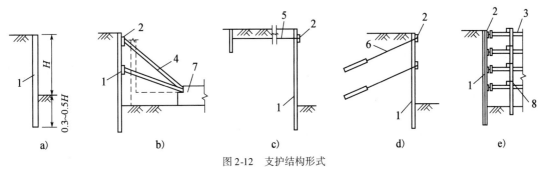

图 2-12 支护结构形式

1-板桩墙；2-围檩；3-钢支撑；4-斜撑；5-拉锚；6-土锚杆；7-先施工的基础；8-竖撑

3）支护结构破坏形式

支护结构的破坏包括强度破坏和稳定性破坏，不同类型的支护结构，其破坏形式也不同。

（1）非重力式支护结构的破坏

①非重力式支护结构强度破坏[图 2-13a）、图 2-13b）、图 2-13c）]有如下形式：

a.拉锚破坏或支撑压屈。地面荷载增大引起的附加荷载，或土压力过大、计算有误引起拉杆断裂，或锚固部分失效、腰梁（围檩）被破坏，或内部支撑断面过小受压失稳都会产生这种破坏。

b.支护墙底部走动。当支护墙底部入土深度不够，或由于挖土超深、水的冲刷等原因都可能产生这种破坏。

c.支护墙的平面变形过大或弯曲破坏。支护墙的截面过小、对土压力估算不准确、墙后无意地增加大量地面荷载或挖土超深等都可能引起这种破坏。

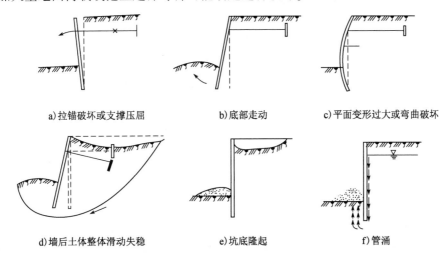

a)拉锚破坏或支撑压屈　　　　b)底部走动　　　　c)平面变形过大或弯曲破坏

d)墙后土体整体滑动失稳　　　　e)坑底隆起　　　　f)管涌

图 2-13 非重力式支护结构破坏形式

②非重力式支护结构的稳定性破坏包括：墙后土体整体滑动（圆弧滑动）失稳、坑底隆起和管涌等[图 2-13d）、图 2-13e）、图 2-13f）]。

a.墙后土体整体滑动失稳。如拉锚的长度不够或设置在滑动面以内，软黏土发生圆弧滑动，会引起支护结构的整体失稳。

b.坑底隆起。在软黏土地区，如挖深度大，可能由于挖土处卸载过多，在墙后土重及地面荷载作用下引起坑底隆起。

c.管涌。在砂性土地区,当地下水位较高、坑深很大时,挖土后由水头差产生的动水压力作用下,地下水会绕过支护墙连同砂土一同涌入基坑。

(2)重力式支护结构的强度和稳定性的破坏

重力式支护结构的强度破坏主要是水泥土抗剪强度不足产生剪切破坏。其稳定性破坏包括以下3类:

①倾覆。水泥土挡墙截面不够大时,在墙后土推动作用下,会产生整体倾覆失稳。

②滑移。水泥土墙与土间产生的抗滑力不足以抵抗墙后的推力时,挡墙会产生整体滑动,使挡墙失稳。

③土体整体滑动失稳,坑底隆起、管涌破坏情况同非重力式挡墙。

4)土层锚杆

土层锚杆是一种埋入土层深处的受拉杆件,它一端与支护结构的挡墙相连接,另一端锚固在稳定的土层中,通常对其施加预应力,以承受由土压力、水压力等所产生的拉力,维护支护结构的稳定。钻孔灌浆锚杆如图 2-14 所示。

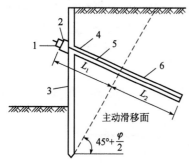

图 2-14　钻孔灌浆锚杆
1-锚具;2-定位板;3-挡土板;4-钻孔;5-拉杆;6-锚固体;L_1-自由段;L_2-锚固段

(1)土层锚杆的构造。土层锚杆由锚头、拉杆和锚固体三部分组成。

(2)土层锚杆的施工。土层锚杆施工工艺:定位→钻孔→安放拉杆→注浆→张拉锚固。

利用土层锚杆支撑支护结构(如钢板桩、灌注桩、地下连续墙等)的最大优点是在基坑施工时坑内无支撑,开挖土方和地下结构施工不受支撑干扰,施工作业面宽敞,目前在工程建筑深基础工程中应用较多。土层锚杆的应用已由非黏性土层发展到黏性土层,近年来,已有将土层锚杆应用到软黏土层中的成功实例,土层锚杆的适用范围及应用会更加广泛。

5)土钉支护

土钉支护是在土体内嵌入一定长度和分布密度的土钉体,与土共同作用,用以弥补土体自身强度的不足。它不仅提高了土体整体刚度,增加了边坡的稳定性,使基坑开挖的坡面保持稳定,而且弥补了土体抗拉和抗剪强度低的弱点,通过相互作用,土体自身结构强度的潜力得到充分发挥,显著提高了整体稳定性。

(1)土钉支护的构造

①土钉采用直径为 16 ~ 32mm 的 HRB335 级以上的螺纹钢筋,长度为开挖深度的 0.5 ~ 1.2 倍,间距为 1 ~ 2m,与水平夹角一般为 10° ~ 20°。

②钢筋网采用直径为 6 ~ 10mm 的 HPB235 级钢筋,间距 150 ~ 300mm。

③混凝土面板采用喷射混凝土,强度等级不低于 C20,厚度在 80 ~ 200mm 之间,通常为 100mm。

④注浆采用强度不低于 20MPa 的水泥净浆。

⑤承压板采用螺栓将土钉和混凝土面层有效连接成整体。

常见的土钉墙如图 2-15 所示。

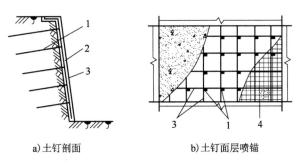

a) 土钉剖面　　　　　　b) 土钉面层喷锚

图 2-15　土钉墙示意图

1-长度为 0.8 ~ 1.2 倍坑深的土钉锚固体;2-喷射混凝土面层厚;3-加强钢筋;4-钢筋网

（2）土钉支护的施工

①开挖工作面。开挖应分段分层进行,分层开挖深度主要取决于暴露坡面的"直立"能力。基坑开挖和土钉墙施工应按设计要求自上而下分段分层进行。考虑到土钉施工设备,分层开挖至少要 6m 宽。开挖长度取决于交叉施工期间能保持坡面稳定的坡面面积。当要求变形小时,开挖可按两段长度分先后施工,纵向长度一般为 10m。

在机械开挖后,应辅以人工修整坡面,坡面平整度允许偏差为 ±20mm。喷射混凝土支护之前,坡面虚土应予以清除。

②喷射混凝土。为了防止土体松弛和崩解,必须尽快做第一层喷射混凝土,厚度不宜小于 40 ~ 50mm。所用的混凝土水泥含量最少为 $400kg/m^3$。当不允许产生裂缝时,加强养护特别重要。

③设置土钉。土钉施工包括定位、成孔、设置钢筋、注浆等工序。钻孔工艺和方法与土层条件、施工单位的设备和经验有关。

④铺设钢筋网。钢筋网应在喷射第一层混凝土后铺设,钢筋与第一层喷射混凝土的间隙不小于 20mm。采用双层钢筋网时,第二层钢筋网应在第一层钢筋网被覆盖后铺设,另外,钢筋网与土钉应连接牢固。

⑤设置排水系统。施工时应提前沿坡顶挖设排水沟排除地表水,并在第一段开挖喷射混凝土期间可用混凝土做排水沟覆面。

（3）质量检测

对土钉应采用抗拉试验检测承载力,为土钉墙设计提供依据或用以证明设计中所使用的黏结力是否合适。

土钉墙面喷射混凝土厚度可采用钻孔检测,钻孔数宜每 $100m^2$ 墙面积一组,每组不应少于 3 点。

（4）土钉的特点与适用范围

土钉支护作为一种边坡稳定式支护结构,具有结构简单,安全可靠,施工方便、快速,节省材料,费用较低廉等优点。但土钉墙在应用上也有一定的局限性。土钉墙施工时一般要先开挖土层 1 ~ 2m 深,在喷射混凝土和安装土钉前需要在无支护情况下至少稳定几个小时,因此土体必须要有一定的"黏聚力",否则需先行灌浆处理,使造价增加和施工复杂。另外,土钉墙施工时要求坡面无水渗出。若地下水从坡面渗出,则开挖后坡面会出现局部坍滑,这样就不可能形成一层喷射混凝土面。

2.4 降水

在基坑开挖过程中，当基底低于地下水位时，由于土的含水层被切断，地下水会不断地渗入坑内。雨期施工时，地面水也会不断流入坑内。如果不采取降水措施，把流入基坑内的水及时排走或把地下水位降低，不仅会使施工条件恶化，而且地基土被水泡软后，容易造成边坡塌方并使地基的承载力下降。另外，当基坑下遇有承压含水层时，若不降水减压，则基底可能被冲溃破坏。因此，为了保证工程质量和施工安全，在基坑开挖前或开挖过程中，必须采取措施，控制地下水位，使地基土在开挖及基础施工时保持干燥。

基坑挖土至地下水位以下，当土质为细砂土或粉砂土的情况下，往往会出现一种称为"流砂"的现象，即土颗粒不断地从基坑边或基坑底部冒出的现象。一旦出现流砂，土体边挖边冒流砂，土完全丧失承载力，致使施工条件恶化，基坑难以挖到设计深度。严重时会引起基坑边坡塌方；邻近建筑因地基被掏空而出现开裂、下沉、倾斜甚至倒塌。

流砂现象的产生是水在土中渗流所产生的动水压力对土体作用的结果。动水压力 G_D 的大小与水力坡度成正比，即水位差越大，渗透路径 L 越短，则 G_D 越大。当动水压力大于土的浮重度 γ'_w 时，土颗粒处于悬浮状态，土颗粒往往会随渗流的水一起流动，涌入基坑内，形成流砂。细颗粒、松散、饱和的非黏性土特别容易产生流砂现象。

由于产生流砂的主要原因是动水压力的大小和方向。当动水压力方向向上且足够大时，土颗粒被带出而形成流砂，而动水压力方向向下时，如发生土颗粒的流动，其方向向下，使土体稳定。因此，在基坑开挖中，防治流砂应从"治水"着手。防治流砂的基本原则是：减少或平衡动水压力；设法使动水压力方向向下；截断地下水流。

2.4.1 集水井降水

集水井降水法一般适用于降水深度较小且土层为粗粒土层或渗水量小的黏性土层。当基坑开挖较深，又采用刚性土壁支护结构挡土并形成止水帷幕时，基坑内降水也多采用集水井降水法。当井点降水仍有局部区域降水深度不足时，也可辅以集水井降水。

采用集水坑降低地下水时，坑下的土有时会形成流动状态而随着地下水流入基坑，形成流砂。因此，如降水深度较大，或土层为细砂、粉砂或在软土地区，采用集水井降水应注意防止流砂的产生，必要时应采用井点降水法。无论采用何种降水方法，均应持续到基础施工完毕，且土方回填后方可停止降水。

集水井一般在基坑或沟槽开挖后设置，土方开挖到坑（槽）底后，先沿坑底的周围或中央开挖排水沟，并设置集水井。土方开挖后地下水在重力作用下经排水沟流入集水井内，然后用水泵抽出坑外。如果开挖深度较大，地下水渗流严重，则应在逐层开挖、逐层设置（图 2-16）。

集水井应设置在基础范围以外，地下水流的上游，排水沟一般沿基础四周布置。如基坑面积较大时，可在基础下设置盲沟，盲沟连通至集水井可将基础下涌出的水排出基坑。排水沟纵坡宜控制在 0.1% ~0.2%。集水井的间距主要根据土的含水率、渗透系数、基坑平面形状及水泵能力而定，一般每隔 20 ~40m 设置一个。

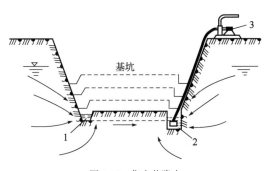

图2-16　集水井降水
1-排水沟;2-集水井;3-水泵

2.4.2　井点降水

1)井点降水原理及作用

井点降水就是在基坑开挖前,预先在基坑四周埋设一定数量的滤水管(井)。在基坑开挖前和开挖过程中,利用真空原理,不断抽出地下水,使地下水位降低到坑底以下。

井点降水的作用主要有以下几方面:

(1)防止地下水涌入坑内[图2-17a)]。

(2)防止边坡由于地下水的渗流而引起的塌方[图2-17b)]。

(3)使坑底的土层消除了地下水位差引起的压力,因此,可防止坑底的管涌[图2-17c)]。

(4)降水后,使板桩减少横向荷载[图2-17d)]。

(5)消除了地下水的渗流,防止流砂现象[图2-17e)]。

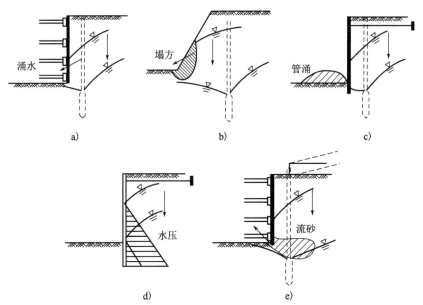

图2-17　井点降水的作用

(6)降低地下水位后,还能使土壤固结,增加地基土的承载能力。

2）井点降水类型

降水井点有轻型井点和管井两大类。一般根据土的渗透系数、降水深度、设备条件及经济比较等因素确定。各种降水井点中轻型井点应用最为广泛，下面重点介绍轻型井点降水。

3）轻型井点布置

（1）轻型井点的组成

①井点系统

轻型井点设备（图2-18）由管路系统和抽水设备组成。管路系统包括滤管、井点管、弯联管及总管。

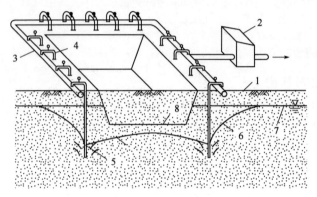

图2-18　轻型井点降水

1-地面；2-水泵；3-总管；4-井点管；5-滤管；6-降落后的水位；7-原地下水位；8-基坑底

滤管（图2-19）为进水设备，通常采用长1.0～1.5m、直径38mm或51mm的无缝钢管，管壁钻有直径为12～19mm的滤孔。骨架管外面包以两层孔径不同的生丝布或塑料布滤网。为使流水畅通，在骨架管与滤网之间用塑料管或梯形铅丝隔开，塑料管沿骨架管绕成螺旋形。滤网外面再绕一层粗铁丝保护网、滤管下端为一铸铁塞头。滤管上端与井点管连接。

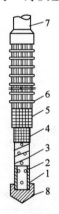

图2-19　滤管构造

1-钢管；2-管壁上的孔；3-塑料管；4-细滤网；5-粗滤网；6-粗铁丝保护网；7-井点管；8-铸铁头

井点管为直径38mm或51mm、长5～7m的钢管。井点管的上端用弯联管与总管相连。集水总管为直径100～127mm的无缝钢管，每段长4m，其上端有井点管连接的短接头，间距0.8m或1.2m。

②抽水设备

常用的抽水设备有干式真空泵、射流泵等。干式真空泵由真空泵、离心泵和水气分离器(又称集水箱)等组成,其工作原理如图2-20所示。抽水时先开动真空泵,将水气分离器内部抽成一定程度的真空,使土中的水分和空气受真空吸力作用而吸出,进入水气分离器。当进入水气分离器内的水达一定高度,即可开动离心泵。在水气分离器内水和空气向两个方向流去:水经离心泵排出;空气集中在上部由真空泵排出,少量从空气中带来的水从放水口放出。

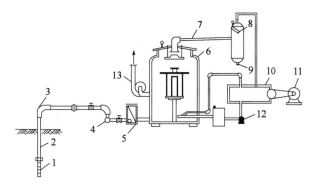

图2-20 干式真空泵工作原理

1-滤管;2-井点管;3-弯联管;4-集水总管;5-过滤室;6-水气分离器;7-进水管;8-副水气分离器;9-放水口;10-真空泵;11-电动机;12-循环水泵;13-离心泵

(2)轻型井点设计

①设计基础资料

轻型井点布置和计算应根据水文地质资料、工程要求、周边环境和设备条件等确定。一般要求掌握的水文地质资料有地下水含水层厚度、承压或非承压水及地下水变化情况、土质、土的渗透系数、不透水层的位置等。要求了解的工程性质主要有基坑(槽)形状、大小及深度,当在基坑外降水时需对周边环境进行调研,摸清降水范围的建筑物或公共设施状况及降水对其可能造成的影响。此外,尚应了解设备条件,如井管长度、泵的抽吸能力等。

②平面布置

根据基坑(槽)形状,轻型井点可采用单排布置[图2-21a)]、双排布置[图2-21b)]、环形布置[图2-21c)]。当土方施工机械需进出基坑时,也可采用U形布置[图2-21d)]。

单排布置适用于基坑、槽宽度小于6m且降水深度不超过5m的情况,井点管应布置在地下水的上游一侧,两端的延伸长度不宜小于坑槽的宽度。

双排布置适用于基坑宽度大于6m或土质不良的情况。

环形布置适用于大面积基坑,如采用U形布置,则井点管不封闭的一端应在地下水的下游方向。

③高程布置

高程布置系确定井点管埋深,即滤管上口至总管埋设面的距离,主要考虑降低后的水位应控制在基坑底面高程以下,保证坑底干燥。高程布置可按式(2-22)计算,如图2-22所示。

$$h \geqslant h_1 + \Delta h + iL \tag{2-22}$$

式中:h——井点管埋深,m;

h_1——总管埋设面至基底的距离,m;

Δh——基坑底至降低后的地下水位线的距离,m;

i——水力坡度。对单排布置的井点,i 取 1/5 ~ 1/4;对双排布置的井点,i 取 1/7;对 U 形或环形布置的井点,i 取 1/10;

L——井点管至水井中心的水平距离,m,当井点管为单排布置时,L 为井点管至对边坡角的水平距离。

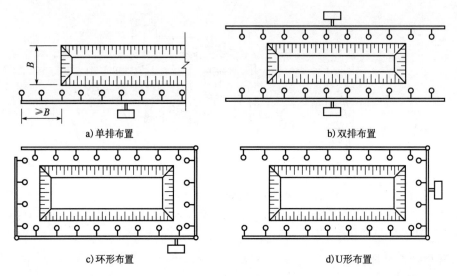

a)单排布置　　　　　　　　　　　b)双排布置

c)环形布置　　　　　　　　　　　d)U形布置

图 2-21　井点的平面布置

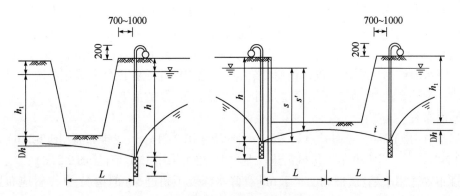

图 2-22　井点高程布置计算(尺寸单位:mm)

　　井点管的埋深应满足水泵的抽吸能力,当水泵的最大抽吸深度不能达到井点管的埋置深度时,应考虑降低总管埋设位置或采用两级井点降水。如采用降低总管埋置高度的方法,可以在总管埋置的位置处设置集水井降水。但总管不宜放在地下水位以下过深的位置,否则,总管以上的土方开挖也往往会出现涌水而影响土方施工。

　　(3)涌水量计算

　　确定井点管数量时,需要知道井点管系统的涌水量,井点管系统的涌水量根据水井理论进行计算。根据地下水有无压力,水井分为无压井和承压井。当水井布置在具有潜水自由面的含水层中时(即地下水面为自由面),称为无压井;当水井布置在承压含水层中时(含水层中的水充满在两层不透水层间,含水层中的地下水水面具有一定水压),称为承压井。根据水井底部是否达到不透水层,水井分为完整井和非完整井。当水井底部达到不透水层时称为完整井,否则称为非完整井。因此,井分为无压完整井,无压非完整井、承压完整井、承压非完整井四大类(图2-23)。各类井的涌水量计算方法都不同,实际工程中水应分清水井类型,采用相应的计算方法。

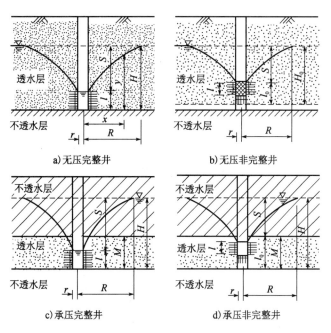

a) 无压完整井 b) 无压非完整井

c) 承压完整井 d) 承压非完整井

图2-23 水井分类

(4)井点管数量计算

涌水量计算后,可根据涌水量布置井点数量,井点管最少数量由下式确定:

$$n' = \frac{Q}{q} \quad (根) \tag{2-23}$$

式中:q——单根井管的最大出水量,由下式确定:

$$q = 65\pi \cdot d \cdot l \cdot \sqrt[3]{K} \quad (m^3/d) \tag{2-24}$$

式中:d、l——滤管的直径及长度,m;

其他符号含义同前。

根据布置的井点总管长度及井点管数量,井点管间距便容易求得。实际采用的井点管间距 D 应当与总管上接头尺寸相适应。即尽可能采用0.8m、1.2m、1.6m或2.0m,实际采用的井点数一般应当增加10%左右,以防井点管堵塞等影响抽水效果。

4)轻型井点施工

(1)准备工作

轻型井点施工前准备工作包括井点设备、动力、水源及必要材料的准备,开挖排水沟,降水影响范围建筑物、管线等沉降观测点设置以及制定防止附近建筑物、管线沉降的措施等。

（2）井点系统施工

轻型井点的施工程序为：排放总管→埋设井点管→用弯联管将井点管与总管接通→安装抽水设备→试运行→正式抽水。井点管的埋设一般用水冲法进行，并分为冲孔与埋管（图 2-24）两个过程。

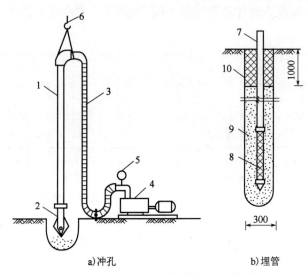

图 2-24　井点管的埋设（尺寸单位：mm）
1-冲管；2-冲嘴；3-胶管；4-高压水泵；5-压力表；6-起重机吊钩；7-井点管；8-滤管；9-填砂；10-黏土封口

井点系统的拆除必须在地下室或地下结构物竣工后并将基坑进行回填土后进行，拔出井点管通常借助于倒链、起吊机等。拔管后所留的孔洞应用砂或土填塞，对有防渗要求的地基，地面以下 2m 范围可用黏土填塞密实。另外，井点的拔除应在基础及已施工部分的自重大于浮力的情况下进行，且底板混凝土必须要有一定的强度，防止因水浮力引起地下结构浮动或破坏底板。

2.5　土方工程机械化施工

土方工程面广量大，人工挖土不仅劳动繁重，而且生产率低、工期长、成本高，因此，土方工程中应尽量采用机械化、半机械化的施工方法，以减轻劳动强度，加快施工进度。

土方工程施工机械的种类繁多，主要包括四大类，即挖掘机械（如单斗挖掘机、多斗挖掘机等），挖运机械（如推土机、铲运机、装载机等），运输机械（如翻斗车、自卸汽车、传送带运输机等），密实机械（如压路机、蛙式夯、振动夯等）。应根据工程特点、现有情况、配套要求，并考虑经济效益合理选用。

2.5.1　场地平整施工

1）场地平整施工准备工作

场地平整施工准备工作主要有场地清理、地面水排除、修筑好临时道路以供机械进场和土方运输用。

（1）场地清理。在施工区域内，对已有房屋、道路、河渠、通信和电力设备、上下水道以及其他建筑物，均需事先进行拆迁或改建。拆迁或改建时，应对一些重要的结构部分，如柱、梁、屋盖等进行仔细的检查，若发现腐朽或损坏时，需采取安全措施。在预定挖方的场地上，应将树墩清除。若用机械施工，是否需要事先清除树墩，则根据所用机械的性能确定。此外，对于原地面含有大量有机物的草皮、耕植土以及淤泥等都应进行清理。

（2）地面水排除。场地内的积水必须排除，同时需注意雨水的排除，使场地保持干燥，以利土方施工。应尽量利用自然地形来设置排水沟，以便将水直接排至场外，或流至低洼处再用水泵抽走。主排水沟最好设置在施工区域的边缘或道路的两旁，其横断面和纵向坡度应根据最大流量确定。一般排水沟的横断面不小于0.5m×0.5m，纵向坡度不小于2%。山区的场地平整施工中，应在较高一面的山坡上开挖截水沟。截水沟至挖方边坡上缘的距离为5~6m。如在较低一面的山坡处设弃土堆时，应在弃土堆的靠挖方一面的边坡下设置小截水沟。低洼地区施工时，除开挖排水沟外，有时还应在场地四周或需要的地段修筑挡水土堤，以阻挡雨水的流入。

（3）修筑好临时道路以供机械进场和土方运输用。此外，还需做好供电供水、机具进场、临时停机棚与修理间搭设等准备工作。

2）场地平整机械施工

（1）推土机施工

推土机是一种在拖拉机上装有推土板等工作装置的土方机械。按行走方式可分为履带式和轮胎式，按推土板的操纵方式可分为索式（自重切土）和液压式（强制切土）。液压式可以调整推土的角度，因此具有更大的灵活性。

为了提高推土机的生产率，缩短推土时间和减少土的散失，常用下坡铲土法（图2-25），分批集中、一次推送法，并列推土法［图2-26a）］，槽形推土法［图2-26b）］以及铲刀上附加侧板法等几种施工方法。

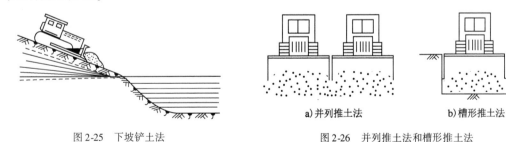

图2-25　下坡铲土法

a）并列推土法　　b）槽形推土法

图2-26　并列推土法和槽形推土法

（2）铲运机施工

铲运机是一种能独立完成铲土、运土、卸土、填筑、整平的土方机械。按有无动力设备可分为拖式和自行式两种，如图2-27所示。拖式铲运机需有拖拉机牵引及操纵，自行式铲运机的行驶和工作，都靠本身的动力设备完成。

2.5.2　基坑开挖

1）单斗挖掘机

单斗挖掘机是土方工程中最常用的一种施工机械，按其行走机构不同可分为履带式和轮胎式两类,其传动方式有机械传动和液压传动两种。根据工作需要,单斗挖掘机的工作装置可以更换。按其工作装置的不同,可分为正铲挖掘机、反铲挖掘机、拉铲挖掘机及抓铲挖掘机等,如图 2-28 所示。单斗挖掘机进行土方挖土作业时,需自卸汽车配合运土。

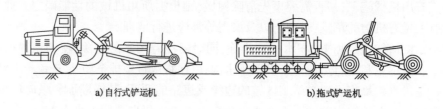

a) 自行式铲运机　　　　　　　　　　b) 拖式铲运机

图 2-27　铲运机

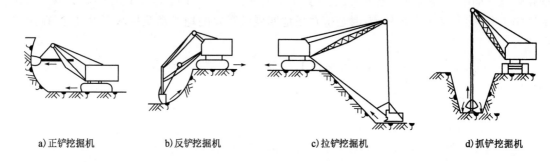

a) 正铲挖掘机　　b) 反铲挖掘机　　c) 拉铲挖掘机　　d) 抓铲挖掘机

图 2-28　单斗挖掘机工作简图

2）基坑土方开挖

基坑工程土方开挖前,应根据基坑工程设计和场地条件,综合考虑支护结构形式、水文和地质条件、气候条件、环境要求以及机械配置等情况,编写出土方开挖施工组织设计图,用于指导土方开挖施工。

基坑工程开挖常用的方法有直接分层开挖、内支撑分层开挖、盆式开挖、岛式开挖及逆作法开挖等,工程中可根据具体条件选用。在无内支撑的基坑中,土方开挖中应遵循"土方分层开挖、垫层随挖随浇"的原则;在有支撑的基坑中,应遵循"开槽支撑、先撑后挖、分层开挖、严禁超挖"的原则,垫层也应随挖随浇。此外,土方开挖顺序、方法必须与设计工况相一致。基坑(槽)土方开挖时应对支护结构、周围环境进行观察和监测,如出现异常情况应及时处理,待恢复正常后方可继续施工。

3）基坑开挖注意事项

土方开挖应遵循"开槽支撑、先撑后挖、分层开挖、严禁超挖"的原则。

开挖基坑(槽)按规定的尺寸合理确定开挖顺序和分层开挖深度,连续地进行施工,尽快地完成。因土方开挖施工要求高程、断面准确,土体应有足够的强度和稳定性,所以开挖过程中要随时注意检查。挖出的土除预留一部分用作回填外,不得在场地内任意堆放,应把多余土运到弃土地区,以免妨碍施工。为防止坑壁滑坡,根据土质情况及坑(槽)深度,在坑顶两边一定距离(一般为 1.0m)内不得堆放弃土,在此距离外堆土高度不得超过 1.5m,否则应验算边坡的稳定性。

2.5.3　土方填筑与压实

1）土料选择与填筑方法

为了保证填土工程的质量,必须正确选择土料和填筑方法。

（1）土料选择

级配良好的砂土或碎石土、爆破石渣、性能稳定的工业废料及含水率符合压实要求的黏性土可作为填方土料。淤泥、冻土、膨胀性土及有机物含量大于5%的土,以及硫酸盐含量大于5%的土均不能作填土。含水率大的黏土不宜作填土用。

以粉质黏土、粉土作填料时,其含水率宜为最优含水率,可采用击实试验确定;挖高填低或开山填沟的土料和石料,应符合设计要求。

（2）填筑方法

填方应尽量采用同类土填筑。如果填方中采用两种透水性不同的填料时,应分层填筑,上层宜填筑透水性较小的填料,下层宜填筑透水性较大的填料。各种土料不得混杂使用,以免填方内形成水囊。

填方施工应接近水平地分层填土、分层压实,每层的厚度根据土的种类及选用的压实机械而定。应分层检查填土压实质量,符合设计要求后,才能填筑土层。当填方位于倾斜的地面时,应先将斜坡挖成阶梯状,然后分层填筑,以防填土横向滑移。

2）填土压实方法

填土压实方法有碾压法、夯实法及振动压实法。

（1）碾压法

碾压法是利用机械滚轮的压力压实土壤,使之达到所需的密实度。碾压机械有平碾、羊足碾和振动碾等。平碾(光碾压路机)是一种以内燃机为动力的自行式压路机,质量为6～15t,对砂类土和黏性土均可压实。羊足碾单位面积的压力比较大,土壤压实的效果好。羊足碾一般用于碾压黏性土,不适于砂性土,因在砂土中碾压时,土的颗粒受到羊足碾较大的单位压力后会向四面移动而使土的结构破坏。振动碾是一种碾压和振动压实同时作用的高效能压实机械,工效比平碾高1～2倍,节省动力1/3,适用于压实爆破石渣、碎石类土、杂填土或粉质黏土的大型填方。

碾压机械的碾压方向应从填土区两侧逐渐压向中心,每次碾压应有150～200mm的重叠。松土碾压宜先用轻碾压实,再用重碾压实。碾压机械压实填方时,行驶速度不宜过快,一般平碾不应超过2km/h,羊足碾不应超过3km/h。

（2）夯实法

夯实法是利用夯锤自由下落的冲击力来夯实土壤,土体孔隙被压缩,土粒排列得更加紧密。人工夯实所用的工具有木夯、石夯等;机械夯实常用的有内燃夯土机、蛙式打夯机和夯锤等。夯实法主要适用于小面积的回填土。

蛙式打夯机是常用的小型夯实机械,轻便灵活,适用于小型土方工程的夯实工作,多用于夯打灰土和回填土。夯锤是借助起重机悬挂一重锤,提升到一定高度,自由下落,重复夯击基土表面。夯锤质量1.5～3t,落距2.5～4m。还有一种强夯法是在重锤夯实法的基础上发展起来的,其锤质量8～30t,落距6～25m,其强大的冲击能可使地基深层得到加固。强夯法适用于黏性土、湿陷性黄土、碎石类填土地基的深层加固。

（3）振动压实法

振动压实法是将振动压实机放在土层表面,在压实机振动作用下,土颗粒发生相对位移而达到紧密状态。这种方法主要适用于振实非黏性土。

随着压实机械的发展,其作用外力并不限于一种,而是应用多种作用外力组合的新型压实机械,如上述的振动碾机为碾压与振动的组合机械,振动夯则为夯实与振动的组合。

3）影响填土压实的因素

填土压实质量与许多因素有关,其中主要影响因素有压实功、土的含水率以及每层铺土厚度。

（1）压实功的影响

填土压实后的干密度与压实机械在其上施加的功有一定的关系。在开始压实时,土的干密度急剧增加,待到接近土的最大干密度时,压实功虽然增加许多,而土的干密度几乎没有变化。因此,在实际施工中,不要盲目过多地增加压实遍数。

（2）含水率的影响

在同一压实功条件下,填土的含水率对压实质量有直接影响。较为干燥的土,由于土颗粒之间的摩擦力较大,因而不易压实。当土具有适当含水率时,水起了润滑作用,土颗粒之间的摩擦力减小,从而易压实。各种土壤都有其最佳含水率。在这种含水率的条件下,使用同样的压实功对土进行压实,可得到最大干密度。各种土的最佳含水率和所能获得的最大干密度,可由击实试验取得。

（3）铺土厚度的影响

土在压实功的作用下,压应力随深度增加而逐渐减小,其影响深度与压实机械、土的性质和含水率等有关。铺土厚度应小于压实机械压土时的作用深度,但其中还有最优土层厚度的问题。铺得过厚,要压很多遍才能达到规定的密实度;铺得过薄,则也要增加机械的总压实遍数。恰当的铺土厚度能使土方压实而机械的功耗费最少。各种因素对土的压实影响程度如图 2-29 所示。

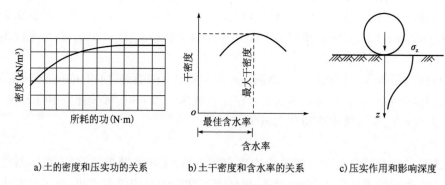

a）土的密度和压实功的关系　　b）土干密度和含水率的关系　　c）压实作用和影响深度

图 2-29　影响填土压实的因素

4）填土压实的质量检验

填土的压实质量时,要求土的实际干密度要大于或等于设计规定的控制干密度,即 $\gamma_0 \geqslant \gamma_d$。土的控制干密度可用土的压实系数与土的最大干密度之积来表示,即 $\gamma_d = \lambda_c \cdot \gamma_{dmax}$。压实系数一般由设计根据工程结构性质、使用要求以及土的性质确定。

思考题

1. 土按开挖难易程度分几类？如何判别？各类土的特征是什么？

2. 什么是土的可松性？土的可松性对土方施工有何影响？

3. 确定场地设计高程应考虑哪些因素？如何确定？

4. 试述按挖填平衡确定场地设计高程的步骤。

5. 土方量计算方法有哪几种？

6. 土方调配的基本原则有哪些？简述土方调配的一般方法。

7. 影响土方边坡稳定的因素有哪些？应采取哪些措施防止边坡塌方？

8. 深基坑支护结构的形式有哪些形式？工程中如何选择？

9. 坑内支撑有哪几种类型和布置方式？

10. 试述土层锚杆和土钉墙施工方法。

11. 基坑降水方法有哪些？其适用范围如何？

12. 什么是流砂现象？试分析产生流砂的原因以及防止流砂的途径和方法。

13. 试述轻型井点降水法的设备组成和布置方案。

14. 如何确定轻型井点系统水井的类型？

15. 土方工程施工机械的种类有哪些？并试述其作业特点和适用范围。

16. 基坑开挖应注意哪些问题？

第3章 基础工程

3.1 浅基础施工

3.1.1 浅基础类型

浅基础按受力特点可分为刚性基础和柔性基础。用抗压强度较大,而抗弯、抗拉强度较小的材料建造的基础,如砖、毛石、灰土、混凝土、三合土等基础均属于刚性基础。刚性基础的最大拉应力和剪应力必定在其变截面处,其值受基础台阶的宽高比(挑出部分的宽度与其对应的高度之比)影响很大。因此,刚性基础控制台阶的宽高比(称刚性角)是个关键。混凝土基础宽高比允许值为1:1;砖基础为1:1.5;毛石基础为1:1.5~1:1.25。用钢筋混凝土建造的基础称作柔性基础。它的抗弯、抗拉、抗压的能力都很大,适用于地基土比较软弱、上部结构荷载较大的基础。

浅基础按构造形式分为单独基础、带形基础、交梁基础、筏板基础等。单独基础也称独立基础,多呈柱墩形,截面可做成阶梯形或锥形等。带形基础是指长度远大于其高度和宽度的基础,常见的是墙下条基,材料有砖、毛石、混凝土和钢筋混凝土等。交梁基础是在柱下带形基础不能满足地基承载力要求时,将纵横带形基础连成整体而成,使基础纵横两向均具有较大的刚度。当地基承载力低,而上部结构的荷重又较大时,可采用钢筋混凝土筏板基础。它类似一块倒置的楼盖,整体刚度大,有利于调整地基的不均匀沉降。

浅基础按材料不同可分为砖基础、石基础、灰土基础、混凝土和毛石混凝土基础、碎石三合土基础和钢筋混凝土基础。

3.1.2 砖基础施工

基坑(槽)开挖前,在建筑物的主要轴部位设置龙门板,表明基础、墙身和轴线的位置。在挖土过程中,严禁碰撞或移动龙门板。

砖基础有带形基础和独立基础,基础下部扩大部分称为大放脚。大放脚有等高式和不等高式两种,如图3-1所示。当地基承载力≥150kPa时,采用等高式大放脚,即"两皮一收",两边各收进1/4砖长;当地基承载力<150kPa时,采用不等高式大放脚,即"两皮一收"与"一皮一收"相间隔,两边各收进1/4砖长。大放脚的底宽应根据计算而定,各层大放脚的宽度应为半砖长的整数倍。

砖基础若不在同一深度,则应先由底往上砌筑。在高低台阶接头处,下面台阶要砌一定长度(一般不小于基础扩大部分的高度 h)实砌体,砌到上面后,和上面的砖一起退台。

砖基础的灰缝厚度为8~12mm,一般为10mm。砖基础接槎应留成斜槎,如因条件限制留成直槎时,应按规范要求设置拉结筋。砖基础内宽度超过 300mm 的预留孔洞,应砌筑平拱或设置过梁。

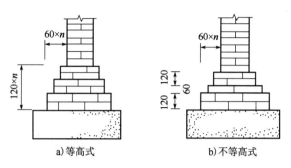

a)等高式 b)不等高式

图 3-1 基础大放脚形式(尺寸单位:mm)

3.1.3 石基础施工

石基础可用毛石或毛条石,以铺浆法砌筑。灰缝厚度宜为 20～30mm,砂浆应饱满。石基础宜分皮卧砌,并应上下错缝,内外搭接,不得采用外面侧立石块、中间填心的砌筑方法。每日砌筑高度不宜超过 1.2m。在转角处及交接处应同时砌筑,如不能同时砌筑时,应留成斜槎。

石基础的断面形式有阶梯形和梯形(图 3-2),基础的顶面宽度比墙厚大 200mm,即每边宽出 100mm,每阶高度一般为 300～400mm,并至少砌二皮毛石。上阶梯的石块应至少压砌下级阶梯石块的 1/2,相邻阶梯的毛石应相互搭砌。砌第一层石块时,基底要坐浆,石块大面向下,基础的最上一层石块宜选用较大的毛石砌筑。基础的第一层及转角、交接处和洞口处选用较大的平毛石砌筑。石基础砌筑砂浆的强度等级应符合设计要求。

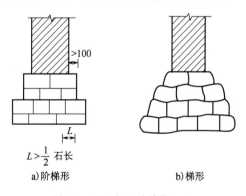

$L > \frac{1}{2}$ 石长

a)阶梯形 b)梯形

图 3-2 石基础(尺寸单位:mm)

3.1.4 混凝土和毛石混凝土基础施工

在浇筑混凝土基础时,应分层进行,并使用插入式振动器捣实。对于阶梯形基础,每一阶高度应整分浇筑层。对于锥形基础要逐步地随浇筑随安装其斜面部分的模板,并注意边角处混凝土的密实。独立基础应连续浇筑完毕,不能分数次浇筑。

为了节约水泥,在浇筑混凝土时,可投入 25% 左右的毛石,这种基础称为毛石混凝土基础。毛石的最大粒直径不超过 150mm,也不超过结构截面最小尺寸的 1/4,毛石投放前应用水冲洗干净并晾干。投放时,应分层、均匀地投放,保证毛石边缘包裹有足够的混凝土,并振捣密实。

当基坑(槽)深度超过2m时,不能直接倾落混凝土,应用溜槽将混凝土送入基坑。混凝土浇筑完毕,终凝后要加以覆盖和浇水养护。

3.1.5 钢筋混凝土基础施工

钢筋混凝土基础适用于上部结构荷载大、地基较软弱、需要较大地面尺寸的情况。钢筋混凝土基础主要包括支模、扎筋、浇筑混凝土、养护、拆模等工序。

1)钢筋混凝土条形基础

钢筋混凝土条形基础一般用于混合结构民用房屋的承重墙下,是由素混凝土垫层、钢筋混凝土底板、大放脚组成,如图3-3所示。如土质较好且又较干燥时,也可不用垫层,而将钢筋混凝土底板直接做在夯实的土层上。

2)钢筋混凝土杯形基础

钢筋混凝土杯形基础主要用于装配式钢筋混凝土柱基础,如图3-4所示。一般形式为杯口基础,钢筋混凝土柱与杯口接头采用细石混凝土灌缝。

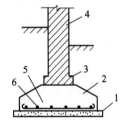 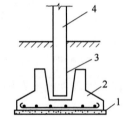

图 3-3　钢筋混凝土条形基础　　　　图 3-4　钢筋混凝土杯形基础

1-素混凝土垫层;2-钢筋混凝土　　　1-垫层;2-杯形基础;3-杯口;4-钢
底板;3-砖砌大放脚;4-基础墙;　　筋混凝土柱
5-受力筋;6-分布筋

3)钢筋混凝土筏形基础施工

钢筋混凝土筏形基础是由底板、梁等整体组成。当上部结构荷载较大,地基承载力较低时,可以采用筏形基础。筏形基础在外形和构造上像倒置的钢筋混凝土楼盖,分为梁板式和平板式两类,如图3-5所示。前者用于荷载较大的情况,后者一般在荷载不大、柱网较均匀且间距较小的情况下采用。由于筏形基础的整体刚度较大,能有效地将各柱子的沉降调整得较为均匀。在多层和高层建筑中被广泛采用。

4)钢筋混凝土箱形基础施工

钢筋混凝土箱形基础主要是由钢筋混凝土底板、顶板、外墙及一定数量纵横墙构成的封闭箱,如图3-6所示。它是多层和高层建筑中广泛采用的一种基础形式,以承受上部结构荷载,并通过它传递给地基。箱形基础中部可在内隔墙开门洞作地下室。这种基础整体性和刚度都好,调整不均匀沉降的能力及抗震能力较强,可消除因地基变形引起的建筑物开裂,它适用于软土地基。在非软土地基,出于人防、抗震考虑和设置地下室时,也常采用箱形基础。

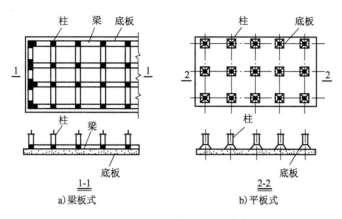

图 3-5　钢筋混凝土筏形基础

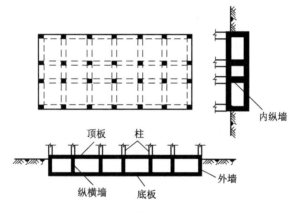

图 3-6　钢筋混凝土箱型基础

　　箱形基础深基坑开挖工程应在认真研究建筑场地、工程地质和水文地质资料的基础上进行施工组织设计。施工操作必须遵照有关规范执行。

3.2　桩基础施工

3.2.1　桩基础类型

　　桩基础一般由桩和承台组成,如图 3-7 所示。桩的作用是借其自身穿过松软的压缩性土层,将来自上部结构的荷载传递至地下深处具有适当承载力且压缩性较小的土层或岩层上,或将软弱土层挤压密实,从而提高地基土的承载力,以减少基础的沉降。承台的作用是将各单桩连成整体,承受并传递上部结构的荷载给群桩。桩基础不仅具有承载力大、沉降量小的特点,而且更便于实现机械化施工,尤其当软弱土层较厚,上部结构荷载很大,天然地基的承载能力又不能满足设计要求时,采用桩基础可省去大量土方挖填、支撑装拆及降排水设施布设等工序,因而能获得较好的经济效果。

　　桩的种类较多,按桩上的荷载传递机理可分为端承桩和摩擦桩两种类型,如图 3-7 所示。端承桩是指在极限承载力状态下,桩顶荷载由桩端阻力承受的桩;摩擦桩是指在极限承载力状态下,桩顶荷载由桩侧摩擦力承受的桩。

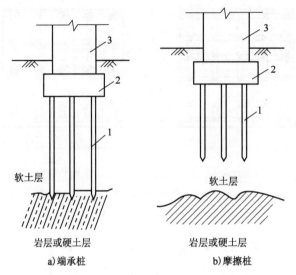

图 3-7 桩的种类(按荷载传递机理划分)
1-桩;2-承台;3-上部结构

按桩身材料,桩可分为木桩、混凝土桩或钢筋混凝土桩、钢桩等。

按桩的施工方法,桩可分为预制桩和灌注桩两类。预制桩是在工厂或施工现场制成的各种材料和形式的桩[如木桩、钢筋混凝土方(管)桩、钢管桩或型钢桩等],用沉桩设备将桩打入、压入、振入土中,或有时兼用高压水冲沉入土中而成桩。灌注桩是在施工现场的桩位上用机械或人工成孔(成孔方法可分为挖孔、钻孔、冲孔、沉管成孔和爆扩成孔等),然后在孔内灌注混凝土或钢筋混凝土而成桩。

桩按成桩时挤土状况可分为非挤土桩、部分挤土桩和挤土桩。沉管法、爆扩法施工的灌注桩、打入(或静压)的实心混凝土预制桩、闭口钢管桩或混凝土管桩等属于挤土桩。冲击成孔法施工的灌注桩、预钻孔打入式预制桩、H 型钢桩、敞口钢管桩或混凝土管桩等属于部分挤土桩;干作业法、泥浆护壁法、套管护壁法施工的灌注桩等属于非挤土桩。

桩型与工艺选择应根据建筑结构类型、荷载性质、桩的使用功能、穿越土层、桩端持力层土类、地下水位、施工设备、施工环境、施工经验、制桩材料、供应条件等,选择经济合理、安全适用的桩型和成桩工艺。本章将分别介绍预制桩、灌注桩中的一些常用桩型的施工工艺及检测。

3.2.2 预制桩施工

预制桩是一种先预制桩构件,然后将其运至桩位处,用沉桩设备将其沉入或埋入土中而成的桩。预制桩制作方便、承载力较大、施工速度快,桩身质量易于控制,不受地下水位的影响,不存在泥浆排放的问题,是最常用的一种桩型。

1)预制桩的制作、起吊、运输和堆放

(1)钢筋混凝土实心方桩的制作、起吊、运输和堆放

混凝土预制桩断面主要有实心方桩和管桩两种常见形式。实心方桩截面尺寸一般为 200mm×200mm~600mm×600mm。单根桩长度取决于桩架高度,一般不超过27m,如需打设

30m以上的桩,则应将桩分段预制,在打桩过程中逐段接长。较短的实心桩多在预制厂预制,较长桩则多在现场预制。

预制桩钢筋骨架的主筋连接宜采用对焊。主筋接头配置在同一截面内的数量应符合下列规定:当采用闪光对焊和电弧焊时,不得超过50%;同一根钢筋的两个接头的距离应不大于35d(d为主筋直径),且不小于500mm。

桩的混凝土强度等级不宜低于C30(静压法沉桩时不宜低于C20)。为防止桩顶被击碎,浇筑预制桩的混凝土时,宜从桩顶向桩尖浇筑,桩顶一定范围内的箍筋应加密及加设钢筋网片。接桩的接头处要平整,使上下桩能相互贴合对准。浇筑完毕应覆盖、洒水,养护不少于7d;如用蒸汽养护,在蒸养后,应适当自然养护30d后方可使用。

桩的制作方法有并列法、间隔法、叠浇法和翻模法等。现场预制桩为了节约场地多采用重叠间隔制作,重叠层数根据地面承载能力和施工条件确定,一般不宜超过4层。场地平整、坚实,做好排水工作,不得产生不均匀沉陷。桩和桩之间应做好隔离层,上层桩或邻桩的混凝土浇筑应在下层桩或邻桩的混凝土达到设计强度的30%以后方可进行。

预制桩混凝土强度达到设计强度的70%后方可起吊,达到设计强度的100%后方可运输和打桩。如需提前吊运,必须采取措施并经承载力和抗裂度验算合格后方可进行。桩在起吊和搬运时,吊点应符合设计规定。若无设计规定时,可按起吊弯矩最小原则确定吊点位置。几种吊点的合理位置如图3-8所示。捆绑时钢丝绳与桩之间应加衬垫,以防损坏棱角。起吊时应平稳提升,吊点同时离地,如要长距离运输,可采取平板拖车或轻轨平板车。长桩搬运时,桩下要设置活动支座。经过搬运的桩,还应进行质量复查。

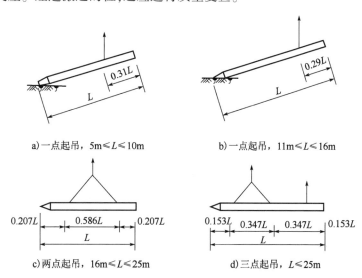

a) 一点起吊, 5m≤L≤10m b) 一点起吊, 11m≤L≤16m

c) 两点起吊, 16m≤L≤25m d) 三点起吊, L≤25m

图 3-8　桩的吊点位置

桩堆放时,地面必须平整、坚实,垫木间距应根据吊点确定,各层垫木应位于同一垂直线上,最下层垫木应适当加宽,堆放层数不宜超过4层。不同规格的桩,应分别堆放。

(2)预应力混凝土管桩的制作、运输与堆放

预应力混凝土管桩一般由工厂用离心旋转法制作。管桩按桩身混凝土强度等级分为预应力混凝土管桩(代号PC桩)和预应力高强混凝土管桩(代号PHC桩),前者强度等级不低于

C60,后者不低于 C80。PC 桩一般采用常压蒸汽养护,脱模后移入水池再泡水养护,一般要经28d 才能使用。PHC 桩一般在成形脱模后,送入高压釜经 10 个大气压、180℃左右高温高压蒸汽养护,从成形到使用的最短时间为 3 ~ 4d。

管桩按外径(mm)分为 300、350、400、450、500、550、600、800、1000 等规格,长度为 7 ~ 15m,按管桩的抗弯性能或混凝土有效预压应力值分为 A 型、AB 型、B 型和 C 型,其混凝土有效预压应力值(N/mm²)分别为 4.0、6.0、8.0、10.0。

管桩内设 ϕ12 ~ 22mm 的主筋 10 ~ 20 根,外配 ϕ6mm 螺旋箍筋。各节管桩之间可用焊接或法兰螺栓连接。混凝土管桩应达到设计强度的 100% 后方可运到现场打桩。堆放层数不超过 3 层,地层管桩边缘应用楔形木块塞紧,以防滚动。

混凝土管桩的接头过去多采用法兰盘螺栓连接,刚度较差。现都采用在桩端头埋设端头钢板焊接法连接,下节桩底端可设桩尖,也可以是开口的。由于采用离心脱水密实成形工艺,混凝土密实度高,抵抗地下水和其他类腐蚀的性能好。预应力管桩具有单桩承载力高,穿透力强,抗裂性好,且其单位承载力价格仅为钢桩的 1/3 ~ 2/3,造价低廉的特点。

(3)钢管桩的制作、运输与堆放

钢管桩一般使用无缝钢管,也可采用钢板卷焊而成,一般在工厂制作。按卷板制作工艺不同,分为直缝钢管桩和螺旋缝钢管桩两种。钢管桩的直径为 400 ~ 1000mm,壁厚为 6 ~ 50mm。一般由一节上节桩、若干节中节桩与一节下节桩组成。分节长度一般为 12 ~ 15m。

钢管桩桩端有开口型和闭口型两种。对于开口型桩端,为了使桩能穿透硬土层或含漂砾的土而不损伤桩端,桩端可作加强处理;闭口型桩端就是在桩端穿上桩靴,多用于端承桩。开口型和闭口型钢桩在打桩过程中的桩端阻力并无明显差别,因为闭口钢桩平板底部楔形土区的阻力与开口钢桩的管内土塞效应(若打桩时不清除管内土塞)的阻力相当。

钢管桩的头部承受桩锤通过桩帽传来的冲击力,根据冲击力和地基阻力的大小,钢管桩的头部可以保持开口,或对头部适当的补强。可以采用补强环、补强环加十字肋和补强板三种补强方法。桩头要做成平整的横断面,该面与桩轴线必须垂直,以防打桩时倾斜。

钢管桩在地下的年腐蚀率为 0.03 ~ 0.05m/a,所以对钢管桩的防腐处理尤为重要。钢管桩防腐处理方法可采用外表面涂防腐层(如防腐油漆、环氧煤焦油和聚氨酯类涂料)、增加腐蚀余量及阴极保护等。当钢管桩内壁同外界隔绝时,也可以不考虑内壁腐蚀。

钢管桩堆放场地应平整、坚实、排水畅通;两端应设保护措施,防止搬运时因桩体撞击而造成桩端、桩体损坏或弯曲变形;应按规格、材质分别堆放,堆放高度不要太高,以防止受压变形。一般 ϕ900 的钢管桩不宜超过 3 层,ϕ600 的钢管桩不宜超过 4 层,ϕ400 的钢管桩不宜超过 5 层。堆放时支点设置应合理,钢管桩两侧应用木楔塞牢,防止滚动。

钢管桩一般按两点起吊。在起吊、堆放、运输过程中,应尽量避免碰撞,防止管料破损、管端变形和损伤。

2)锤击沉桩施工

锤击沉桩也称打入桩,是靠打桩机的桩锤下落到桩顶产生的冲击能而将桩沉入土中的一种沉桩方法,该法施工速度快,机械化程度高,适用范围广,是预制钢筋混凝土桩最常用的沉桩方法。但施工时有噪声和振动,对施工场所、施工时间有所限制。

（1）打桩设备及选用

打桩用的设备主要包括桩锤、桩架、动力装置及辅助设备三部分。

①桩锤是打桩的主要机具,其作用是对桩施加冲击力,将桩打入土中。主要有落锤、单动气锤、双动气锤、柴油锤、液压锤。

桩锤的类型应根据工程地质条件、施工现场情况、机具设备条件及工作方式和工作效率等条件来选择。桩锤类型确定后,关键是确定锤重,一般是锤比桩重较合适。锤击沉桩时,为防止桩受过大冲击力而损坏,应力求选用重锤低击。施工中可根据地质条件、桩型、桩的密集程度、单桩竖向承载力及现有施工条件等因素综合考虑后决定,也可根据施工经验选用。

②桩架是使吊桩就位、悬吊桩锤、打桩时引导桩身方向并保证桩锤能沿着所要求方向冲击的打桩设备。要求其具有较好的稳定性、机动性和灵活性,保证锤击落点准确,并可调整垂直度。常用桩架基本有两种形式:一是沿轨道行走移动的多功能桩架;二是装在履带式底盘上自由行走的桩架。

多功能桩架如图3-9所示,由立柱、斜撑、回转工作台、底盘及传动机构等组成。它的机动性和适应性较大,在水平方向可做360°回转,立柱可伸缩和前后倾斜。底盘下装有铁轮,可在轨道上行走。这种桩架可用于各种预制桩和灌注桩施工。其缺点是机构较庞大,现场组装、拆卸和转运较困难。

履带式桩架如图3-10所示,以履带式起重机为底盘,增加了立柱、斜撑、导杆,用于打桩。其行走、回转、起升的机动性好,使用方便,适用范围广。可适用于各种预制桩和灌注桩施工。

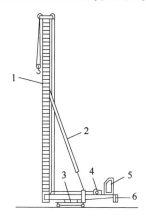

图3-9　多功能桩架

1-立柱;2-斜撑;3-回转平台;4-卷扬机;
5-工作台;6-底盘

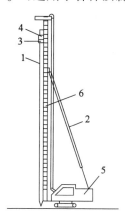

图3-10　履带式桩架

1-桩;2-斜撑;3-桩帽;4-桩锤;5-车体;6-立柱

③打桩机构的动力装置及辅助设备主要根据选定的桩锤种类而定。落锤以电源为动力,需配置电动卷扬机等设备;蒸汽锤以高压饱和蒸汽为驱动力,配置蒸汽锅炉等设备;气锤以压缩空气为动力源,需配置空气压缩机等设备;柴油锤以柴油为能源,桩锤本身有燃烧室,不需外部动力设备。

（2）打桩前的装备工作

①清除障碍物,平整场地。打桩前应认真清除现场妨碍施工的高空、地面和地下的障碍物（如地下管线、电线杆、树木和旧有房基等）桩机进场及移动范围内的场地应平整压实,以使地

面有一定的承载力,并保证桩机垂直平稳、不下陷倾倒。施工现场还应保持排水沟畅通。

②进行打桩试验。沉桩前应进行不少于两根桩的沉桩工艺试验,以了解桩的打入时间、最终贯入度、持力层的强度、桩的承载力以及施工过程中可能出现的各种问题和反常情况等,确定沉桩设备和施工工艺是否符合设计要求。

③抄平放线、定桩位。在打桩现场或附近区域,应设置数量不少于两个水准点,以作抄平场地高程和检查桩入土深度之用。根据建筑物的轴线控制桩,按设计图纸要求定出桩基础轴线和每个桩位,将桩的准确位置测设到地面上。一般可打小木桩并做好标记来表示桩位;为防止木桩被撞而偏移,可用龙门板定位。

④确定打桩顺序。由于打桩对土体的挤密作用,使先打的桩因受水平推挤而造成偏移和变位,或被垂直挤拔造成浮桩;而后打入的桩因土体挤密,难以达到设计高程或入土深度,或造成土体隆起和挤压,截桩过大。所以,群桩施打时,为了保证打桩工程的质量,防止周围建筑物受土体挤压的影响,打桩前应根据桩的密集程度、桩的规格、长短和桩架移动方便来正确选择打桩顺序。

一般情况下,桩的中心距小于4倍桩径(或边长)时,就要拟定打桩顺序;桩距大于或等于4倍桩径(或边长)时,打桩顺序与土体挤压情况关系不大。

当桩的规格、埋深、长度不同时,宜按先大后小、先深后浅、先长后短的顺序施打。当桩头高出面时,桩机宜往后退打;反之可往前顶打。

(3)打桩的施工工艺

打桩的施工程序为:桩机就位→吊桩→插桩→打桩→接桩→送桩→截桩。

①桩机就位时桩架应垂直,导杆中心线与打桩方向一致,校核无误后将其固定。

②吊桩。桩机就位后,然后将桩运至桩架下,一般利用桩架附设的起重钩借桩机上的卷扬机吊桩就位,或配一台起重机吊桩就位,并用桩架上夹具或桩帽固定位置,调整桩身、桩锤、桩帽的中心线重合。桩提升为直立状态后,对准桩位中心,缓缓放下并插入土中,桩插入时垂直度偏差不得超过0.5%。

③插桩。桩就位后,在桩顶安上桩帽,然后放下桩锤轻轻压住桩帽。桩锤、桩帽和桩身中心线应在同一垂直线上。在桩的自重和锤重的压力下,桩便会沉入一定深度,等桩下沉达到稳定状态后,再一次复查其平面位置和垂直度,若有偏差应及时纠正,必要时要拔出重打,校核桩的垂直度可采用垂直角,即用两个方向(互成90°)的经纬仪使导架保持垂直。校正符合要求后,即可进行打桩。为了防止击碎桩顶,应在混凝土桩的桩顶和桩帽之间、桩锤与桩帽之间放上硬木、麻袋等弹性衬垫作缓冲层。

④打桩。桩锤连续施打,使桩均匀下沉,宜用"重锤低击"。重锤低击获得的动量大,桩锤对桩顶的冲击小,其回弹也小,桩头不易损坏,大部分能量都用以克服桩周边土壤的摩擦力而使桩下沉。正因为桩锤落距小、频率高,对于较密实的土层,如砂土或黏土也能容易穿过,一般在工程中采用重锤低击。而轻锤高击所获得的动量小,冲击力大,其回弹也大,桩头易损坏,大部分能量被桩身吸收,桩不易打入,且轻锤高击所产生的应力,还会促使距桩顶1/3桩长度范围内的薄弱处产生水平裂缝,甚至使桩身断裂。在实际工程中一般不采用轻锤高击。

⑤接桩。当设计的桩较长,但由于打桩机高度有限或预制、运输等因素,只能采用分段预

制、分段打入的方法,需在桩打入过程中将桩接长。一般混凝土预制桩接头不宜超过2个,预应力管桩接头不宜超过4个。应避免在桩尖接近持力层或桩尖处于硬持力层中时接桩。

接桩的方法有焊接法、浆锚法和法兰接法,焊接法和法兰接法适用于各类土层,浆锚法适用于软弱土层,目前以焊接法应用最多。

⑥送桩。如桩顶高程低于自然土面,则需用送桩管将桩送入土中。桩与送桩管的纵轴线应在同一直线上,拔出送桩管后,桩孔应及时回填或加盖。

⑦截桩。如桩底到达设计深度,而配桩长度大于桩顶设计高程时,需要截去桩头。截桩头宜用锯桩器截割,或用手锤人工凿除混凝土,钢筋用气割割齐。严禁用大锤横向敲击或强行扳拉截桩。截桩后能保证桩顶嵌入承台梁内的长度不小于50mm,当桩主要承受水平力时,长度不小于100mm。

(4)打桩控制

打桩时主要控制两个方面的要求:一是能否满足贯入度及桩尖高程或入土深度要求;二是桩的位置偏差是否在允许范围之内。

在打桩过程中,必须做好打桩记录,以作为工程验收的重要依据。应详细记录每打入1m的锤击数和时间、桩位置的偏斜、贯入度(每10击的平均入土深度)和最后贯入度(最后3阵,每阵10击的平均入土深度)、总锤击数等。

打桩的控制原则是:当(端承型桩)桩尖位于坚硬、硬塑的黏土、碎石土、中密以上的砂土或风化岩等土层时,以贯入度控制为主,桩尖进入持力层深度或桩尖高程可作参考;贯入度已达到,而桩尖高程未达到时,其贯入度不应大于规定的数值;当(摩擦桩)桩尖位于其他软土层时,以桩尖设计高程控制为主,贯入度可作为参考。

打桩时,如控制指标已符合要求,而其他的指标与要求相差较大时,应会同监理、设计单位研究处理。当遇到贯入度剧变,桩身突然发生倾斜、移位或有严重回弹,桩顶或桩身出现严重裂缝、破碎等情况时,应暂停打桩,并分析原因,采取相应措施。

(5)打桩常见质量问题及处理

在打桩过程中要随时注意观察,凡发生贯入度突变、桩身突然倾斜、移位或有严重回弹、桩顶或桩身出现严重裂缝等情况,应暂停施工,并及时与有关单位研究处理。

①施工中常遇到的问题是:

a.桩顶、桩身被打坏。这与桩头钢筋设置不合理、桩顶与桩轴线不垂直、混凝土强度不足、桩尖通过硬土层、锤的落距过大、桩锤过轻等有关。

b.桩位偏斜。主要原因是桩顶不平、桩尖偏心、截桩不正、土中有障碍物等。因此施工时应严格检查桩的质量,并按施工规范的要求采取适当措施,保证是施工质量。

c.桩打不下。施工时,桩锤严重回弹,贯入度突然变小,则可能与土层中夹有较厚砂层、硬土层以及障碍物有关。当桩顶或桩身已被打坏,锤的冲击能不能有效传给桩时,也会出现桩打不下的现象。另外,打桩间歇过长,土产生固结,也会造成桩打不下,所以打桩施工中,必须保证打桩的连续进行。

d.一桩打下邻桩升起。桩贯入土中,使土体受到急剧挤压和扰动,其靠近地面的部分将在地表隆起和水平移动,当桩较密,打桩顺序又欠合理时,就会出现一桩打下,周围土体带动邻桩上升的现象。

②打桩公害影响及预防措施：

在打桩施工中，还会造成噪声、振动、土体挤压和空气污染等公害影响，虽然不是沉桩本身的质量问题，但会影响到周围环境，需要采取一些预防措施。

3）静力压桩施工

静力压桩是利用压桩机架自重和配重的静压力将预制桩压入土中的沉桩方法。此方法无噪声、无振动，对周围环境和土层的干扰影响小，桩在沉入的过程中只承受静压力，而不受锤击，因此可减少钢筋用量，降低造价，施工迅速简便，沉桩速度快（可达 2m/min）。静力压桩适用于软土地基和城市中施工。

（1）静力压桩设备

静力压桩机有机械式和液压式两种类型。其中机械式压桩机目前已基本上被淘汰。液压压桩机主要由夹持机构、底盘平台、行走回转机构、液压系统和电气系统等部分组成，其压桩能力有 800kN、1200kN、1500kN、2000kN、2400kN、3200kN 等，其构造如图 3-11 所示。

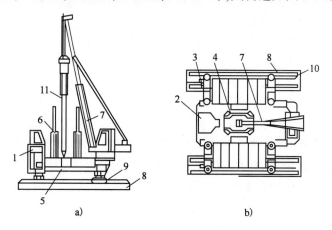

图 3-11　液压式静力压桩机

1-操纵室；2-电气控制台；3-液压系统；4-导向架；5-配重；6-夹持装置；7-吊桩把杆；8-支腿平台；9-横向行走与回转装置；10-纵向行走装置；11-桩

（2）压桩工艺

压桩工艺一般是先进行场地平整，并使其具有一定的承载力，压桩机安装就位，按额定的总质量配置压重，调整机架水平和垂直度，将桩吊入夹持机构中并对中，垂直将桩夹持住，正式压桩，压桩过程中应经常观察压力表，控制压桩阻力，记录压桩深度，做好压桩施工记录。如为多节桩，中途接桩可采用浆锚法或焊接法。压桩的终压控制，应按设计要求确定，一般摩擦桩以压入长度控制，压桩阻力作为参考；端承桩以压桩阻力控制，压入深度作为参考。

4）振动沉桩施工

振动沉桩的原理是：借助固定于桩头上的振动沉桩机所产生的振动力，以减少桩与土壤颗粒之间的摩擦力，使桩在自重与机械力的作用下沉入土中。

振动沉桩机由电动机、弹簧支承、偏心振动块和桩帽组成。振动机内的偏心振动块，分左、右对称两组，其旋转速度相等，方向相反。所以，当工作时，两组偏心块的离心力的水平分力相消，但垂直分力相叠加，新合成垂直方向（向下或向上）的振动力。由于桩与振动机是刚性连接在一起,故桩也随着振动力沿垂直方向上下振动而下沉。

振动沉桩主要适用于砂石、黄土、软土和亚黏土,在含水砂层中的效果更为显著,但在砂砾层中采取此法时,尚需配以水冲法。沉桩工作应连续进行,以防间歇过久难以下沉。

5)水冲沉桩施工

水冲沉桩是利用高压水流冲刷桩尖下面的土壤,以减少桩表面与土壤之间的摩擦力和桩下沉时的力,使桩身在自重或锤击作用下,很快沉入土中。射水停止后,冲送的土壤沉落,又可将桩身压紧。水冲沉桩适用于砂土、砾石或其他较坚硬土层,特别是对于打设较重的混凝土桩更为有效。但在附近有旧房屋或结构物时,则将由于水流的冲刷引起它们的沉陷,故在未采取措施前,不得采用此法。

3.2.3　灌注桩施工

灌注桩是直接在桩位上就地成孔,然后在孔内安放钢筋笼灌注混凝土而成。与预制桩相比,灌注桩能适应各种地层,无须接桩,桩长、直径可变化自如,减少了桩制作、吊运。但其成孔工艺复杂,现场施工操作直接影响成桩质量,施工后需较长的养护期方可承受荷载。

灌注桩按成孔方法不同,可分为钻孔灌注桩、沉管成孔灌注桩、人工挖孔灌注桩和爆扩成孔灌注桩等。灌注桩施工工艺近年来发展很快,还出现了夯扩沉管灌注桩、钻孔压浆成桩等一些新工艺。

1)钻孔灌注桩施工

钻孔灌注桩有干作业钻孔灌注桩和泥浆护壁钻孔灌注桩两种施工方式。

(1)干作业钻孔灌注桩

干作业钻孔灌注桩适用于地下水位以上的桩基础的施工。它的施工程序是先用钻机在桩位处钻孔,成孔后放入钢筋骨架,而后灌注混凝土。钻孔机械有螺旋钻机、钻扩机、机动洛阳铲、机动锅锥钻等,可根据需要选用。

螺旋钻孔是干作业成孔常用的方法之一,它利用螺旋钻机成孔。通过动力旋转钻杆带动钻头旋转削土,土渣沿着与钻杆异同旋转的螺旋叶片上升而排出。对于不同类别的土层,宜换用不同形式的钻头。如图3-12所示为步履式螺旋钻机。

钻到预定深度后,应用探测工具检查桩孔直径、深度、垂直度和孔底情况,将孔底虚土清除干净。混凝土应在钢筋骨架放入并再次检查孔内虚土厚度(要求端承桩≤50mm;摩擦桩≤150mm)后再灌注,坍落度要求8～10cm。浇筑时应随浇随振。

(2)泥浆护壁钻孔灌注桩

泥浆护壁钻孔灌注桩是利用泥浆护壁,钻孔时通过循环泥浆将钻头杆削下的土渣排出孔外而成孔,而后吊放钢筋笼,水下灌注混凝土而成桩。其适用于地下水位较高的含水黏土层,或流砂、夹砂和风化岩等各种土层中的桩基成孔施工,因而使用范围较广。泥浆护壁钻孔灌注桩施工工艺流程如图3-13所示。

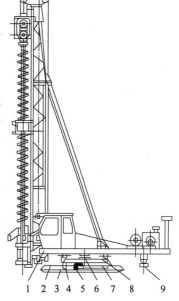

图3-12　步履式螺旋钻机

1-上盘;2-下盘;3-回转滚轮;4-行车滚轮;5-行车滚轮;6-回转中心轴;7-行车油缸;8-中盘;9-支盘

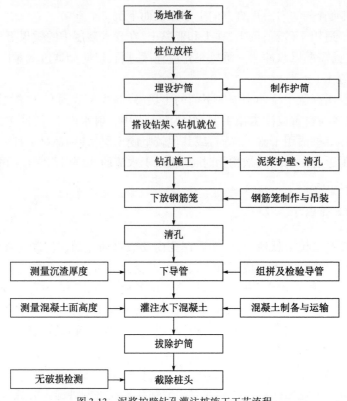

图 3-13　泥浆护壁钻孔灌注桩施工工艺流程

①测定桩位。平整清理好施工现场后,设置桩基轴线定位点和水准点,根据桩位平面布置施工图,定出每根桩的位置,并做好标志。施工前,桩位要检查复核,以防被外界因素影响而造成偏移。

②埋设护筒。护筒是由 4~8mm 厚钢板制成,内径比桩径大 100~200mm,顶面高出地面0.4~0.6m,上部留有 1~2 个溢浆孔,护筒高度 1.5~2.0m。护筒的作用:固定钻孔位置;保护孔口;维持孔内水头,防止塌孔;引导钻头钻进的方向。因护筒有定位作用,所以埋设位置应准确稳定,护筒中心线与桩位中心线偏差不得大于 50mm。护筒埋设应牢固密实,护筒与坑壁之间用黏土填实,以防漏水。护筒埋设深度在黏土中不少于 1.0m,在砂土中不少于 1.5m,其高度要满足孔内泥浆液面高度的要求,孔内泥浆面应保持高出地下水位 1m 以上。当灌注桩混凝土达到设计强度的 25% 以后,方可拆除护筒。

③制备泥浆。为保证泥浆护壁钻孔灌注桩的成孔质量,应在钻孔过程中,随时补充泥浆并调整泥浆稠度。其作用是:泥浆在钻孔内吸附在孔壁上,将孔壁上空隙填塞密实,防止漏水,保持孔内水压,稳固土壁,防止塌孔;泥浆具有一定的黏度,通过泥浆的循环可将切削下的泥渣悬浮后排出,起携砂、排土的作用;泥浆对钻头有冷却和润滑的作用,提高钻孔速度。

制备泥浆的方法可根据钻孔土质确定。在黏性土或粉质黏土中成孔,可采用自配泥浆护壁,即在孔中注入清水,使清水和孔中钻头削来的土混合而成。在砂土或其他土中钻孔时,应采用高塑性黏土或膨润土加水配置护壁泥浆。施工中应经常测定泥浆相对密度,不同土层中护壁泥浆相对密度见表 3-1,并定期测定黏度、含砂量和胶体率等指标,泥浆的控制指标为黏度 18~22s、含砂率不大于 8%、胶体率不小于 90%。对施工中废弃的泥浆、渣应按环境保护的有关规定处理。

不同土层中护壁泥浆相对密度　　　　　　表3-1

名称	黏土或粉质	砂土或较厚夹砂层	砂夹卵石或易塌孔土层
相对密度	1.1~1.2	1.1~1.3	1.3~1.5

④钻孔方法。钻孔方式有正(反)循环回转钻机成孔、正(反)循环潜水钻机成孔、冲击钻机成孔、冲抓锥成孔、钻斗钻机成孔等。

a. 回转钻机成孔。回转钻机是由动力装置带动钻机的回转装置转动,并带动带有钻头的钻杆转动,由钻头切削土壤。切削形成的土渣,通过泥浆循环排出桩孔。根据泥浆循环方式的不同,分为正循环和反循环两种方式。

正循环回转钻机成孔的工艺如图 3-14a)所示。泥浆由钻杆内部注入,并从钻杆底部喷出,携带钻下的土渣沿孔壁向下流动,由孔口将土渣带出流入沉淀池,经沉淀的泥浆流入泥浆池再注入钻杆,由此进行循环。沉淀的土渣用泥浆车运出排放。

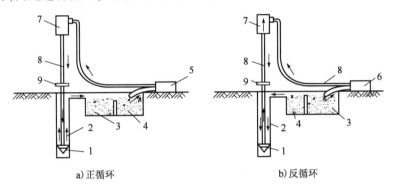

a)正循环　　　　　　　　　　b)反循环

图 3-14　回转钻机成孔工艺

1-钻头;2-泥浆循环方向;3-沉淀池;4-泥浆池;5-砂石泵;6-水龙头;7-水阀;8-钻杆;9-钻机回转装置

反循环回转钻机成孔的工艺如图 3-14b)所示。泥浆由钻杆与孔壁间的环状间隙流入桩孔,然后由砂石泵在钻杆内形成真空,使钻下的土渣由钻杆内腔吸出至地面而流向沉淀池,沉淀后再流入泥浆池。反循环工艺的泥浆返流速度较快,排吸的土渣能力大。潜水钻机成孔。潜水钻机是一种旋转式钻孔机械,其动力、变速机构和钻头连在一起,加以密封,下放至孔中地下水位以下进行削土壤成孔。其泥浆循环方式也可分为正循环和反循环两种,施工过程与回转钻机成孔相似。潜水钻机如图 3-15 所示。

b. 冲击钻成孔。冲击钻机如图 3-16 所示。冲击钻主要用于在岩层成孔,成孔时将冲锥式钻头提升到一定高度后以自由下落的冲击力来破碎岩层,然后用掏渣筒来掏取孔内的碎渣。

c. 冲抓锥成孔。冲抓锥成孔是将冲抓锥斗提升到一定高度,锥斗内有压重铁块和活动抓片,下落时抓片张开,钻头自由下落冲入土中,然后开动卷扬机拉升钻头,此时抓片闭合抓土,

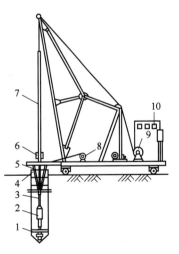

图 3-15　潜水钻机

1-钻头;2-潜水钻机;3-电缆;4-护筒;5-水管;6-滚轮支点;7-钻杆;8-电缆盘;9-卷扬机;10-控制箱

将冲抓锥整体提升至地面卸土,依次循环成孔。如图 3-17 所示,冲抓锥适用于松散土层。

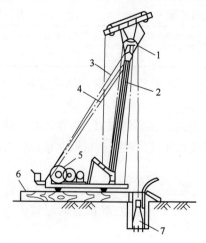

图 3-16　冲击钻机

1-滑轮;2-主杆;3-拉索;4-斜撑;5-卷扬机;6-垫木;7-钻头

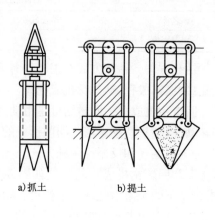

a)抓土　　　b)提土

图 3-17　冲抓锥斗

⑤清孔。钻孔达到要求的深度后要清除孔底沉渣,以防止灌注桩沉降过大,承载力降低,这个过程称为清孔。当孔壁土质较好,不易塌孔时,可用空气吸泥机清孔,同时注入清水,清孔后泥浆相对密度控制在 1.1 左右;孔壁土质较差时,宜用反循环排渣法清孔,清孔后的泥浆相对密度控制在 1.15 ~ 1.25 之间。清孔应达到如下标准才算合格:一是对孔内排出或抽出的泥浆,用手摸捻应无粗粒感觉,孔底 500mm 以内的泥浆密度小于 $1.25g/cm^3$(原土造浆的孔应小于 $1.1g/cm^3$);二是在浇筑混凝土前,孔底沉渣允许厚度符合标准规定,即端承桩≤50mm,摩擦端承桩、端承摩擦桩≤100mm,摩擦桩≤300mm。

⑥吊放钢筋笼。清孔后应立即安放钢筋笼、浇筑混凝土。当钢筋笼全长超过 12m 时,钢筋笼宜分段制作、分段吊放,接头处用焊接连接,并使主筋接头在同一截面中数量小于 50%,相邻接头错开大于 500mm。为增加钢筋笼的纵向刚度和灌注桩的整体性,每隔 2m 焊一个 $\phi12mm$ 的加强环箍筋,并要保证有 60 ~ 80mm 钢筋保护层的措施(如设置定位钢筋环或混凝土垫块)。吊放钢筋笼时应保持垂直、缓缓放入,防止碰撞孔壁。吊放完毕经检查符合设计高程后,将钢筋笼临时固定(如绑在护筒或桩架上),以防移动。

⑦水下浇筑混凝土。泥浆护壁钻孔灌注桩的水下混凝土浇筑常用导管法。导管法是将密封连接的钢管作为水下混凝土的灌注通道,同时隔离泥浆,使其不与混凝土接触。在浇筑过程中,导管始终埋在灌入的混凝土搅拌物内,导管内的混凝土在一定的落差压力作用下,压挤下部管口的混凝土在已浇的混凝土层内部流动、扩散,以完成混凝土的浇筑工作,形成连续密实的混凝土桩身。浇筑完的桩身混凝土应超过桩顶设计高程 0.5m,保证在凿除表面浮浆层后,桩顶高程和桩顶的混凝土质量能满足设计要求。

⑧泥浆护壁钻孔灌注桩施工中,常见质量问题及处理方法如下:

a. 塌孔。在成孔过程中或成孔后,有时在排出的泥浆中不断出现气泡,有时护筒内的水位突然下降,这是塌孔的迹象。其形成原因主要是土质松散、泥浆护壁效果不佳。如发生塌孔,应探明塌孔位置,将砂和黏土混合物回填到塌孔位置以上 1 ~ 2m,如塌孔严重,应全部回填,等回填物沉积密实后再重新钻孔。

b.孔壁缩颈。钻孔后孔径小于设计孔径的现象,是由于塑性土膨胀或软弱土层挤压造成的,处理时可用钻头反复扫孔,以扩大孔径。

c.斜孔。成孔后发现垂直偏差过大,是由护筒倾斜和位移、钻杆不垂直、钻头导向性差、土质软硬不一或遇上孤石等原因造成。斜孔会影响桩基质量,并会给后面的施工造成困难。处理时可在偏斜处吊住钻头,上下反复扫钻,直至把孔位校直;或在偏斜处回填砂黏土,待沉积密实后再钻。

2)沉管灌注桩施工

沉管灌注桩是目前采用较为广泛的一种灌注桩,其是指用锤击或振动的方法,将带有预制混凝土桩尖或钢活瓣桩尖的钢套管沉入土中,待沉到规定的深度后,立即在管内浇筑混凝土或管内放入钢筋笼后再浇筑混凝土,随后拔出钢套管,并利用拔管时的冲击或振动使混凝土捣实而形成桩。沉管灌注桩施工过程如图3-18所示。

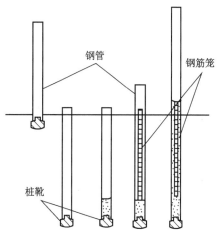

图3-18 沉管灌注桩施工过程

注:从左至右分别为就位;沉套管;初灌混凝土;放钢筋笼、灌注混凝土;拔管成桩。

沉管灌注桩利用套管保护孔壁,能沉能拔,施工速度快,适用于黏性土、粉土、淤泥质土、砂土及填土。在厚度较大、灵敏度较高的淤泥和流塑状态的黏性土等软弱土层中采用时,应制订可靠的质量保证措施。沉管灌注桩按沉管方法不同,分为锤击沉管和振动沉管,在施工中要考虑挤土、噪声、振动等影响。

(1)锤击沉管灌注桩施工

锤击沉管灌注桩宜用于一般黏性土、淤泥质土、砂土和人工填土地基。

施工时,用桩架吊起钢桩管,对准预先设在桩位处的预制钢筋混凝土桩靴。桩管与桩靴连接处要垫以麻、草绳,以防止地下水渗入管内。然后缓缓放下桩管,套入桩靴压入土中。桩管上端扣上桩帽、检查桩管与桩锤是否在同一垂直线上,桩管偏斜≤0.5%时,即可锤击桩管。先用低锤轻击,观察无偏移后,再正常施打。当桩管沉到设计要求深度后,停止锤击,在管内放入钢筋笼,用吊斗将混凝土灌入桩管内。桩管内混凝土应尽量灌满,然后开始拔管。拔管要均匀,第一次拔管高度控制在能容纳第二次所需要灌入的混凝土量,不宜拔管过高,应保证管内有不少于2m高度的混凝土,然后再灌足混凝土。拔管时应保持连续密锤低击不停,并控制拔出速度。对一般土层以不大于1m/min为宜;在软弱土层及软硬土层交界处应控制在0.8m/min以内。拔管时还要经常探测混凝土落下的扩散情况,注意使管内的混凝土保持略高于地面,这样一直到全管拔出为止。混凝土的落下情况可用吊砣探测。

以上是单打灌注桩的施工。为了提高桩的质量或使桩径增大,提高桩的承载能力,可采用一次复打扩大灌注桩。对于怀疑或发现有断桩、缩径等缺陷的桩,作为补救措施也可采用复打法。

复打桩施工是在单打施工完毕、拔出桩管后,及时清除黏附在管壁和散落在地面上的泥土,在原桩位上第二次安放桩尖,以后的施工过程则与单打灌注桩相同。复打扩大灌注桩施工时应注意,复打施工必须在第一次灌注的混凝土初凝以前全部完成,桩管在第二次打入时应与第一次的轴线相重合,且第一次灌注的混凝土应达到自然地面,不得少灌。

(2)振动沉管灌注桩施工

振动沉管灌注桩的适用范围除了与锤击沉管灌注桩相同外,更适用于砂土、稍密及中密的碎石土地基。振动沉管灌注桩采用激振器或振动冲击锤沉管,其设备如图3-19所示。施工时,先安装好桩机,将桩管下端活瓣桩尖合起来,或用桩靴对准桩位,徐徐放下桩管,压入土中,勿使偏斜,即可开动激振器沉管。但桩管沉到设计高程,且最后30s的电流值、电压值符合设计要求后,停止振动,用吊斗将混凝土灌入桩管内,然后再开动激振器和卷扬机拔出钢管,边振边拔,从而使桩的混凝土得到振实。

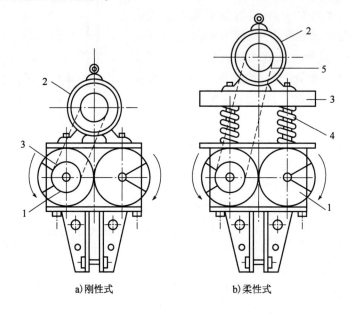

a)刚性式　　　　　　　　b)柔性式

图3-19　振动桩锤构造示意图
1-激振器;2-电动机;3-传动带;4-弹簧;5-加荷板

振动沉管灌注桩的施工方法可分为单振法、复振法及反插法三种。

单振法施工时,在桩管灌满混凝土后,开动振动器,先振动5~10s,再开始拔管。应边振边拔,每拔0.5~1m,停拔5~10s,但保持振动,如此反复,直至桩管全部拔出。在一般土层内,拔管速度宜为1.2~1.5m/min;在软弱土层中,拔管速度宜控制在0.8m/min以内。

复振法施工适用于饱和黏土层。在单打法施工完成后,再把活瓣桩尖闭合起来,在原桩孔混凝土中第二次沉下桩管,将未凝固的混凝土向四周挤压,然后进行第二次灌混凝土和振动拔管。

反插法施工是在桩管灌满混凝土后,先振动再开始拔管,每次拔管高度0.5~1.0m,反插深度0.3~0.5m,在拔管过程中分段添加混凝土,保持管内混凝土面始终不低于地表面或高于地下水位1.5m以上,拔管速度应小于0.5m/min。如此反复进行,直至桩管拔出地面。反插法能使混凝土的密实性增加,宜在较差的软土地基施工中采用。

(3)套管成孔灌注桩常遇问题和处理方法

套管成孔灌注桩施工时常发生断桩、缩径、吊脚桩、桩尖进水进泥砂等问题,施工中应及时检查并处理。断桩是指桩身裂缝呈水平状或略有倾斜且贯通全截面,常见于地面以下 1~3m 不同软硬土层交接处。产生断桩的主要原因是桩距过小,桩身凝固不久,强度低,此时邻桩沉管使土体隆起和挤压,产生横向水平力和竖向拉力使混凝土桩身断裂。避免断桩的措施是:布桩不宜过密,桩间距以不小于 3.5 倍桩距为宜;当桩身混凝土强度较低时,可采用跳打法施工,合理制定打桩顺序和桩架行走路线以减少振动的影响。断桩一经发现,应将断桩段拔去,将孔清理干净后,略增大面积或加上钢箍连接,再重新灌注混凝土。

缩径是指桩身局部直径小于设计直径,缩径常出现在饱和淤泥质土中。产生缩径的主要原因是在含水率高的黏性土中沉管时,土体受到强烈扰动挤压,产生很高的孔隙水压力,桩管拔出后,这种超孔隙水压力便作用在所浇筑的混凝土桩身上,使桩身局部直径缩小;当桩间距过小,邻近桩沉管施工时挤压土体也会使所浇混凝土桩身缩径;或施工时拔管速度过快,管内形成真空吸力,且管内混凝土量少、和易性差,使混凝土扩散性差,导致缩径。在施工过程中应经常观测管内混凝土的下落情况,严格控制拔管速度,采取"慢拔密振"或"反插法",在可能产生缩径的土层施工时,采用反插法可避免缩径。当出现缩径时可用复打法进行处理。

吊脚桩是指桩底部的混凝土隔空,或混入泥砂在桩底部形成松软层。产生吊脚桩的主要原因是预制桩靴强度不足,在沉管时破损,被挤入桩管内,拔管时振动冲击未能及时将桩靴压出而形成吊脚桩;振动沉管时,桩管入土较深进入低压缩性土层,灌完混凝土开始拔管时,活瓣桩尖被周围土包围不能及时张开而形成吊脚桩。避免出现吊脚桩的措施是:严格检查预制桩靴的强度和规格,沉管时可用吊碇检查桩靴是否进入桩管或活瓣是否张开,如发现吊脚现象,应将桩管拔出,桩孔回填后重新沉入桩管。

桩尖进水进泥砂是指在含水率大的淤泥、粉砂土层中沉入桩管时,往往有水或泥砂进入桩管内,这是由于活瓣桩尖合拢不严,或预制桩靴与桩管接触不严密,或桩靴打坏所致。预防措施是:对活瓣桩尖应及时修复或更换;预制桩靴的尺寸和配筋均应符合设计要求,在桩尖与桩管接触处缠绕麻绳或垫衬,使二者接触处封严。当发现桩尖进水或泥砂时,可将桩管拔出,修复桩尖缝隙,用砂回填桩孔后再重新沉管。当地下水量大时,桩管沉至接近地下水位时,可灌注 0.5m 高水泥砂浆封底,将桩管底部的缝隙封住,再灌 1m 高的混凝土后,继续沉管。

3)人工挖孔灌注桩

人工挖孔灌注桩(简称人工挖孔桩)是指采用人工挖掘方法进行成孔,然后安装钢筋笼,浇筑混凝土成为支撑上部结构的桩。

人工挖孔桩的优点是:设备简单;施工现场较干净;噪声小,振动小,对施工现场周围的原有建筑物影响小;施工速度快,可按施工进度要求决定同时开挖钻孔的数量,必要时,各桩孔可同时施工;土层情况明确,可直接观察到地质变化情况,桩底沉渣能清除干净,施工质量可靠。当高层建筑采用大直径的混凝土灌注桩时,人工挖孔比机械成孔具有更大的适应性。因此,近年来随着我国高层建筑的发展,人工挖孔桩得到较广泛的应用,特别是在施工现场狭窄的市区修建高层建筑时,更显示其特殊的优越性,但人工挖孔桩施工,工人在井下作业,可能要遭受流砂、淤泥、有害气体的影响,施工安全应予以特别重视,要严格按操作规程施工,制定可靠的安全措施。人工挖孔桩的直径除了能满足设计承载力的要求外,还应考虑施工操作的要求,故桩径不宜小于800mm。桩底一般都扩大,扩底尺寸按:$\frac{D_1 - D_2}{2} : h = 1 : 4, h \geq \frac{D_1 - D_2}{4}$ 进行控制。当采用现浇混凝土护壁时,人工挖孔桩构造如图 3-20 所示。护壁厚度一般不小于 $\left(\frac{D}{10} + 50\right)$ mm(其中 D 为桩径),每步高1m,并有100mm放坡。

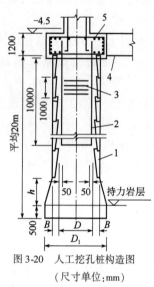

图 3-20 人工挖孔桩构造图
(尺寸单位:mm)
1-护壁;2-主筋;3-箍筋;4-地梁;
5-桩帽

(1)施工机具

①电动葫芦和提土桶,用于施工人员上下和材料与弃土的垂直运输用。

②潜水泵,用于抽出钻孔中的积水。

③鼓风机和输风管,用于向钻孔强制送入新鲜空气。

④镐、镦、土筐等挖土工具,若遇到坚硬的泥土或岩石,还应配风镐。

⑤照明灯、对讲机、电铃等。

(2)施工工艺

为了确保人工挖孔桩施工过程中的安全,必须考虑防止土体坍滑的支护措施。支护的方法很多,如可采用现浇混凝土护壁、喷射混凝土护壁、型钢或木板桩工具式护壁、沉井等。下面以采用现浇混凝土分段护壁为例说明人工挖孔桩的施工工艺流程:

①按设计图纸放线、定桩位。

②开挖土方。采取分段开挖,每段高度决定于土壁保持直立状态的能力,一般为 0.5~1.0m 为一施工段,开挖范围为设计桩径加护壁的厚度。

③支设护壁模板。模板高度取决于开挖土方施工段的高度,一般为1m,由 4~8 块活动钢模板(或木模板)组合而成。

④在模板顶放置操作平台。平台可与角钢和钢板制成半圆形,两个合起来即一个整圆,用来临时放置混凝土和浇筑混凝土用。

⑤浇筑护壁混凝土。护壁混凝土要注意捣实,因它起着防止土壁塌陷与防水的双重作用。第一节护壁厚宜增加 100~150mm,上下节护壁用钢筋拉结。

⑥拆除模板继续下一段的施工。当护壁混凝土强度达到1MPa。常温下保持约为 24h 方可拆除模板,开挖下一段的土方,再支模浇筑护壁混凝土,如此循环,直至挖到设计要求的深度。

⑦排出孔底积水,浇筑桩身混凝土。当混凝土浇筑至钢筋笼的底面设计高程时,再安放钢筋笼,继续浇筑桩身混凝。浇筑混凝土时,混凝土必须通过溜槽;当高度超过3m时,应用串筒,串筒末端离孔底高度不宜小于2m,混凝土宜采用插入式振动器捣实。

(3)挖孔桩施工中应注意的几个问题

①钻孔的质量要求必须保证。根据挖孔桩的受力特点,钻孔中心线的平面位置偏差要求不宜超过50mm,桩的垂直度偏差要求不超过 0.5%,桩径不得小于设计直径。

②为了保证钻孔的平面位置和垂直度符合要求,在每开挖一施工段,安装护壁模板时,可

用十字架放在孔口上方,预先标定好的轴线标记,在十字架交叉中点悬吊垂球以对中,使每一段护壁符合轴线要求,以保证桩身的垂直度。

③钻孔的挖掘应由设计人员根据现场土层实际情况决定,不能按设计图纸提供的桩长参考数据来终止挖掘。对重要工程挖到比较完整的持力层后,再用小型钻机向下钻一个深度不小于桩底直径 3 倍的深孔取样鉴别,确认无软弱下卧层及洞隙后才能终止。

④注意防止土壁坍落及流砂事故。在开挖过程中,如遇到有特别松散的土层或流砂层时,为防止土壁坍落及流砂,可采用钢护筒或预制混凝土沉井等作为护壁使其高度减少到 300 ~ 500mm,待穿过松软层或流砂层后,再按一般方法边挖掘边浇筑混凝土护壁,继续开挖桩孔。流砂现象严重时则可采用井点降水。

⑤浇筑桩身混凝土时,应注意清孔及防止积水。桩身混凝土宜一次连续浇筑完毕,不留施工缝。浇筑前,应认真清除干净孔底的浮土、石渣。

⑥必须制订好安全措施。人工挖孔桩施工,工人在孔下作业,施工安全应予以特别重视,要严格按操作规程施工,制定可靠的安全措施。例如:孔内有人时,施工人员进入孔内必须戴安全帽;孔上必须有人监督防护;护壁要高出地面 150 ~ 200mm,孔周围要设置 0.8m 高的安全防护栏杆;孔下照明要用安全电压;开挖深度超过 10m 时,应设置鼓风机,排除有害气体等。

4)爆扩成孔灌注桩施工

爆扩成孔灌注桩又称爆扩桩,它是用钻孔或爆扩法成孔,孔底放入炸药,再灌入适量的混凝土压爆,然后引爆,使孔底形成扩大头,此时,孔内混凝土落入孔底空腔内,再放置钢筋骨架,浇筑桩身混凝土而制成的灌注桩,如图 3-21 所示。

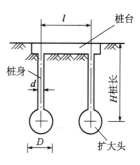

图 3-21　爆扩桩示意图

爆扩桩在黏性土层中使用效果较好,但在软土及砂土中不易成形。桩长(H)一般为 3 ~ 6m,最大不超过 10m。扩大头直径 D 为 $(2.5 ~ 3.5)d$(d 为桩身直径)。这种桩具有成孔简单、节省劳力和成本低等优点。但检查质量不便,施工时要求较严格。

3.3　沉井基础施工

沉井是修筑深基础和地下构筑物的一种施工工艺。施工时先在地面或基坑内制作开口的钢筋混凝土井身,待其达到规定强度后,在井身内分层挖土运出,随着挖土和土面的降低,沉井井身及其自重或在其他措施协助下克服与土壁间的摩擦力和刃脚反力,不断下沉,直至设计高程就位,然后进行封底。

沉井是由刃脚、井筒和内隔墙等组成,外形呈圆形或矩形,筒身由钢筋混凝土构筑而成,多用于建筑物和构筑物的深基础、地下室、蓄水池、设备深基础、桥墩、顶管的工作井和取水口等工程。

3.3.1　沉井构造

1)刃脚

刃脚在井筒的最下端,用钢板做成,形如刀刃,当沉井下沉时,起切入土中的作用。

2）井筒

井筒是沉井的外壁，用钢筋混凝土逐节现浇而成，在下沉过程中，除起挡土作用外，还由其自重克服筒壁与地基土之间的摩擦力和刃脚底部的土阻力，使沉井逐渐下沉，直至设计高程。

3）内隔墙

内隔墙是把沉井分成若干个小间，加强沉井的刚度，以减小由外侧土压力对井壁的弯矩。此外，在施工时，还起便于挖土和控制沉井下沉的偏差作用。

3.3.2　沉井的施工工艺

沉井的施工工艺如下：

（1）在沉井位置开挖基坑，坑的四周打桩，设置工作平台。

（2）铺砂垫层，搁置垫木。

（3）制钢刃脚，并浇筑第一节钢筋混凝土井筒。

（4）待第一节井筒的混凝土达到一定强度后，抽出垫木，并在井筒内挖土，或用水力吸泥，使沉井下沉。

（5）然后架高沉井，分节浇筑，沉井在井壁自重的作用下，逐渐下沉。

（6）当沉井沉到设计高程后，用混凝土封底，浇筑钢筋混凝土底板，形成地下结构。

沉井的施工过程如图 3-22 所示。

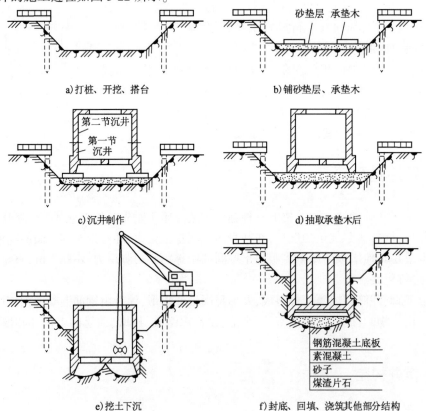

a）打桩、开挖、搭台　　　　　b）铺砂垫层、承垫木

c）沉井制作　　　　　　　　　d）抽取承垫木后

e）挖土下沉　　　　　f）封底、回填、浇筑其他部分结构

图 3-22　沉井施工的主要程序示意图

思考题

1. 摩擦型桩和端承型桩在受力上如何区别？施工中应如何控制？

2. 预制桩的制作方法及要求如何？其吊点该如何确定？

3. 打桩顺序有哪几种？与哪些因素有关？如何确定打桩顺序？

4. 接桩方法有几种？各适用于什么情况？

5. 静力压桩有何特点？适用范围如何？施工时应注意哪些问题？

6. 打桩对周围环境有何影响？有哪些预防措施？

7. 灌注桩的成孔方法有几种？各种方法的特点及适用范围如何？

8. 泥浆护壁成孔灌注桩施工中，有哪些成孔机械？护筒有何作用？泥浆有何作用？

9. 简述泥浆护壁成孔灌注桩施工中常遇问题及处理方法。

10. 锤击沉管灌注桩的施工工艺常见质量问题有哪些？如何预防？

11. 挖孔桩有何特点？施工中应注意哪些问题？

12. 试述沉井的施工过程。

13. 试述爆扩桩的成孔方法和施工中常见问题。

第4章　混凝土结构工程

4.1　模板工程

模板工程是混凝土结构构件成形的一个十分重要的组成部分。现浇混凝土结构用模板工程的造价约占钢筋混凝土工程总造价的30%,总用工量的50%。采用先进的模板技术,对于提高工程质量,加快施工速度,提高劳动生产率,降低工程成本和实现文明施工,都具有十分重要的意义。

4.1.1　模板工程组成和基本要求

模板工程是新浇筑混凝土的支承系统,包括模板和支撑。模板是使新浇筑混凝土成形并养护,使之达到一定强度以承受自重的临时性结构并能拆除的模型板。支撑是保证模板形状和位置并承受模板、钢筋、新浇筑混凝土的自重及施工荷载的临时性结构。

模板及其支撑系统必须符合下列基本要求:

(1)保证土木工程结构和构件各部分形状尺寸和相互位置正确。

(2)具有足够的强度、刚度和稳定性,能可靠地承受新浇混凝土的重量和侧压力,以及施工过程中所产生的荷载。

(3)构造简单,装拆方便,并便于钢筋的绑扎与安装、混凝土的浇筑及养护等工艺要求。

(4)模板接缝不应漏浆。

模板工程的施工工艺一般包括模板的选材、选型、设计、制作、安装、拆除和修整。对初涉足模板工程的施工技术人员,在了解模板工程基本构造的基础上,应根据上述基本要求,进行模板工程的材料选择、结构计算等,最后制订整个模板工程的合理施工方案。

4.1.2　模板分类

1)按材料分类

模板按所用的材料不同,可分为木模板、钢木模板、钢模板、木胶合板模板、竹胶合板模板钢框木(竹)胶合板模板、塑料模板、玻璃钢模板、铝合金模板等。

(1)木模板。制作方便、拼装随意,尤其适用于外形复杂或异形的混凝土构件,此外,由于导热系数小,对混凝土冬期施工有一定的保温作用。但周转次数少,板厚20~50mm,宽度不宜超过200mm,以保证木材干缩时,缝隙均匀,浇水后易密缝。

(2)钢模板。一般做成定型模板,用连接件拼装成各种形状和尺寸,适用于多种结构形式,应用广泛。钢模板周转次数多,但一次投资量大,在使用过程中应注意保管和维护,防止生锈以延长钢模板的使用寿命。

（3）木胶合板模板。通常由5、7、9、11等奇数层单板（薄木板）经热压固化而胶合成型，相邻纹理方向相互垂直，表面常覆有树脂面膜。具有幅面大、接缝少、自重轻、锯截方便、不翘曲、不开裂等优点，在施工中用量较大。

（4）竹胶合板模板。由若干层竹编与两表层木单板经热压而成，比木胶合板模板强度更高，表层经树脂涂层处理后可作为清水混凝土模板，但现场拼钉较困难。

（5）钢框木（竹）胶合板模板。是以角钢为边框，内镶可更换的木（竹）胶合板，胶合板的边缘和孔洞经密封材料的处理，可防吸水受潮变形，提高胶合板的使用次数。

（6）塑料模板、玻璃钢模板、铝合金模板。具有质量轻、刚度大、拼装方便、周转率高的特点，但由于造价较高，尚未普遍使用。

2）按结构类型分类

各种现浇钢筋混凝土结构构件，由于其形状、尺寸、构造不同，模板的构造及组装方法也不同，形成各自的特点。按结构类型不同，可分为基础模板、柱模板、梁模板、楼板模板、楼梯模板、墙模板、壳模板、烟囱模板等多种。

3）按施工方法分类

按施工方法不同划分，模板可分为现场装拆式模板、固定式模板、移动式模板三种。

（1）现场装拆式模板是在施工现场按照设计要求的结构形状、尺寸及空间位置现场组装的模板，当混凝土达到拆模强度后拆除模板。现场装拆式模板多用定型模板和工具式支撑。

（2）固定式模板多用于制作预制构件，是按照构件的形状、尺寸在现场或预制厂制作模板，涂刷隔离剂，浇筑混凝土，但混凝土达到规定的强度后即脱模、清理模板，再重新涂刷隔离剂，继续制作下一批构件。各种胎模（如土胎模、砖胎模、混凝土胎模等）也属固定式模板。

（3）移动式模板是随着混凝土的浇筑，模板可沿垂直方向或水平方向移动。如烟囱、水塔、墙柱混凝土浇筑时采用的滑升模板、提升模板和筒壳浇筑混凝土时采用的水平移动式模板等。

4.1.3 组合钢模板

组合钢模板是一种工具式模板，由模板板块和配件（如连接件、支承件等）组成。模板板块分为钢模板板块、钢框木（柱）胶合板板块。

（1）钢模板板块有平面模板、阳角模板、阴角模板及连接角模4种，如图4-1所示。钢模板面板厚度一般为2.3～2.5mm；封头横肋板、中间加肋板的厚度一般为2.8mm。钢模板采用模数制设计，宽度以100mm为基础，以50mm为模数进级；长度以450mm为基础，以150mm为模数进级；肋高55mm。也有其他系列的模板。

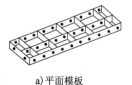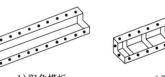

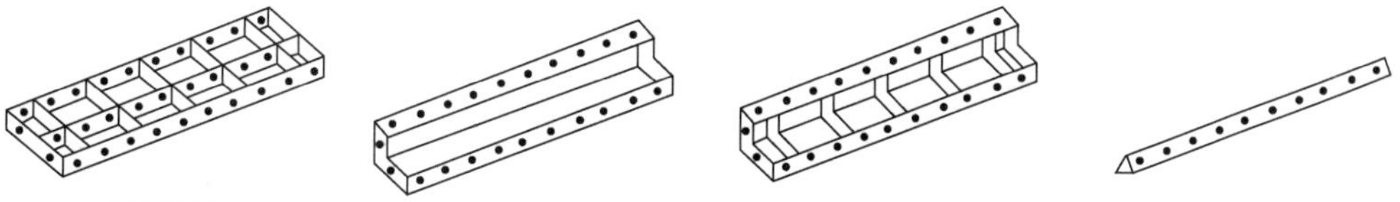

a）平面模板　　　　b）阳角模板　　　　c）阴角模板　　　　d）连接角模

图4-1　钢模板类型

（2）钢框木（柱）胶合板板块是由钢材和木材组合而成的，其转角模板与异型模板由钢材压制成型。由于自重轻，板块尺寸大，模板拼缝少，浇出的混凝土表面光滑平整。它应尽量与钢模板板块形成相同的系列。

（3）组合钢模板轻便灵活、装拆方便、通用性强，浇筑的构件尺寸准确、棱角整齐、表面光滑，模板周转次数多，大量节约木材；但一次投资大，浇筑成形的混凝土表面过于光滑，不利于表面装修等。组合钢模板连接配件主要有 U 形卡、L 形插销、钩头螺栓、紧固螺栓和栓等形式，如图 4-2 所示。模板的支承工具包括钢楞（常用碗扣式、扣件式）、支柱、钢管井架、钢桁架、斜撑、卡具、柱箍等。

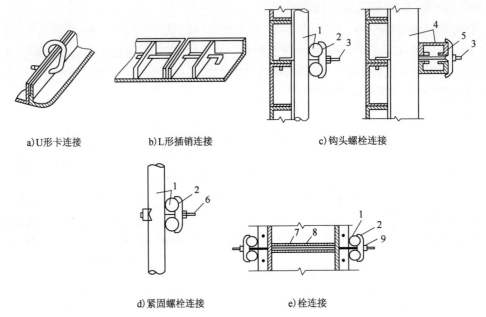

a)U形卡连接   b)L形插销连接   c)钩头螺栓连接

d)紧固螺栓连接   e)栓连接

图 4-2　组合钢模板连接配件

1-圆钢管楞；2-"3"形扣件；3-钩头螺栓；4-内卷边槽钢钢楞；5-蝶形扣件；6-紧固螺栓；7-对拉螺栓；8-塑料套管；9-螺母

4.1.4　模板的构造与安装

现浇混凝土基本构件主要有柱、墙、梁、板等，下面介绍由胶合板模板以及组合钢模板组装的这些基本构件的模板构造。

1）柱、墙模板

柱和墙均为垂直构件，模板应能保持自身稳定，并能承受浇筑混凝土时产生的横向压力。

柱模板要由侧模（包括加劲肋）、柱箍、底部固定框、清理孔 4 个部分组成，图 4-3 为典型的矩形柱模板构造。

柱的横断面较小，混凝土浇筑速度快，柱侧模上所受的新浇筑混凝土压力较大，特别要求柱模拼缝严密、底部固定牢靠，柱箍间距适当，并保证其垂直度。此外，对高的柱模，为便于浇筑混凝土，可沿柱高度每隔 2m 开设浇筑孔。

对墙模板的要求与柱模板相似，主要保证其垂直度以及抵抗新浇筑混凝土的侧压力。

墙模板由 5 个基本部分组成：侧模（面板）—维持新浇筑混凝土直至硬化；内楞—支承模

板;外楞—支承内楞和加强模板;斜撑—保证模板垂直和支承施工荷载及风荷载等;对拉螺栓及撑块—混凝土侧压力作用到侧模上式时,保持两片侧模间的距离。墙模板的侧模可采用胶合板模板、组合钢模板、钢框胶合板模板等。如图4-4所示为采用胶合板模板以及组合钢模板的典型墙模板构造。内外楞可采用方木、内卷边槽钢、圆钢管或矩形钢管等。

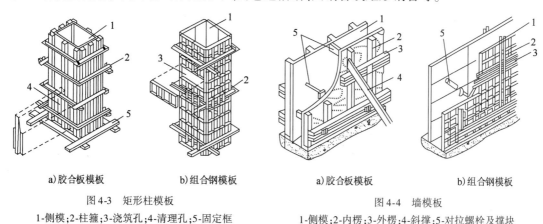

a)胶合板模板   b)组合钢模板   a)胶合板模板   b)组合钢模板

图4-3 矩形柱模板   图4-4 墙模板

1-侧模;2-柱箍;3-浇筑孔;4-清理孔;5-固定框   1-侧模;2-内楞;3-外楞;4-斜撑;5-对拉螺栓及撑块

2)梁、板模板

梁与板均为水平构件,其模板主要承受竖向荷载,如模板及支撑自重,钢筋、新浇筑混凝土自重以及浇筑混凝土时的施工荷载等,侧模则受到混凝土的侧压力。因此,要求模板支撑数量足够,搭设稳固牢靠。现浇混凝土楼面结构多为梁板结构,梁和楼板的模板通常一起拼装(图4-5)。

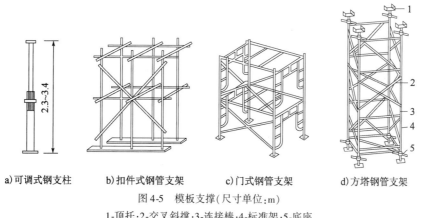

a)可调式钢支柱 b)扣件式钢管支架 c)门式钢管支架 d)方塔钢管支架

图4-5 模板支撑(尺寸单位:m)

1-顶托;2-交叉斜撑;3-连接棒;4-标准架;5-底座

梁模板由底模及侧模组成。底模承受竖向荷载,刚度较大,下设支撑,侧模承受混凝土侧压力,其底部用夹条夹住,顶部由支承楼板的小楞顶住或斜撑顶住。

楼板模板优先采用幅面大的整张胶合板,以加快模板装拆速度,提高楼板底面平整度。结合施工单位实际条件,也可采用组合钢模板等。

模板的支撑系统广义地来说包括垂直支撑、水平支撑、斜撑以及连接件等,其中垂直支撑用来支承梁和板等水平构件,直至构件混凝土达到足够的自承重强度;水平支撑用来支承模板跨越较大的施工空间或减少垂直支撑的数量。

梁与楼板模板的垂直支撑可选用可调式钢支柱、扣件式钢管支架、碗扣式钢管支架、门式钢管支架以及方塔管支架等(图4-6)。单管钢支柱的支承高度为3～4m;支架在承载力允许范围内可搭设任意高度。常规的支架可根据所用的形式参照相应的技术规程要求进行设计并安装搭设。非常规的支架可参考支撑加载试验所得的极限承载力除以2～3的安全系数进行设计并搭设。对定型产品,也可参考生产厂家提供的技术参数进行设计并搭设。楼板模板的水平支撑主要有小楞、大楞或桁架等。小楞支撑模板,大楞支撑小楞。当层间高度大于5m或需要扩大施工空间时,可选用桁架、贝雷架、军用梁等来支撑小楞。

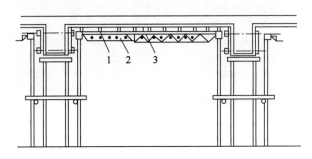

图4-6　楼板模板的桁架式水平支撑

1-小楞;2-可调桁架;3-楼板模板

3)安装模板注意事项

(1)合理地选择模板安装顺序。一般情况下模板是自下而上安装,在安装中注意模板的稳定,上下层模板的立柱应在一条竖向中心线上,以利荷载传递。底层支柱必须坐落在坚实的基土上,并有足够的支承面积,以保证浇筑混凝土时不致下沉。

(2)承受底层立柱的地基上应有排水措施。对湿陷性黄土,必须有防止沉陷的措施,对冻胀性土还必须有防冻融措施。

(3)浇筑混凝土时,要注意观察模板变化,发现位移、鼓胀、下沉、漏浆、支撑松动、地基下沉等现象,应及时采取有效措施。为防止模板由于加荷载后产生挠度,现浇钢筋混凝土梁板,当跨度等于或大于4m时,模板应起拱;当设计无具体要求时,起拱高度宜为全跨长度的1/1000～3/1000。

4.1.5　模板拆除

模板拆除的时间取决于混凝土的强度、各个模板的用途、结构的性质、混凝土硬化时的气温等。为了加快模板周转的速度,减少模板的总用量,降低工程造价,模板应尽早拆除,提高模板的使用效率。但过早拆除模板,混凝土会因强度不足难以承担本身自重,或受到外力作用而变形甚至断裂,造成重大的质量事故。但模板拆除时不得损伤混凝土结构构件,确保结构安全要求的强度。在进行模板设计时,要考虑模板的拆除顺序和拆除时间。

不承重的侧模拆除时间,应在混凝土强度能保证其表面及棱角不因拆除模板而受损坏时方可拆除。一般当混凝土强度达到2.5MPa后,就能保证混凝土不因拆除模板而损坏。

承重模板的拆除时间,在混凝土强度达到规定强度(按设计强度标准值的百分率计)后方能拆除。模板拆除时混凝土强度应符合表4-1的规定。

现浇结构拆模时所需混凝土强度　　　　　　　　表 4-1

结构类型	结构跨度(m)	按设计的混凝土强度标准值百分率计(%)
板	42	50
	>2,≤8	75
	>8	100
梁、拱、壳	≤8	75
	>8	100
悬臂构件		100

注:设计的混凝土强度标准值系指与设计混凝土强度等级相应的混凝土立方体抗压强度标准值。

模板的拆除顺序一般是先支的后拆,后支的先拆,先拆除非承重部分,后拆除承重部分,自上而下。重大复杂模板的拆除,事先应制订拆模方案。对于肋形楼板的拆除顺序,首先是柱模板,然后楼板底模板、梁侧模板,最后梁底模板。对框架结构模板的拆除顺序一般是柱→楼板→梁侧模→梁底模。

多层楼板模板支架的拆除,应按下列要求进行:上层楼板正在浇筑混凝土时,下一层楼板的模板支架不得拆除,再下层的楼板模板的支架,仅可拆除一部分,即跨度 4m 及 4m 以下的梁下均应保留支架,其间距不得大于 3m。

拆模时应尽量避免混凝土表面及棱角或模板受到损坏,以致整块下落伤人。拆下的模板,应及时加以清理、修理,按种类及尺寸分别堆放,以便下次使用,有钉子的,要使钉尖向下,以免扎脚。对定型模板,若其背面油漆脱落,应补刷防锈漆。在拆模过程中,如发现混凝土质量问题,应暂停拆除,经处理后,方可继续拆除。

4.1.6　新型模板体系施工

现浇混凝土结构施工,模板支撑配置量大,占用时间长,装拆劳动量大。因此,为加快模板支撑周转使用,采用大面积工具式模板支撑,整块安装、整块拆除,能加快施工速度,减少现场作用量,降低工程施工费用。大模板、滑动模板、爬升模板、台模、早拆模板等正是能满足上述要求的新型模板体系,其中大模板、滑动模板以及爬升模板用于垂直结构快速施工,台模和早拆模板用于水平结构的快速施工。

1)大模板

大模板是用于现浇钢筋混凝土墙体的大型工具式模板,由面板、加劲肋、竖楞、支撑桁架、稳定机构和操作平台、穿墙螺栓等组成(图 4-7)。采用大模板可节省模板装、拆时间。

2)滑升模板

滑升模板是随着混凝土的浇筑而沿建筑结构或构件表面向上垂直移动的模板,由模板系统、操作平台系统、液压提升系统和控制系统组成(图 4-8)。施工时,在建筑物或构筑物的底部,按照其平面,沿结构周边安装高 1.2m 左右的模板和操作平台,随着向模板内不断分层浇筑混凝土,利用液压提升设备不断使模板向上滑升,使结构连续成形,逐步完成混凝土浇筑工作。

液压滑升模板适用于烟囱、筒仓、剪力墙、筒体等施工,也可用于现浇框架结构施工。采用液压滑升模板可节约大量模板,节省劳动力,减轻劳动强度,降低工程成本,加快施工进度,提高了施工机械化程度。但耗钢量大,一次投资费用较多。

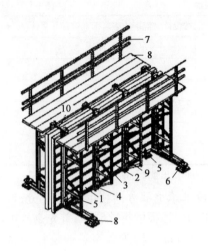

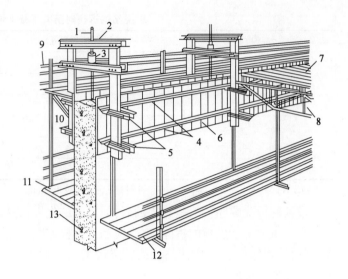

图 4-7　大模板构造示意图
1-面板；2-次肋；3-支撑桁架；4-主肋；
5-调整水平用的螺旋千斤顶；6-调整垂
直用的螺旋千斤顶；7-栏杆；8-脚手板；
9-穿墙螺栓；10-卡具

图 4-8　液压滑升模板组成示意图
1-支撑杆；2-提升架；3-液压千斤顶；4-围圈；5-围圈支托；6-模板；7-操作平台；8-平台桁架；9-栏杆；10-外挑三脚架；11-外吊脚手；12-内吊脚手；13-混凝土墙体

3）爬升模板

爬升模板是在混凝土墙体浇筑完毕后，利用提升装置将模板自行提升到上一个楼层，再浇筑上一层墙体混凝土的垂直移动式模板。

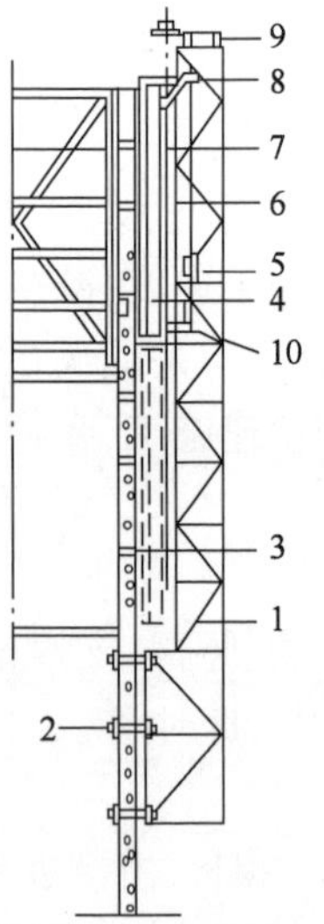

爬升模板由模板、提升架和提升装置三部分组成。如图 4-9 所示为利用液压千斤顶作为提升装置的外墙爬升模板示意图。爬升模板采用整片式大平模，由面板及肋组成，不需要支撑系统；提升设备采用电动螺杆提升机、液压千斤顶或倒链。既保持大模板优点，又保持了滑模利用自身小型设备使模板自行向上爬升而不依赖塔吊的优点。适用于高层建筑墙体、电梯井壁等混凝土施工。

4）台模

台模是用于浇筑钢筋混凝土楼板的一种大型工具式模板。在施工中可以整体脱模和转运，利用起重机从浇筑的楼板下吊出，转移至上一楼层，中途不再落地，所以也称"飞模"。

台模由台面、支架（支柱）、支腿、调节装置、走道板及配套附件等组成。按其支架结构类型，可分为立柱式台模、桁架式台模、升降式台模等。台模示意图如图 4-10 所示。

5）隧道模

隧道模是将楼板和墙体一次支模的一种工具式模板，相当于将台模和大模板组合起来。隧道模有断面呈门形的整体式隧道模和断面呈倒 L 形的双拼式隧道模两种（图 4-11）。整体式隧道模移动困

图 4-9　爬升模板示意图
1-爬架；2-螺栓；3-预留爬架孔；4-模板；5-爬架千斤顶；6-爬模千斤顶；7-爬杆；8-模板挑横梁；9-爬架挑横梁；10-脱模千斤顶

难,目前已很少应用;双拼式隧道模应用较广泛,特别在内浇外挂和内浇外砌的高、多层建筑中应用较多。

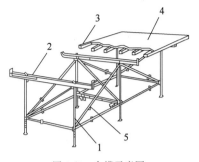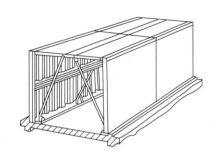

图 4-10　台模示意图

1-支腿;2-可伸缩的横梁;3-檩条;

4-面板;5-斜撑

图 4-11　隧道模示意图

6)永久性模板

永久性模板在钢筋混凝土结构施工中起模板作用,而当浇筑的混凝土结硬后模板不再取出而成为结构本身的组成部分。最先人们就在厚大的水工建筑物上用钢筋混凝土预制薄板作为永久性模板。房屋建筑工程中各种形式的压型钢板(如波形、密肋形等)、预应力钢筋混凝土薄板作为永久性模板,已在一些高层建筑楼板施工中推广应用。薄板铺设后稍加支撑,然后在其上铺放钢筋,浇筑混凝土形成楼板,施工简便,效果较好。

模板是钢筋混凝土结构工程施工中的一个重要组成部分,国内外都十分重视,新型模板也不断出现,除了上述各种类型模板外,还有玻璃钢模板、塑料模板、提模、艺术模板和专门用途的模板等。

4.2　钢筋工程

钢筋是钢筋混凝土结构的骨架,依靠握裹力与混凝土结合成整体。为了确保混凝土结构在使用阶段能正常工作,钢筋工程施工时,钢筋的规格和位置必须与结构施工图一致。

4.2.1　钢筋性能及现场检验

混凝土结构所用钢筋的种类较多。根据用途不同,混凝土结构用钢筋分为普通钢筋和预应力钢筋。根据钢筋的直径大小分为钢筋、钢丝和钢绞线三类。根据钢筋的生产工艺不同,钢筋分为热轧钢筋、热处理钢筋、冷加工钢筋等。根据钢筋的化学成分不同,可以分为低碳钢钢筋和普通低合金钢钢筋(在碳素钢成分中加入锰、钛等合金元素以改善其性能)。

根据钢筋的强度不同,可以分为 I ~ V 级,其中 I ~ IV 级为热轧钢筋,V 级为热处理钢筋,钢筋的强度和硬度逐级升高,但塑性则逐级降低。按轧制钢筋外形分为光圆钢筋和变形钢筋(人字纹、月牙形纹或螺纹),新的《混凝土结构规范》淘汰了人字纹和螺纹钢筋。为了便于运输,直径为 6 ~ 9mm 的钢筋常卷成圆盘,直径大于 12mm 的钢筋则轧成 6 ~ 12m 长一根。

常用的钢丝有消除应力钢丝和冷拔低碳钢丝(冷加工钢丝)两类,而冷拔低碳钢丝又分为甲级和乙级,一般皆卷成圆盘。

钢绞线一般由 3 根或 7 根圆钢丝捻成,钢丝为高强钢丝。

在我国短缺经济时期,为了提高钢筋强度、节约钢筋,对热轧钢筋进行冷加工处理,相应有冷拉、冷拔、冷轧、冷扭钢筋(或钢丝)。冷加工钢筋虽然在强度方面有所提高,但钢筋的延性损失较大,因此冷加工钢筋作预应力钢筋使用时,要慎重对待。从目前工程实际使用钢筋的情况来看,冷加工钢筋的经济效果并不明显。

钢筋的性能主要有力学性能、拉伸性能、冷弯性能和焊接性能。

4.2.2 钢筋连接

钢筋连接方法有绑扎连接、焊接连接和机械连接三种。绑扎连接由于需要较长的搭接长度,浪费钢筋,且连接不可靠,故宜限制使用。焊接连接的方法较多,成本较低,质量可靠,宜优先选用。机械连接,设备简单,节约能源,不受气候影响可全天候施工,连接可靠,技术易于掌握,适用范围广,尤其适用于焊接有困难的现场。

1)绑扎连接

钢筋搭接处,应在中心及两端用 20~22 号铁丝扎牢,纵向受拉钢筋绑扎连接的搭接长度,应符合表 4-2 的规定。受压钢筋绑扎连接的搭接长度,应取受拉钢筋绑扎连接搭接长度的 0.7 倍。受拉区域内,Ⅰ级钢筋绑扎接头的末端应做成弯钩,Ⅱ、Ⅲ级钢筋可不做弯钩。直径不大于 12mm 的受压Ⅰ级钢筋的末端,以及轴心受压构件中任意直径的受力钢筋的末端,可不做弯钩,但搭接长度不应小于钢筋直径的 35 倍。搭接长度的末端距钢筋弯折处,不得小于钢筋直径的 10 倍,接头不宜位于构件最大弯矩处。

纵向受拉钢筋的最小搭接长度   表 4-2

项次	钢 筋 类 型	混凝土强度			
		C15	C20~25	C30~35	≥C40
1	HPB235 级	45d	35d	30d	25d
2	HRB335 级	55d	45d	35d	30d
3	HRB400 级和 RRB400 级	—	55d	40d	35d

注:1. 两根直径不同钢筋的搭接长度,以较细钢筋直径计算。

    2. 在任何情况下,受拉钢筋的搭接长度不应小于 300mm,受压钢筋搭接长度不应小于 200mm。

在受力钢筋之间采用绑扎接头时,绑扎接头位置应相互错开。从任一绑扎接头中心至搭接长度 l_1 的 1.3 倍区段范围内,有绑扎接头的受力钢筋截面面积占受力钢筋总截面面积百分率,应符合下列规定:受拉区不得超过 25%;受压区不得超过 50%。绑扎接头中钢筋的横向净距 s 不应小于钢筋直径且不应小于 25mm(图 4-12)。采用绑扎骨架的现浇柱,在柱中及柱与基础交接处,其接头面积允许百分率,经设计单位同意,可适当放宽。绑扎接头区段的长度范围内,当接头受力钢筋面积百分率超过规定时,应采取专门措施。

2)焊接连接

焊接连接的方法有闪光对焊、电弧焊、电渣压力焊、电阻点焊、埋弧压力焊和气压焊等。

钢筋的焊接质量与钢材的可焊性、焊接工艺有关。可焊性与钢筋所含碳、合金元素等的数量有关,含碳、硫、硅、锰数量增加,则可焊性差;而含适量的钛可改善可焊性。焊接工艺(焊接参数与操作水平)也影响焊接质量,即使可焊性差的钢材,若焊接工艺合宜,也可获得良好的焊接质量。

受力钢筋采用焊接接头时,设置在同一构件内的焊接接头应相互错开。在任一焊接接头中心至长度为钢筋直径 d 的 35 倍,且不小于 500mm 的区段内(图 4-13),同一钢筋不得有两个接头。在该区段内有接头的受力钢筋截面面积占受力钢筋总截面面积的百分率,应符合下列规定:非预应力筋受拉区不宜超过 50%;受压区和装配式构件连接处不限制。预应力筋受拉区不宜超过 25%,当有可靠的保证措施时可放宽到 50%;受压区和后张法的螺丝端杆不限制。

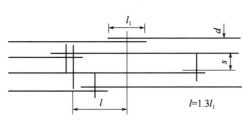

图 4-12 受力钢筋绑扎搭接接头
注:图中所示 l 区段内有接头的钢筋面积按两个计。

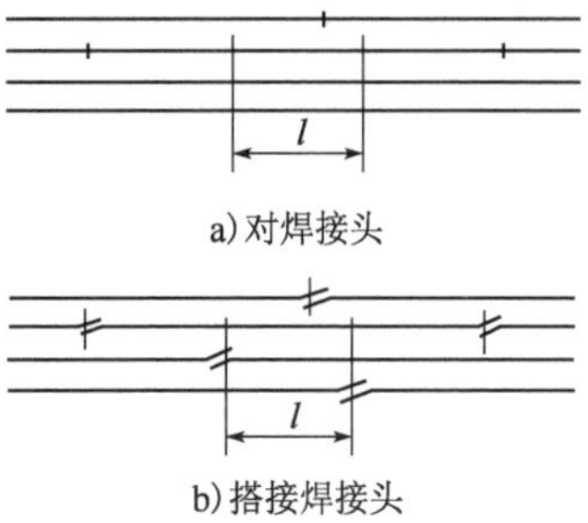

a) 对焊接头

b) 搭接焊接头

图 4-13 焊接接头设置

3)钢筋机械连接

钢筋机械连接包括挤压连接、锥螺纹套管连接和直螺纹套筒连接,是近年来大直径钢筋现场连接的主要方法。

钢筋挤压连接也称钢筋套筒冷压连接。它是将需连接的变形钢筋插入特制钢套筒内,利用液压驱动的挤压机进行径向或轴向挤压,使钢套筒产生塑性变形,使它紧紧咬住变形钢筋实现连接,如图 4-14 所示。它适用于竖向、横向及其他方向的较大直径变形钢筋的连接。与焊接相比,它具有节省电能、不受钢筋可焊性好坏影响、不受气候影响、无明火、施工简便和接头可靠度高等特点。钢筋挤压连接的工艺参数,主要是压接顺序、压接力和压接道数。压接顺序应从中间逐道向两端压接。压接力要能保证套筒与钢筋紧密咬合,压接力和压接道数取决于钢筋直径、套筒型号和挤压机型号。挤压后应用专用卡具检验挤压深度。质量检验以 500 个同批号钢套管及其压接的钢筋接头为一批,不足 500 个仍为一批,随机抽取 3 个试件做抗拉强度试验,若其中一个不合格,应再抽取双倍(6 个)试件进行复试,如复试后仍有一个不合格,则该批接头为不合格。

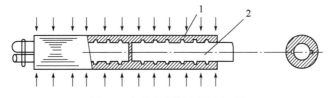

图 4-14 钢筋径向挤压连接原理图
1-钢套筒;2-被连接的钢筋

钢筋锥螺纹套管连接的钢套管内壁用专用机床加工有锥螺纹,钢筋的对接端头也在套丝机上加工成与套管匹配的锥螺纹杆。连接时,经对螺纹检查无油污和损伤后,先用手旋入钢筋,然后用扭矩扳手紧固至规定的扭矩即完成连接,如图 4-15 所示。这种方法具有接头可靠、操作简单、施工速度快、不受气候影响、质量稳定、对中性好等优点,可连接各种钢筋,不受钢筋种类、含碳量的限制,但所连接钢筋之差不宜大于 9mm。其价格适中,成本低于挤压套筒连接,高于电渣压力焊和气压焊接头。主要施工机具有钢筋套丝机、量规、扭力扳手、砂轮锯等。质量检查以每种规格钢筋接头每 300 个为一批,每批做 3 个接头试件,做拉伸试验。其合格接头的条件是:屈服强度实测值不小于钢筋的屈服强度标准值;抗拉强度实测值与钢筋屈服强度标准值的比值不小于 1.35,异径钢筋接头以小直径钢筋抗拉强度实测值为准。如有一个锥螺纹套筒接头不合格,则该构件全部接头采用电弧焊、角焊方法加以补强,焊缝高度不得小于 5mm。

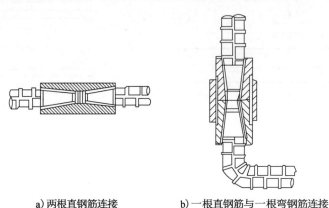

a) 两根直钢筋连接　　　　　　b) 一根直钢筋与一根弯钢筋连接

图 4-15　钢筋锥螺纹套管连接示意图

钢筋直螺纹套筒连接综合了套筒挤压连接和锥螺纹连接的优点,是目前推广的新工艺技术。先将钢筋端部用冷镦机镦粗,然后用直螺纹套丝机切削直螺纹,再用连接套筒对接钢筋。这种连接技术不仅具有钢筋锥螺纹连接的优点,成本相近,而且套筒短,一般螺纹扣数少,不需力矩扳手,连接速度快。如利用扩孔口型套筒(套筒一端增设 45°角扩口段)和钢筋端部的加长螺纹,且两根连接钢筋端部加工有正反丝扣,则可用于钢筋笼等不能转动钢筋的场合,使应用范围扩大。这种方法适用于直径在 16~40mm 之间的各种钢筋的连接。钢筋直螺纹套筒连接的工艺主要有钢筋端部扩粗、切削直螺纹、用连接套筒对接钢筋。其施工方法与锥螺纹套筒连接大体相同。

4.2.3　钢筋配料

钢筋配料就是将施工图中各个构件的配筋图表编制成便于实际加工、具有准确下料(钢筋切断时的直线长度)和数量的表格,即配料单,作为备料、加工和结算的依据。钢筋配料时,为保证工作顺利进行,不漏配和多配,最好按结构顺序进行,且将各种构件的每一根钢筋进行编号,以便于后续工作的开展。

结构施工图中所指钢筋长度是钢筋外边缘至外边缘之间的长度,即外包尺寸,这是施工中度量钢筋长度的基本依据。钢筋加工前按直线下料,经弯曲后,外边缘伸长,内边缘缩短,中心线不变。这样,钢筋弯曲后的外包尺寸和中心线长度之间存在一个差值,称为"量度差值",在计算下料长度时必须予以扣除。因此,钢筋下料长度应为各段外包尺寸之和减去各弯曲处的量度差值,再加上端部弯钩增加值。

4.2.4　钢筋代换

钢筋的级别、种类和直径应按设计要求采用。若在施工过程中,由于材料供应的困难不能完全满足设计对钢筋级别或规格的要求,为保证工期,可对钢筋进行代换。

当施工中遇有钢筋的品种或规格与设计要求不符时,可参照以下原则进行钢筋代换:

1) 等强度代换

当构件受强度控制时,钢筋可按强度相等原则进行代换,即

$$f_{y1} A_{s1} \leqslant f_{y2} A_{s2} \tag{4-1}$$

式中:f_{y1}——原设计钢筋抗拉强度设计值;

f_{y2}——代换钢筋抗拉强度设计值;

A_{s1}——原设计钢筋总截面面积;

A_{s2}——代换钢筋总截面面积。

2) 等面积代换

当构件按最小配筋率配筋时,或相同级别的钢筋之间代换时,钢筋可按面积相等原则进行代换,即

$$A_{s1} \leqslant A_{s2} \tag{4-2}$$

式中:符号意义同前。

3) 当构件受裂缝宽度或挠度控制时,代换后应进行裂缝宽度或挠度验算

钢筋代换时,要注意以下事项并应符合其规定:

(1) 钢筋代换时,应征得设计单位的同意。

(2) 当构件受抗裂、裂缝宽度或挠度控制时,钢筋代换后应进行相应的抗裂、裂缝宽度或挠度验算。

(3) 除满足强度要求外,还应满足混凝土结构设计规范中所规定的最小配筋率、钢筋间距、锚固长度、最小钢筋直径、根数等构造要求。

(4) 对重要受力构件,不宜用Ⅰ级光面钢筋代换变形钢筋。

(5) 梁的纵向受力钢筋和弯起钢筋应分别进行代换。

(6) 对有抗震要求的框架,不宜以强度等级较高的钢筋代替原设计的钢筋,当必须代换时,其代换钢筋的抗拉强度实测值与屈服强度实测值的比值不应小于1.25,且钢筋的屈服强度实测值与钢筋的强度标准值的比值,当按一级抗震设计时,不应大于1.25,当按二级抗震设计时,不应大于1.4。

(7) 预制构件的吊环,必须采用未经冷拉的Ⅰ级热轧钢筋制作,严禁以其他钢筋代换。

4.2.5　钢筋加工

钢筋加工包括调直、除锈、切断、弯曲等工作。随着施工技术的发展,钢筋加工已逐步实现机械化和工厂化。

1) 钢筋调直

钢筋调直可利用冷拉进行。若冷拉只是为了调直而不是为了提高钢筋的强度,则调直冷拉率:HPB235级钢筋不宜大于4%,HRB335、HRB400级钢筋不宜大于1%。如果所用的钢筋

无弯钩弯折要求时,调直冷拉率可适当放宽,HPB235级钢筋不大于6%;HRB335、HRB400级钢筋不超过2%。除利用冷拉调直外,粗钢筋还可采用锤直和扳直的方法。直径为4～14mm的钢筋可采用调直机进行调直。

2)钢筋除锈

为了保证钢筋与混凝土之间的握裹力,在钢筋使用前,应将其表面的油渍、漆污、铁锈等清除干净。钢筋除锈的方法有:一是在钢筋冷拉或调直过程中除锈,这对大量钢筋除锈较为经济;二是采用电动除锈机除锈,对钢筋局部除锈较为方便;三是采用手工除锈(用钢丝刷、砂盘)、喷砂和酸洗除锈等。

3)钢筋切断

钢筋下料时必须按下料长度切断。钢筋切断可采用钢筋切断机或手动切断器。后者一般切断直径小于12mm的钢筋;前者可切断40mm的钢筋;大于40mm的钢筋常用氧—乙炔焰或电弧割切或锯断。钢筋的下料长度应力求准确,其允许偏差为±10mm。

4)钢筋弯曲

钢筋下料后,要根据图纸要求弯曲成一定的形状。根据弯曲设备的特点及工地习惯进行划线,以便弯曲成所规定的(外包)尺寸。当弯曲形状比较复杂的钢筋时,可先放出实样,再进行弯曲。钢筋弯曲宜采用弯曲机,可弯曲直径6～40mm的钢筋。直径小于25mm的钢筋,当无弯曲机时也可采用板钩弯曲。受力钢筋弯曲后,顺长度方向全长尺寸不超过±10mm,弯起位置偏差不应超过±10mm。

4.2.6 钢筋绑扎与安装

钢筋绑扎和安装之前,应先熟悉施工图纸,核对成品钢筋的钢号、直径、形状、尺寸和数量是否与配料单、料牌相符,研究钢筋安装和有关工种的配合顺序,装备绑扎用的铁丝、绑扎工具、绑扎架等。

钢筋骨架的绑扎一般采用20～22号铁丝(火烧丝)或镀锌铁丝(铅丝),其中22号铁丝只用于绑扎直径12mm以下的钢筋。

钢筋骨架的绑扎和模板架设的工序搭接关系是:柱子一般先绑扎成型钢筋骨架后架设模板;梁一般是先架设梁底模板,然后在模板上绑扎钢筋骨架;现浇楼板一般是模板安装后,在模板上绑扎钢筋网片;墙是在钢筋网片绑扎完毕并采取临时固定措施后架设模板。

1)钢筋绑扎程序

钢筋绑扎程序是:划线→摆筋→穿箍→绑扎→安放垫块等。划线时应注意间距、数量,表明加密箍筋的位置。板类构件摆筋顺序一般先排主筋后排副筋;梁类构件一般先摆纵筋。摆放有焊接接头和绑扎接头的钢筋应符合规范规定。有边截面的箍筋,应事先将箍筋排列清除,然后安装纵向钢筋。

2)钢筋绑扎要求

(1)钢筋的交点须用铁丝扎牢。

(2)绑扎板和墙的钢筋网片时,除靠近外边缘两行钢筋的相交点全部扎牢外,中间部分的相交点可相隔交错扎牢,但必须保证受力钢筋不发生位移。而对于双向受力钢筋网片则必须全部扎牢,确保所有受力钢筋的正确位置。

(3)梁和柱的箍筋绑扎,除设计有特殊要求外,应保证与梁、柱受力主钢筋垂直。箍筋弯钩叠合处,应沿受力钢筋方向错开设置。对于梁,箍筋弯钩在梁面左右错开50%;对于柱,箍筋弯钩在柱四角相互错开。

(4)柱的竖向受力钢筋接头处的弯钩应指向柱中心,这样既有利于弯钩的嵌固,又能避免露筋。

(5)板、次梁与主梁交叉处,板的钢筋在上,次梁的钢筋居中,主梁的钢筋在下;当有梁垫或圈梁时,主梁的钢筋在上。

此外,在绑扎墙、板钢筋时,应注意受力钢筋的方向,受力钢筋与构造钢筋的上下位置不能倒置,以免减弱受力钢筋的抗弯能力。

3)安放垫块

控制混凝土的保护层可用水泥砂浆或塑料卡。水泥砂浆的厚度应等于保护层厚度。垫块的平面尺寸,当保护层厚度等于或小于20mm时为30mm×30mm;保护层厚度大于20mm时为50mm×50mm。在垂直方向使用垫块,应在垫块中埋入20号铁丝,把垫块绑在钢筋上。塑料卡的形状有塑料垫块和塑料环圈两种,如图4-16所示。塑料垫块用于水平构件(如梁、板),在两个方向均有槽,以便适应两种保护层厚度;塑料环圈用于垂直构件(如柱、墙),在两个方向具有凹槽,以便适应两种保护层厚度;塑料环圈使用时,钢筋从卡嘴进入卡腔,由于塑料环圈有弹性,可使卡腔的大小能适应钢筋直径的变化。

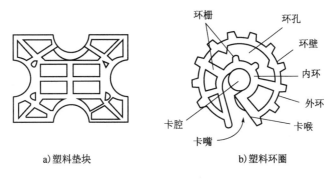

a)塑料垫块　　　　　　　b)塑料环圈

图4-16 控制混凝土保护层用的塑料卡

4)钢筋检查验收

钢筋安装完毕后,应进行检查验收:

(1)根据设计图纸检查钢筋的钢号、直径、形状、尺寸、根数、间距和锚固长度是否正确,特别要注意检查钢筋的位置。

(2)检查钢筋接头的位置及搭接长度、搭接数量是否符合规定。

(3)检查混凝土保护层厚度是否符合要求。

(4)检查钢筋绑扎是否牢固,有无松动变形现象。

(5)钢筋表面不允许有油渍、漆污和颗粒状(片状)铁锈。

(6)安装钢筋时的允许偏差是否在规范规定范围内。

钢筋工程属于隐蔽工程,在浇筑混凝土前应对钢筋及预埋件进行检查验收,并做好隐蔽工程记录。

4.3 混凝土工程

混凝土工程在混凝土结构工程中占有重要地位,混凝土工程质量的好坏直接影响到混凝土结构的承载力、耐久性与整体性。混凝土工程包括混凝土制备、运输、浇筑捣实和养护等施工过程,各个施工过程相互联系、相互影响,任一施工过程处理不当都会影响混凝土工程的最终质量。近年来,随着混凝土外加剂技术的发展和应用的日益深化,特别是商品混凝土的蓬勃发展,在很大程度上影响了混凝土的性能和施工工艺。此外,自动化、机械化的发展和新的施工机械和施工工艺的应用,也大大改变了混凝土工程的施工质量。

4.3.1 混凝土制备

1)混凝土原材料选用

结构工程中所用的混凝土是以水泥为胶凝材料,外加粗细集料、水,按照一定配合比拌和而成的混合材料。另外,还根据需要向混凝土中掺加外加剂和外掺和料以改善混凝土的某些性能。因此,混凝土的原材料除了水泥、砂、石、水外,还有外加剂、外掺和料(常用的有粉煤灰、硅粉、磨细矿渣等)。

(1)水泥是混凝土的重要组成材料,水泥在进场时必须具有出厂合格证明和试验报告,并对其品种、标号、出厂日期等内容进行检查验收。根据结构的设计和施工要求,准确选定水泥品种和标号。水泥进场后,应按品种、标号、出厂日期不同分别堆放,并做好标记,做到先进先用完,不得将不同品种、标号或不同出厂日期的水泥混用。水泥要防止受潮,仓库地面、墙面要干燥。存放袋装水泥时,水泥要离地、离墙 30cm 以上,且堆放高度不超过 10 包。水泥存放时间不宜过长,水泥存放期自出厂之日算起不得超过 3 个月(快凝水泥为 1 个月),否则,水泥使用前必须重新取样检查,试验其实际性能。

(2)石子、砂是混凝土的骨架材料,因此,又称粗细集料。集料有天然集料、人造集料。在工程中常用天然集料。根据砂的来源不同,砂分为河砂、海砂、山砂。海砂中氯离子对钢筋有腐蚀作用,因此,海砂一般不宜作为混凝土的集料。粗集料有碎石、卵石两种。碎石是用天然岩石经破碎过筛而得的粒径大于 5mm 的颗粒。由自然条件作用在河流、海滩、山谷而形成的粒径大于 5mm 的颗粒,称为卵石。混凝土集料要质地坚固、颗粒级配良好、含泥量要小(表4-3),有害杂质含量要满足国家有关标准要求。尤其是可能引起混凝土碱—集料反应的活性硅、云石等含量,必须严格控制。

混凝土集料中含泥量的限值 表4-3

集 料 种 类	混凝土强度等级≥C30	混凝土强度等级<C30
砂子	3%	5%
石子	1%	2%

(3)混凝土拌和用水一般可以直接使用饮用水,当使用其他来源水时,水质必须符合国家有关标准的规定。含有油类、酸类(pH 值小于 4 的水)、硫酸盐和氯盐的水不得用作混凝土拌和水。海水含有氯盐,严禁用作钢筋混凝土或预应力混凝土的拌和水。

（4）混凝土工程中已广泛使用外加剂，以改善混凝土的相关性能。外加剂的种类很多，根据其用途和用法不同，总体可分为早强剂、减水剂、缓凝剂、抗冻剂、加气剂、防锈剂、防水剂等。外加剂使用前，必须详细了解其性能，准确掌握其使用方法，要取样实际试验检查其性能，任何外加剂不得盲目使用。

（5）在混凝土中加适量的掺和料，既可以节约水泥，降低混凝土的水泥水化总热量，也可以改善混凝土的性能。尤其是高性能混凝土中，掺入一定的外加剂和掺和料，是实现其有关性能指标的主要途径。掺和料有水硬性和非水硬性两种。水硬性掺和料在水中具有水化反应能力，如粉煤灰、磨细矿渣等。而非水硬性掺和料在常温常压下基本上不与水发生水化反应，主要起填充作用，如硅粉、石灰石粉等。掺和料的使用要服从设计要求，掺量要经过试验确定，一般为水泥用量的 5% ~ 40%。

2）混凝土试配强度

混凝土在配合比设计时，必须满足结构设计的混凝土强度等级和耐久性要求，并有较好的施工性（流动性等）和经济性。混凝土的实际施工强度随现场生产条件的不同而上下波动，因此，混凝土制备前，应在强度和含水率方面进行调整试配，试配合格后才能进行生产。

为了保证混凝土的实际施工强度不低于设计强度标准值，混凝土的施工试配强度应比设计强度标准值提高一个数值，并有95%的强度保证率，即

$$f_{cu,o} = f_{cu,k} + 1.645\sigma \tag{4-3}$$

式中：$f_{cu,o}$——混凝土的施工配制强度，MPa；

　　　$f_{cu,k}$——设计的混凝土强度标准值，MPa；

　　　σ——施工单位的混凝土强度标准差，MPa。

3）混凝土施工配合比换算

混凝土的配合比是在实验室根据初步计算的配合比经过试配和调整而确定的，称为实验室配合比。确定实验室配合比所用的集料、砂石都是干燥的。施工现场使用的砂、石都具有一定的含水率，含水率大小随季节、气候不断变化。如果不考虑现场砂、石含水率，还按实验室配合比投料，其结果是改变了实际砂石用量和用水量，造成各种原材料用量的实际比例不符合原来的配合比要求。为保证混凝土工程质量，保证按配合比投料，在施工时要按砂、石实际含水率对原配合比进行修正。根据施工现场砂、石含水率调整以后的配合比称为施工配合比。

施工现场的混凝土配料要求计算出每一盘（拌）的各种材料下料量，为了便于施工计量，对于用袋装水泥时，计算出的每盘水泥用量应取半袋的倍数。混凝土下料一般要用称量工具称取，并要保证必要的精度。混凝土各种原材料每盘称量的允许误差：水泥、掺和料为 ±2%；粗、细集料为 ±3%；水、外加剂为 ±2%。

4.3.2　混凝土搅拌

1）混凝土搅拌机选择

混凝土制备是指将各种组成材料拌制成质地均匀、颜色一致、具备一定流动性的混凝土拌和物。由于混凝土配合比是按照细集料恰好填满粗集料的间隙，而水泥浆又均匀地分布在粗细集料表面的原理设计的。如混凝土制备得不均匀就不能获得密实的混凝土，影响混凝土的

质量,所以制备是混凝土施工工艺过程中很重要的一道工序。

混凝土制备的方法,除工程量很小且分散用人工拌制外,皆应采用机械搅拌。混凝土搅拌机按其搅拌原理分为自落式和强制式两类。

在选择搅拌机时,要根据工程量大小、混凝土的坍落度、集料尺寸等而定。既要满足技术上的要求,也要考虑经济效益和节约能源。除了要选定搅拌机的种类,还要根据工程施工工期和混凝土的需求强度选定型号和台数。

我国规定混凝土搅拌机以其出料容量升数(L)为标定规格,故我国混凝土搅拌机的系列型号有 50L、150L、250L、350L、500L、750L、1000L、1500L 和 3000L。在建筑工程中 250L、350L、500L、750L 这 4 种型号比较常用。

2)搅拌制度确定

为了获得均匀优质的混凝土拌和物,除合理选择搅拌机的型号外,还必须正确地确定搅拌制度,包括进料容量、搅拌机的转速、搅拌时间及投料顺序等。

进料容量是将搅拌前各种材料的体积累积起来的数量,又称干料容量。进料容量与搅拌机搅拌筒的几何容量有一定的比例关系,一般情况下为 0.22 ~ 0.40。超载(进料容量超过10%)就会使材料在搅拌筒内无充分的空间进行掺和,影响混凝土拌和物的均匀性;反之,如装料过少,则又不能充分发挥搅拌机的效能。对自落式搅拌机,转速过高时,混凝土拌和料会在离心力的作用下吸附于筒壁不能自由下落;而转速过低时,既不能充分拌和,又将降低搅拌机的生产率。为此搅拌机转速应满足下式的要求,即

$$n = \frac{13}{\sqrt{R}} \sim \frac{16}{\sqrt{R}}$$

式中:R——搅拌筒半径,m。

对于强制式搅拌机,虽不受重力和离心力的影响,但其转速也不能过大,否则会加速机械的磨损,同时也易使混凝土拌和物产生离析现象,所以强制式搅拌机叶片转轴的转速一般为30r/min,鼓筒的转速为 6 ~ 7r/min。搅拌时间是指从原材料全部投入搅拌筒开始搅拌时起,到开始卸料时为止所经历的时间。为获得混合均匀、强度和工作性都能满足要求的混凝土所需的最低限度的搅拌时间称为最短搅拌时间,这个时间随搅拌机的类型与容量、集料的品种、粒径及对混凝土的工作性要求等因素的不同而异。

确定原材料投入搅拌筒内的先后顺序应综合考虑到能否保证混凝土的搅拌质量、提高混凝土的强度、减少机械的磨损与混凝土的黏罐现象,减少水泥飞扬,降低电耗以及提高生产率等多种因素。按原材料加入搅拌筒内的投料顺序的不同,普通混凝土的搅拌方法可分为一次投料法、二次投料法及水泥裹砂法等。

3)混凝土搅拌站

混凝土搅拌站是生产混凝土的场所,混凝土搅拌站分施工现场临时搅拌站和大型预拌混凝土搅拌站。临时搅拌站所用设备简单,安装方便,但工人劳动强度大,产量有限,噪声污染严重,一般适用于混凝土需求较少的工程中。在城市内建设的工程或大型工程中,一般都采用大型预拌混凝土搅拌站供应混凝土。混凝土拌和物在搅拌站集中制备成预拌(商品)混凝土能提高混凝土质量和取得较好的经济效益。

4.3.3 混凝土运输

1)混凝土运输基本要求

混凝土的拌制地点运往浇筑地点有多种运输方法,选用时应根据建筑物的结构特点、混凝土的总运输量与每日所需的运输量、水平及垂直运输的距离、现有设备情况以及气候、地形、道路条件等因素综合考虑。不论采用何种运输方法,在运输混凝土的工作中,都应满足下列要求:

(1)运输工作应保证混凝土的浇筑工作连续进行。

(2)混凝土应保持原有的均匀性,不发生离析现象,否则要在浇筑前进行二次搅拌,为此,要选择适当的运输工具,道路要平坦。

(3)运输容器要严密、不漏浆、不吸水、减少水分蒸发,混凝土运至浇筑地点,其坍落度应符合浇筑时所要求的坍落度值。

(4)尽量缩短运输时间,混凝土从搅拌机中卸出后,应及早运至浇筑地点,不得因运输时间过长而影响混凝土在初凝前浇筑完毕,混凝土从搅拌机中卸出到浇筑完毕的延续时间不宜超过规定,见表4-4。

混凝土从搅拌机中卸出到浇筑完毕的延续时间(min)　　表4-4

混凝土强度等级	气温(℃)	
	不高于25	高于25
不高于C30	120	90
高于C30	90	60

注:对掺用外加剂或采用快硬水泥拌制的混凝土,其延续时间应按试验确定;对轻集料混凝土,其延续时间应适当缩短。

2)运输工具选择

混凝土运输分为地面运输、垂直运输及楼面运输三种情况。

(1)混凝土地面运输。当采用预拌(商品)混凝土运输距离较远时,我国多用混凝土搅拌运输车。混凝土如来自工地搅拌站,则多用载重约1t的小型机动翻斗车或双轮手推车,有时还用传送带运输机和窄轨翻斗车。

混凝土搅拌运输车(图4-17)为长距离运输混凝土的有效工具,它有一搅拌筒斜放在汽车底盘上,在商品混凝土搅拌站装入混凝土后,由于搅拌筒内有两条螺旋状叶片,在运输过程中搅拌筒可进行慢速转动进行拌和,以防止混凝土离析。运至浇筑地点,搅拌筒反转即可迅速卸出混凝土。搅拌筒的容量有2~10m³,搅拌筒的结构形状和其轴线与水平的夹角、螺旋叶片的形状和它与铅垂线的夹角,都直接影响混凝土搅拌运输质量和卸料速度。搅拌筒可用单独发动机驱动,也可用汽车的发动机驱动,以液压传动者为佳。

(2)混凝土垂直运输。我国多用塔式起重机、混凝土泵、快速提升斗和井架。用塔式起重机时,混凝土要配吊斗运输,这样可直接进行浇筑。混凝土浇筑量大、浇筑速度快的工程,可以采用混凝土泵输送。

(3)混凝土楼面运输。我国以双轮手推车为主,也用机动灵活的小型机动翻斗车。

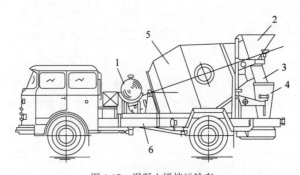

图 4-17　混凝土搅拌运输车

1-水箱；2-进料斗；3-卸料斗；4-活动卸料溜槽；5-搅拌筒；6-汽车底盘

3）泵送混凝土

混凝土用泵运输简称泵送混凝土。泵送混凝土是指当混凝土从搅拌运输车中卸入混凝土泵的料斗中后，利用泵的压力将混凝土通过管道直接输送到浇筑地点的一种运输混凝土的方法，混凝土可同时完成水平运输和垂直运输工作。这种方法具有输送能力大、速度快、效率高、节省人力、连续工作等特点。它已成为施工现场运输混凝土的一种重要方法，在高层、超高层建筑、立交桥、水塔、烟囱、隧道和各种大型混凝土结构工程的施工中得到了越来越广泛的应用。目前大功率的混凝土泵最大水平运距可达 1520m，最大垂直输送高度已达 432m。

泵送混凝土的设备主要由混凝土泵、输送管道和布料装置构成。

4.3.4　混凝土浇筑与振捣

混凝土成形就是将混凝土拌和料浇筑在符合设计尺寸要求的模板内，加以捣实，使其具有良好的密实性，达到设计强度的要求。混凝土成形过程包括浇筑与捣实，是混凝土工程施工的关键，这一工序质量的好坏直接影响构件的质量和结构的整体性。因此，混凝土经浇筑捣实后应内实外光、尺寸准确，表面平整，钢筋及预埋件位置符合设计要求，新旧混凝土结合良好。

1）混凝土浇筑前准备工作

（1）对模板及其支架进行检查，应确保高程、尺寸正确，强度、刚度、稳定性及严密性满足要求；模板中的垃圾、泥土和钢筋上的油污应加以清除；木模板应浇水润湿，但不允许留有积水。

（2）对钢筋及预埋件应请工程监理人员共同检查钢筋的级别、直径、排放位置及保护层厚度是否符合设计和规范要求，并认真做好隐蔽工程记录。

（3）准备和检查材料、机具等；注意天气预报，不宜在雨雪天气浇筑混凝土。

（4）做好施工组织工作和技术、安全交底工作。

2）混凝土浇筑工作一般要求

（1）混凝土应在初凝前浇筑，如混凝土在浇筑前有离析现象，须重新拌和后才能浇筑。

（2）浇筑时，混凝土的自由倾落高度要求为：对于素混凝土或少筋混凝土，由料斗进行浇筑时，不应超过 2m；对竖向结构（如柱、墙）浇筑混凝土的高度不超过 3m；对于配筋较密或不便捣实的结构，不宜超过 60cm，否则应采用串筒、溜槽和振动串筒下料，以防产生离析。溜槽与串筒如图 4-18 所示。

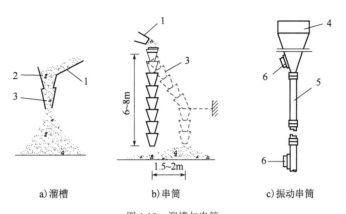

a) 溜槽　　　　　b) 串筒　　　　　c) 振动串筒

图4-18　溜槽与串筒

1-溜槽；2-挡板；3-串筒；4-漏斗；5-节管；6-振动器

（3）浇筑竖向结构（如柱、墙等）混凝土前，底部应先浇入 50～100mm 厚、与混凝土成分相同的水泥砂浆，以避免产生蜂窝麻面现象。

（4）混凝土浇筑时的坍落度应符合设计要求。

（5）为了使混凝土振捣密实，混凝土必须分层浇筑。每层浇筑厚度与捣实方法、结构的配筋情况有关，应符合表4-5 的规定。

混凝土浇筑厚度　　　　　　　　　　　　　　　　表4-5

项次	捣实混凝土的方法		浇筑层厚度（mm）
1	插入式振动		1.25 倍振动器作用部分长度
2	表面振动		200
3	人工捣固	在基础或无筋混凝土和配筋较少的结构中	250
		在梁、墙、柱中	200
		在配筋密集的结构中	150
4	轻集料混凝土振捣	用插入式振动器	300
		用表面振动（振动时需加荷）器	200

（6）为保证混凝土的整体性，浇筑工作应连续进行。当由于技术上或施工组织上原因必须间歇时，其间歇时间应尽可能缩短，并应在前层混凝土凝结之前将次层混凝土浇筑完毕。间歇的最长时间应按所用水泥品种及混凝土条件确定。

（7）正确留置施工缝。混凝土施工缝是指因设计或施工技术、施工组织的原因，而出现先后两次浇筑混凝土的分界线（面）。混凝土结构多要求整体浇筑，如因技术或组织上的原因不能连续浇筑，且停顿时间有可能超过混凝土的初凝时间时，则应事先确定在适当位置留置施工缝。施工缝位置应在混凝土浇筑之前确定，施工缝是结构中的薄弱环节，并宜留置在结构受剪力较小且便于施工的部位。柱应留水平缝，梁、板、墙应留垂直缝。

柱子施工缝宜留在基础的顶面、梁或吊车梁牛腿的下面、吊车梁的上面、无梁楼板柱帽的下面（图4-19）。与板连成整体的大截面梁，施工缝留置在板底面以下 20～30mm 处。当板下有梁托时，留在梁托下部。有主次梁的楼板宜顺着次梁方向浇筑，施工缝应留置在次梁跨度的中间 1/3 范围内（图4-20）。墙施工缝可留在门洞口过梁跨中 1/3 范围内，也可留在纵横墙的交接处。双向受力的楼板、大体积混凝土结构、拱、薄壳、多层框架等及其他结构复杂的结构，应按设计要求留置施工缝。

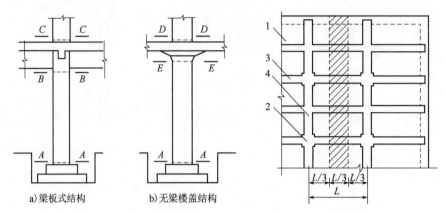

a) 梁板式结构   b) 无梁楼盖结构

图 4-19 柱子的施工缝位置

图 4-20 有主次梁楼盖的施工缝位置

1-楼板;2-柱;3-一次梁;4-主梁

在施工缝处继续浇筑混凝土时，应待先浇筑的混凝土的强度不低于 1.2MPa 时方可进行；还要先凿掉已凝固的混凝土表面的松弱层，并凿毛，用水湿润并冲洗干净；浇筑时，先涂抹 10～15mm 的厚水泥浆或与混凝土砂浆成分相同的砂浆一层，再开始浇筑混凝土。在浇筑混凝土的过程中，施工缝处应细致捣实，使其结合紧密。

后浇带是在现浇混凝土结构施工过程中，为克服由于温度、收缩和沉降等可能产生有害裂缝设置的临时施工缝。其构造如图 4-21 所示。该缝需根据设计要求保留一段时间后再浇筑，将整个结构连成整体。后浇带的设置距离应考虑有效降低温差和收缩应力的条件下，通过计算确定。在正常施工条件下，一般间距 30～50m，采取特殊措施后，可适当增加。后浇带的保留时间应根据设计确定，如无设计要求，一般至少保留 28d 以上。后浇带的宽度一般为 0.7～1.0m，后浇带内钢筋应保护完好。后浇带在施工前，必须将整个混凝土表面按照施工缝的要求进行处理。填充后浇带的混凝土可采用微膨胀或低收缩混凝土，混凝土强度等级应比原结构混凝土强度等级提高一级，须保持 14d 以上的湿润养护。

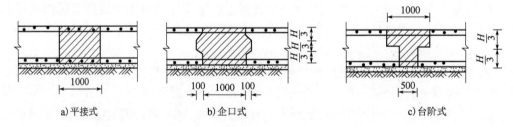

a) 平接式   b) 企口式   c) 台阶式

图 4-21 后浇带构造图(尺寸单位:mm)

3) 多层、高层钢筋混凝土框架结构浇筑

浇筑这种结构首先要在竖向上划分施工层，平面尺寸较大时还要在横向上划分施工段。施工层一般按结构层划分(即一个结构层为一个施工层)，也可将每层的竖向结构和横向结构分别浇筑(即每个结构层为两个施工层)。而每一施工层如何划分施工段，则要考虑工序数量、技术要求、结构特点等，尽可能组织分层分段流水施工。

施工层与施工段确定后,就可求出每班(或每小时)应完成的工程量,据此选择施工机具和设备并计算其数量。

浇筑柱子时,一个施工段内的每排柱子应由外向内对称地逐根浇筑,不要从一端向另一端推进,以防柱子模板逐渐受推倾斜而造成误差积累难以纠正。断面在400mm×400mm以内,或有交叉箍筋的柱子,应在柱子模板侧面开孔以斜溜槽分段浇筑,每段高度不超过2m,断面在400mm×400mm以上、无交叉箍筋的柱子,如柱高不超过4.0m,可从柱顶浇筑;如用轻集料混凝土从柱顶浇筑,则柱高不得超过3.5m。柱子开始浇筑时,底部应先浇筑一层厚50~100mm与所浇筑混凝土内砂浆成分相同的水泥砂浆或水泥浆。浇筑完毕,如柱顶处有较大厚度的砂浆层,则应加以处理。当梁柱连续浇筑时,在柱子浇筑完毕后,应间隔1~1.5h,待混凝土拌和物初步沉实,再浇筑上面的梁板结构。

梁和板一般同时浇筑,从一端开始向前推进。只有当梁不小于1m时才允许将梁单独浇筑,此时的施工缝留在楼板板面下20~30mm处。梁底与梁侧面注意振实,振动器不要直接触及钢筋和预埋件。楼板混凝土的虚铺厚度应略大于板厚,用表面振动器或内部振动器振实,用铁插尺检查混凝土厚度,振捣完后用长的木抹子抹平。

此外,与墙体同时整浇的柱子,两侧浇筑高差不能太大,以防柱子中心移动。楼梯宜自下而上一次浇筑完成,当必须留置施工缝时,其位置应在楼梯长度中间1/3范围内。对于钢筋较密集处,可改用细石混凝土,并加强振捣以保证混凝土密实。应采取有效措施保证钢筋保护层厚度及钢筋位置和结构尺寸的准确,注意施工中不要踩倒负弯矩部分的钢筋。

4)大体积混凝土浇筑

大体积混凝土是指厚度大于或等于1.5m,长、宽较大,施工时水化热引起混凝土内的最高温度与外界温度之差不低于25℃的混凝土结构。一般多为建筑物、构筑物的基础,如高层建筑中常用的整体钢筋混凝土箱形基础、高炉转炉设备基础等。

(1)大体积混凝土浇筑方案

大体积混凝土结构整体性要求较高,通常不允许留施工缝。因此,必须保证混凝土搅拌、运输、浇筑、振捣各工序协调配合,并在此基础上,根据结构大小、钢筋疏密等具体情况,选用如下浇筑方案:

①全面分层[图4-22a)]。在整个结构内全面分层浇筑混凝土,要做到第一层全部浇筑完毕,在初凝前再回来浇筑第二层,如此逐层进行,直到浇筑完成。采用此方案,结构平面尺寸不宜过大,施工时从短边开始,沿长边进行。必要时也可从中间向两端或从两端向中间同时进行。

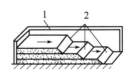

a)全面分层　　　　b)斜面分层　　　　c)分段分层

图4-22　大体积混凝土浇筑方案
1-模板;2-新浇筑的混凝土

为保证混凝土的整体性,则要保证每一浇筑层在前一层混凝土初凝前覆盖并捣实成整体。为此,要求混凝土按不小于下述的浇灌量进行浇筑:

$$Q = \frac{HF}{T} \tag{4-4}$$

式中:Q——混凝土最小浇筑量,m^3/h;

　　F——混凝土浇筑区的面积,m^2;

　　H——浇筑层厚度,mm,取决于混凝土捣实方法;

　　T——下层混凝土从开始浇筑到初凝为止所允许的时间间隔,h。

②分段分层[图4-22b)]。混凝土从底层开始浇筑,进行一定距离后回来浇筑第二层,如此依次向前浇筑以上各层。每段的长度可根据混凝土浇筑到末端后,下层末端的混凝土还未初凝来确定。分段分层浇筑方案适用于厚度不太大而面积或长度较大的结构。

③斜面分层[图4-22c)]。适用于结构的长度大大超过厚度而混凝土的流动性又较大时,采用分层分段方案混凝土往往不能形成稳定的分层踏步,这时可采用斜面分层浇筑方案。施工时将混凝土一次浇筑到顶,让混凝土自然地流淌,形成一定的斜面。这时混凝土的振捣工作应从浇筑层下端开始,逐渐上移,以保证混凝土施工质量。这种方案很应混凝土泵送工艺,可免除混凝土输送管的反复拆装。

(2)水化热对大体积混凝土浇筑质量的影响

大体积混凝土结构浇筑后水泥的水化热量大,由于体积大,水化热聚集在内部不易散发,混凝土内部温度显著升高,而表面散热较快,这样形成较大的内外温差,内部产生压应力,而表面产生拉应力,如温差过大则易在混凝土表面产生裂纹。在混凝土内部逐渐散热冷却(混凝土内部降温)产生收缩时,由于受到基底或已浇筑的混凝土的约束,混凝土内部将产生很大的拉应力,当拉应力超过混凝土的极限抗拉强度时,混凝土会产生裂缝,这些裂缝会贯穿整个混凝土结构,由此带来严重的危害。大体积混凝土结构的浇筑,都应设法避免上述两种裂缝(尤其是后一种裂缝)。

为了防止大体积混凝土浇筑后产生温度裂缝,就必须采取措施降低混凝土的温度应力,减少浇筑后混凝土的内外温差(不宜超过25℃)。为此,应优先选用水化热低的水泥,降低水泥用量,掺入适量的掺和料,降低浇筑速度和减小浇筑层厚度,或采取人工降温措施。必要时,在经过计算和取得设计单位同意后可留施工缝而分段分层浇筑。具体措施如下:

①应优先选用水化热较低的水泥,如矿渣水泥、火山灰质水泥或粉煤灰水泥。

②在保证混凝土基本性能要求的前提下,尽量减少水泥用量,在混凝土中掺入适量的矿物掺和料,采用60d或90d的强度代替28d的强度控制混凝土配合比。

③尽量降低混凝土的用水量。

④在结构内部埋设管道或预留孔道(如混凝土大坝内),混凝土养护期间采取灌水(水冷)或通风(风冷)排出内部热量。

⑤尽量降低混凝土的入模温度,一般要求混凝土的入模温度不宜超过28℃,可以用冰水冲洗集料,在气温较低时浇筑混凝土。

⑥在大体积混凝土浇筑时,适当掺加一定的毛石块。

⑦在冬期施工时,混凝土表面要采取保温措施,减缓混凝土表面热量的散失,减小混凝土

内外温差。

⑧在混凝土中掺加缓凝剂,适当控制混凝土的浇筑速度和每个浇筑层的厚度,以便在混凝土浇筑过程中释放部分水化热。

⑨尽量减小混凝土所受的外部约束力,如模板、地基面要平整,或在地基面设置可以滑动的附加层。

5)混凝土振捣

混凝土浇入模板后,由于内部集料和砂浆之间的摩擦力与黏结力作用,混凝土流动性很低。不能自动充满模板内各角落,其内部是疏松的,空气与气泡含量占混凝土体积的5% ~ 20%。不能达到要求的密实度,必须进行适当的振捣,促使混凝土拌和物克服阻力并逸出气泡消除空隙,使混凝土满足设计要求的强度等级和足够的密实度。

混凝土的捣实方法有人工捣实和机械捣实两种。人工捣实是利用捣棍、插钎等用人力对混凝土进行夯插等来使混凝土成形密实的一种方法。它不但劳动强度大,且混凝土的密实性较差,只能用于缺少机械和工程量不大的情况下。机械振捣是通过振动器的振动力传给混凝土使其发生强迫振动而密实成形,效率高、质量好。

混凝土振捣设备按其工作方式分为内部振动器、外部振动器、表面振动器和振动台 4 种(图 4-23)。在施工工地主要使用内部振动器和表面振动器较多。

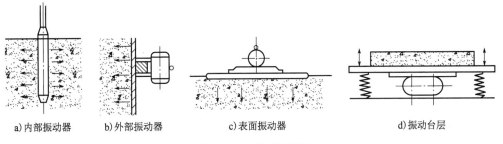

a)内部振动器　　b)外部振动器　　c)表面振动器　　d)振动台层

图 4-23　振动机械示意图

4.3.5　混凝土养护

1)混凝土养护原理

混凝土浇筑后,如气候炎热、空气干燥,不及时进行养护,混凝土表面水分会蒸发过快,出现脱水现象,使已形成凝胶体的水泥颗粒不能充分水化,不能转化为稳定的结晶,缺乏足够的黏结力,从而会使混凝土产生塑性收缩,表面出现龟裂,形成片状或粉状剥落,影响混凝土的强度。另外,在混凝土养护期间,如果内部水分过早过多地蒸发,不仅会影响水泥水化程度,而且还会使混凝土产生较大的干燥收缩,出现干缩裂纹,影响混凝土的强度和耐久性。因此,混凝土浇筑后初期的养护非常重要。

混凝土养护是为混凝土的水泥水化、凝固提供必要的条件,包括时间、温度、湿度三个方面,保证混凝土在规定的时间内获取预期的性能指标。混凝土浇捣后,之所以能逐渐凝结硬化,是因为水泥水化作用的结果,而水化作用则需要适当的温度和湿度条件。

2)混凝土养护方法

根据混凝土在养护过程中所处温度和湿度条件的不同,混凝土的养护一般可分为标准养护、自然养护和加热养护。混凝土在温度为 20℃ ±3℃ 和相对湿度为 90% 以上的潮湿环境或水中的条件下进行的养护称为标准养护。在自然气候条件下，对混凝土采取相应的保湿、保温等措施所进行的养护称为自然养护。为了加速混凝土的硬化过程，对混凝土进行加热处理，将其置于较高温度条件下进行硬化的养护称为加热养护。自然养护可分为覆盖浇水养护和塑料薄膜养护两类。

4.3.6　混凝土质量检查

混凝土质量检查贯穿于工程施工的全过程，只有对每一个施工环节认真施工，加强监督管理，才能保证最终获得合格的混凝土产品。混凝土检查包括施工中质量检查和施工后的质量检查。

施工前质量检查的主要内容：混凝土组成材料的质量和用量，每一工作班至少检查 2 次，按质量比投料量偏差在允许范围之内。在一个工作班内，如混凝土配合比由于外界影响而有变动时(如砂、石含水率的变化)，应及时检查。混凝土的搅拌时间应随时检查。检查混凝土在拌制地点及浇筑地点的坍落度，每一工作班至少 2 次。

施工后质量检查主要是对已完成混凝土的外观质量检查及其强度检查，对有抗冻、抗渗要求的混凝土，尚应进行抗冻、抗渗性能检查。

混凝土结构构件经养护拆模后，从外观上检查其结构尺寸是否正确、有无缺棱掉角等现象，表面有无麻面、蜂窝、露筋、裂缝、孔洞等缺陷，预留孔洞是否通畅无堵塞，如有此类情况应加以修正。

混凝土强度检查主要是指抗压强度的检查。它包括两个方面的目的：一是作为评定结构构件是否达到设计的混凝土强度等级的依据，是混凝土质量的控制性指标，应采用标准试件的混凝土强度；二是为了检查结构构件拆模、出池、出厂、吊装、张拉、放张及施工期间临时负荷时的混凝土强度，应采用与结构构件同条件养护的标准试件的混凝土强度确定。

用于检验结构构件混凝土强度质量的试件，应在混凝土浇筑地点随即制作，采用标准养护。评定强度用试块在标准养护条件下养护28d，再进行抗压强度试验，所得结果就作为判定结构或构件是否达到设计强度等级的依据。

混凝土抗压强度试验的试块是边长为150mm的立方体，实际施工中允许采用的混凝土试块的最小尺寸应根据集料的最大粒径确定，当采用非标准尺寸的试块时，应将其抗压强度值乘以折减系数，换算为标准尺寸试件的抗压强度值。

4.3.7　混凝土冬期施工

根据当地多年气温资料及施工验收规范要求，当室外日平均气温连续 5 天稳定低于 5℃或日最低气温低于 ±0℃ 时，即进入冬期施工阶段，应按冬期施工的有关规定进行施工，当室外日平均气温连续五天稳定高于 5℃ 的末日即冬期施工的终止日期。在冬期施工以外，若当月最低气温低于 −3℃ 时，仍按冬期施工的有关规定进行施工。

冻结对混凝土造成的危害主要是水泥水化作用停止，混凝土内部的水结冰后体积膨胀，在混凝土内部产生冰晶应力，使强度还很低的水泥石结构内部产生微裂缝，并且减弱了混凝土与钢筋的握裹力，因而降低了混凝土的强度。试验证明，混凝土遭冻时间越早，水灰比越大，则强度损失越多；反之则损失越少。

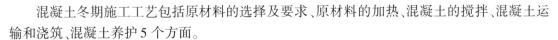

混凝土冬期施工工艺包括原材料的选择及要求、原材料的加热、混凝土的搅拌、混凝土运输和浇筑、混凝土养护5个方面。

混凝土冬期施工原材料的选择及要求包括对水泥、集料、外加剂的要求。

应优先选用硅酸盐水泥或普通硅酸盐水泥，水泥强度等级不应低于42.5MPa，最小水泥用量不宜少于300kg/m³，水灰比不应大于0.6。使用矿渣硅酸盐水泥，宜采用蒸汽养护；使用其他品种的水泥，应注意掺和料对混凝土抗冻、抗渗等性能的影响；掺用防冻剂的混凝土，严禁选用高铝水泥。

集料必须清洁，不得含有冰、雪；在掺用含有钾、钠离子防冻剂的混凝土中，不得混有活性集料。

冬期浇筑的混凝土，宜使用无氯盐类防冻剂；对抗冻性要求高的混凝土，宜使用引气剂或减水剂。在钢筋混凝土中掺用氯盐类防冻剂时，其掺量应严格控制。

冬期施工的混凝土，在拌制前应该优先对水进行加热，当水加热仍然不能满足要求时，再对集料进行加热，但水泥是不能直接加热的，宜在使用前运入暖棚内存放。最有效、最经济的方法是加热水，因为水不但易于加热，而且比热大。水和集料的加热温度，应根据热工计算确定，但不得超过表4-6中的规定。

拌和水及集料加热最高温度　　　　　　　　　　　　　　　表4-6

项　　　目	拌　和　水	集　　料
水泥强度等级小于52.5MPa的普通盐水泥、矿渣硅酸盐水泥	80℃	60℃
水泥强度等级等于及大于52.5MPa的硅酸盐水泥、普通硅酸盐水泥	60℃	40℃

在混凝土搅拌前，先用热水或蒸汽冲洗、预热搅拌机，以保证混凝土的出机温度。投料顺序为先投入集料和已加热的水，然后再投入水泥，以避免水泥假凝。混凝土拌和物的出机温度不宜低于10℃，入模温度不得低于5℃。对搅拌好的混凝土应常检查其温度及和易性，若有较大差异，应检查材料加热温度和集料含水率是否有误，并及时加以调整。

运输混凝土所用的容器应有保温措施，运输时间应尽量缩短，以保证混凝土的浇筑温度。混凝土在浇筑前，应清除模板和钢筋上的冰雪和污垢；不得在强冻胀性地基上浇筑；当在弱冻胀性地基上浇筑时，地基土不得遭冻；当在非冻胀性地基上浇筑时，混凝土在受冻前，其抗压强度不得低于允许受冻临界强度。

混凝土的入模温度不得低于5℃；当采用加热养护时，混凝土养护前的温度不得低于2℃；当分层浇筑大体积混凝土结构时，已浇筑的混凝土温度，在被上一层混凝土覆盖前，不得低于按热工计算要求的温度，且不得低于2℃；当加热温度在40℃以上时，应征得设计的同意，并应采取有效防止较大的温度应力的措施。

选择混凝土养护方法，一般要经过技术经济比较确定，最优的冬期施工方案应该是保证在临界强度前免遭冻结的前提下，费用最低、工期最短、质量最优。

思考题

1. 模板有哪些作用？一般由哪几部分组成？对模板及支架有哪些要求？
2. 基础、柱、梁、楼板结构的模板，其构造及安装有哪些要求？

3. 定型组合模板有哪几部分组成？各起什么作用？

4. 模板设计时，应考虑哪些荷载？其取值为多少？荷载如何进行组合？设计荷载如何取值？

5. 如何确定模板拆除的时间？拆除模板时应注意哪些问题？

6. 钢筋进场如何做检验？

7. 准备钢筋时，如何进行翻样和配料计算？

8. 钢筋的连接方法有哪些？各自适用的范围有哪些规定？

9. 钢筋采用绑扎接头时，应遵循哪些基本规定？

10. 闪光对焊的原理是什么？有哪些基本方法？其适用对象是什么？

11. 钢筋套筒挤压连接和锥螺纹套筒连接的原理是什么？其工艺过程如何？各适用对象如何？

12. 钢筋在什么情况下可以代换？如何进行代换？

13. 现场钢筋绑扎应符合哪些规定？

14. 混凝土的施工包括哪些施工过程？

15. 混凝土配置时，如何确定施工配置强度？对施工配料的计量有何要求？

16. 试述两种混凝土搅拌机的搅拌原理和适用范围。

17. 混凝土运输有哪些要求？有哪些运输机具？泵送混凝土对材料有何要求？

18. 什么是混凝土的施工缝？对施工缝留置位置有什么要求？对施工缝的处理有什么要求？

19. 什么是混凝土的自然养护法？有哪些具体方法和要求？

20. 混凝土施工质量检查主要包括哪些内容？

第5章　预应力混凝土工程

5.1　概述

预应力结构可以定义为在结构承受外荷载之前,预先对其在外荷载作用下的受拉区施加压应力,以改善结构使用性能的这种结构形式称之为预应力结构。目前预应力结构不仅用于混凝土工程中,而且在钢结构工程中也有应用。本章讨论预应力混凝土结构的有关施工问题。

荷载作用下,当普通钢筋混凝土构件中受拉钢筋应力为 $20 \sim 30\text{MPa}$ 时,其相应的拉应变为 $(1.0 \sim 1.5) \times 10^{-4}$,这大致相当于混凝土的极限抗拉应变,此时受拉混凝土可能会产生裂缝。但在正常使用荷载下,钢筋应力一般为 $150 \sim 200\text{MPa}$,此时受拉混凝土不仅早已开裂,而且裂缝已展开较大宽度,另外构件的挠度也会比较大。因此,为限制截面裂缝宽度、减小构件挠度,往往需要对普通钢筋混凝土构件施加预应力。

对混凝土构件受拉区施加预压应力的方法,是通过预应力钢筋或锚具,将预应力钢筋的弹性收缩力传递到混凝土构件上,并产生预应力。预应力的作用可部分或全部抵消外荷载产生的拉应力,从而提高结构的抗裂性,对于在使用荷载下出现裂缝的构件,预应力也会起到减小裂缝宽度的作用。

与非预应力结构相比,预应力结构具有如下的一些特点:改善结构的使用性能,提高结构的耐久性;减小构件截面高度,减轻自重;充分利用高强钢材;具有良好的裂缝闭合性能与变形恢复性能,提高抗剪承载力;提高抗疲劳强度。此外,预应力混凝土结构具有良好的经济性。

由于预应力混凝土结构的截面小、刚度大、抗裂性和耐久性好,在世界各国的土木工程领域中得到广泛应用。近年来,随着高强度钢材及高强度等级混凝土的出现,促进了预应力混凝土结构的发展,也进一步推动了预应力混凝土施工工艺的成熟和完善。

预应力混凝土根据其预应力施加工艺的不同,可分为先张法和后张法两种。

先张法是指预应力钢筋的张拉在混凝土浇筑之前进行的一种施工工艺。它采用永久或临时台座在构件混凝土浇筑之前张拉预应力筋,待混凝土达到设计强度和龄期后,将施加在预应力筋上的拉力逐渐释放,在预应力筋回缩的过程中利用其与混凝土之间的黏结力,对混凝土施加预压应力。

后张法是指预应力钢筋的张拉在混凝土浇筑之后进行的一种施工工艺,它分为有黏结后张法和无黏结后张法两种。有黏结后张法施工是在混凝土构件中预设孔道,在混凝土的强度达到设计值后,在孔道内穿入预应力筋,以混凝土构件本身为支承张拉预应力筋,然后用特制锚具将预应力筋锚固形成永久预加力,最后在预应力筋孔道内压注水泥浆,并使预应力筋和混凝土黏结成整体。无黏结后张法不需在混凝土构件中留孔,而是将无黏结预应力钢筋与普通钢筋一起绑扎形成钢筋骨架,然后浇筑混凝土,待混凝土达到预期强度后进行张拉,形成无黏结预应力结构。

预应力混凝土结构根据预应力度的不同,可分为全预应力混凝土、部分预应力混凝土及钢筋混凝土三类;按预应力筋在体内与体外位置的不同,预应力混凝土可分为体内预应力混凝土和体外预应力混凝土两类。

在预应力混凝土结构中所采用的混凝土应具有高强,轻质和高耐久性的性质。一般要求混凝土的强度等级不低于 C30。目前,我国在一些重要的预应力混凝土结构中,已开始采用C50 ~ C60 的高强混凝土,最高混凝土强度等级已达到 C80。

随着预应力结构跨径的不断增加,自重也随之增大,结构的承载能力将大部分用于平衡自重。追求更高的强度、自重比是混凝土材料发展的目标之一。此外,要求预应力混凝土具有快硬、早强的性质,可尽早施加预应力,加快施工进度,提高设备以及模板的利用率。

在预应力混凝土构件的施工中,不得掺用对钢筋有侵蚀作用的氯盐、氯化钠等,否则会发生严重的质量事故。

5.2 先张法

先张法是在构件浇筑混凝土之前,将预应力筋张拉到设计控制应力,用夹具临时固定在台座或钢模上,然后浇筑混凝土,待混凝土达到一定强度后,放松预应力筋,靠预应力筋与混凝土之间的黏结力使混凝土构件获得预应力。先张法一般适用于生产中小型预应力混凝土构件,多在固定的预制厂生产,也可在施工现场生产。先张法施工示意图如图 5-1 所示。

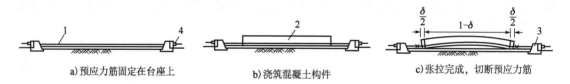

a) 预应力筋固定在台座上   b) 浇筑混凝土构件   c) 张拉完成,切断预应力筋

图 5-1 先张法施工示意图
1-预应力钢筋;2-构件;3-台座;4-夹具

5.2.1 台座

台座是先张法施工的主要设备之一,它是张拉和临时固定预应力筋的支撑结构,承受预应力筋的全部张拉力,因此要求台座具有足够的强度、刚度和稳定性。台座按构造形式分为:墩式台座和槽式台座。

1) 墩式台座

墩式台座由台墩、台面与横梁组成(图 5-2),目前常用的是台墩与台面共同受力的墩式台座。台座的长度和宽度由场地大小、构件类型和产量而定,一般长度宜为 100 ~ 150m,宽度为2 ~ 4m,这样既可利用钢丝的特长,张拉一次可生产多根构件,又可以减少应钢丝滑动或台座横梁变形引起的预应力损失。

台座稍有变形、滑移或倾角,均会引起较大应力损失。台座设计时,应进行稳定性和强度验算。稳定性验算包括台座的抗倾覆验算和抗滑移验算。

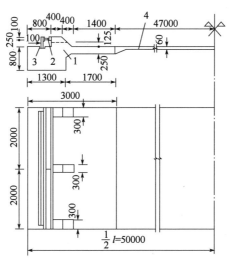

图 5-2　墩式台座构造示意图（尺寸单位：mm）
1-台座；2-钢横梁；3-承力钢板；4-台面

2）槽式台座

槽式台座是由端柱、传力柱、横梁及台面等组成，既可承受张拉力，又可作蒸汽养护槽，适用于张拉吨位较大的大型构件，如吊车梁、屋架等。

台座的长度一般为 45～76m，宽度随构件外形及制作方式而定，一般不小于 1m（图 5-3）。槽式台座一般与地面相平，以便运送混凝土和蒸汽养护，砖墙挡水和防水。端柱、传力柱的端面必须平整，对接接头必须紧密。

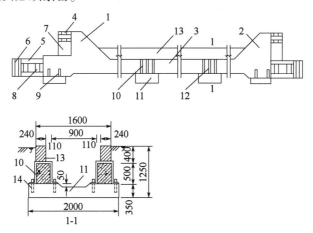

图 5-3　槽式台座构造示意图

1-张拉端柱；2-锚固端柱；3-中间传力柱；4-上横梁，5-下横梁；6-横梁；7、8-垫块；9-连接板；10-卡环；11-基础板；12-砂浆嵌缝；13-砖墙；14-螺栓

5.2.2　夹具

夹具是先张法施工时为保持预应力筋拉力并将其固定在台座上的临时性锚固装置。按其作用分为张拉夹具和锚固夹具。对各种夹具的要求是：工作方便可靠、构造简单、加工方便。

夹具种类很多,各地使用不一。常用的张拉夹具有:偏心式夹具(图5-4)、压销式夹具(图5-5)。常用的锚固夹具有圆锥齿板式夹具(图5-6)、圆锥三槽式夹具(图5-7)、圆套筒三片式夹具(图5-8)等。

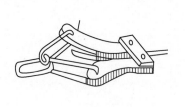

图5-4 偏心式夹具

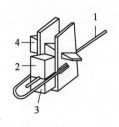

图5-5 压销式夹具
1-钢筋;2-销片(楔形)
3-销片;4-楔形压销

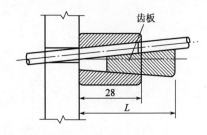

图5-6 圆锥齿板式夹具

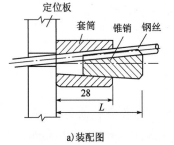

a)装配图   b)锥销

图5-7 圆锥三槽式夹具(尺寸单位:mm)

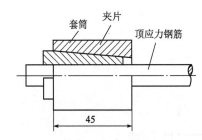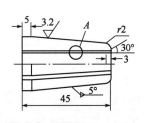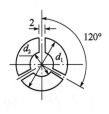

图5-8 圆套筒三片式夹具(尺寸单位:mm)

5.2.3 张拉设备

张拉设备要求工作可靠,控制应力准确,能以稳定的速率加大拉力。先张法施工中预应力筋可单根张拉或多根成组张拉。常用的张拉机械有以下三种:

1)电动螺杆张拉机

电动螺杆张拉机由张拉螺杆、变速箱、拉力架、承力架和张拉夹具组成。最大张拉力为300～600kN,张拉行程为800mm,张拉速度2m/min,自重400kg,为了便于转移和工作,将其装置在带轮的小车上。这种张拉的特点是运行稳定,螺杆有自锁性能,故张拉机恒载性能好,速度快,张拉行程大,如图5-9所示。电动螺杆张拉机可以张拉预应力钢筋也可以张拉预应力钢丝。

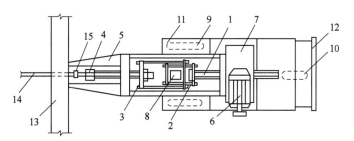

图 5-9 电动螺杆张拉机构造图

1-螺杆;2、3-拉力架;4-张拉夹具;5-顶杆;6-电动机;7-减速箱;8-测力计;9、10-胶轮;11-底盘;12-手柄;13-横梁;14-张拉螺杆;15-锚固夹具

2)油压千斤顶

油压千斤顶可用来张拉单根或多根成组的预应力筋。可直接从油压表的读数求得张拉应力值。图 5-10 为 YC-20 穿心式千斤顶张拉过程示意图。

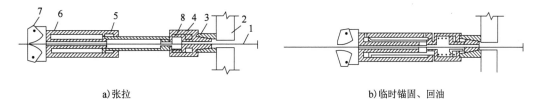

a)张拉   b)临时锚固、回油

图 5-10 YC-20 型穿心式千斤顶张拉过程示意图

1-钢筋;2-台座;3-穿心式夹具;4-弹性顶压头;5、6-油嘴;7-偏心式夹具;8-弹簧

3)卷扬机

在长线台座上张拉钢筋时,由于千斤顶行程不能满足要求,小直径钢筋可采用卷扬机张拉,用杠杆或弹簧测力。弹簧测力时,宜设行程开关,在张拉到规定的应力时能自行停机,如图 5-11 所示。

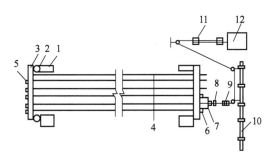

图 5-11 用卷扬机张拉预应力筋

1-台座;2-放松装置;3-横梁;4-钢筋;5-墩头;6-垫块;7-销片夹具;8-张拉夹具;9-弹簧测力计;10-固定梁;11-滑轮组;12-卷扬机

5.2.4 先张法施工工艺

先张法预应力混凝土构件在台座上生产时,其工艺流程如图 5-12 所示。

1)预应力筋的铺设

预应力筋应采用砂轮锯或切断机切断,不得采用电弧切割。为便于脱模,长线台座在铺放预应力筋前应先刷隔离剂,但应采取措施,防止隔离剂污损预应力筋,影响与混凝土的黏结。

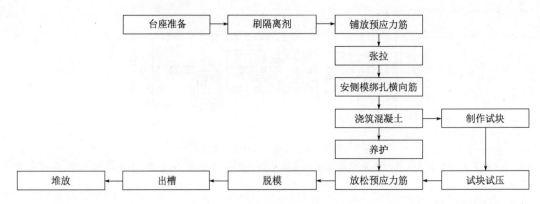

图 5-12　先张法施工工艺流程

2）预应力筋的张拉

预应力筋的张拉应根据设计要求采用合适的张拉控制应力、张拉方法、张拉顺序及张拉程序进行,并应有可靠的质量保证措施和安全技术措施。

（1）张拉控制应力

预应力筋的张拉工作是预应力施工中的关键工序,应严格按设计要求进行。

预应力筋张拉控制应力的大小直接影响预应力效果,影响到构件的抗裂度和刚度,因而控制应力不能过低。但是,控制应力也不能过高,不允许超过其屈服强度,以使预应力筋处于弹性工作状态。否则会使构件出现裂缝的荷载与破坏荷载很接近,这是很危险的。此外,过大的超张拉会造成反拱过,预拉区出现裂缝也是不利的。因此,预应力筋的张拉控制应力应符合设计要求。当施工中预应力筋需要超张拉时,可比设计要求提高 5%,但其最大张拉控制应力不得超过表 5-1 的规定。

最大张拉控制应力允许值　　　　表 5-1

钢 筋 种 类	张 拉 方 法	
	先张法	后张法
碳素钢丝、刻痕钢丝、钢绞线	$0.80f_{ptk}$	$0.75f_{ptk}$
冷拔低碳钢丝、热处理钢筋	$0.75f_{ptk}$	$0.70f_{ptk}$
冷拉钢筋	$0.95f_{pyk}$	$0.90f_{pyk}$

注:f_{ptk}-预应力筋极限抗拉强度标准值;f_{pyk}-预应力筋屈服强度标准值。

（2）张拉程序

预应力筋的张拉程序有超张拉和一次张拉两种。所谓超张拉,就是指张拉应力超过规范规定的控制应力值。采用超张拉方法时,预应力筋可按下列两种张拉程序之一进行张拉:

$$0 \rightarrow 1.05\sigma_{con} \xrightarrow{\text{持荷 2min}} \sigma_{con} \text{ 或 } 0 \rightarrow 1.03\sigma_{con}$$

第一种张拉程序中,超张拉 5% 并持荷 2 min,其目的是为了在高应力状态下加速预应力筋松弛早期发展,以减少应力松弛引起的预应力损失。第二种张拉程序中,超张拉 3%,其目的是为了弥补预应力筋的松弛损失,这种张拉程序施工简单,一般多采用。所谓应力松弛,是指钢材在常温高应力作用下,由于塑性变形而使应力随时间延续而降低的现象。这种现象在张拉后的前几分钟内发展得特别快,往后则趋于缓慢。例如,超张拉 5% 并持荷 2 min,再回到控制应力,松弛已完成 50% 以上。

（3）预应力筋伸长值的验算

张拉预应力筋可单根进行也可多根成组同时进行。同时,张拉多根预应力筋时,应预先调整预应力,使其相互之间的应力一致。预应力筋张拉锚固后,对设计位置的偏差不得大于 5mm,也不得大于截面短边的 4%。

预应力筋张拉后,一般应校核其伸长值,其理论伸长值与实际伸长值的误差不应超过 10%。若超过,则应分析其原因,采取措施后再继续施工。

理论伸长值按下式计算:

$$\Delta l = \frac{F_p \cdot l}{A_p \cdot E_s} \tag{5-1}$$

式中: F_p——预应力筋张拉力;

  l——预应力筋长度;

  A_p——预应力筋截面面积;

  E_s——预应力筋的弹性模量。

预应力筋实际伸长值,宜在初应力为张拉控制应力 10% 左右开始测量,但必须加上初应力以下的推算伸长值。通过伸长值的检验,可以综合反映张拉力是否足够以及预应力筋是否有异常现象等。因此,对于伸长值的检验必须重视。

（4）预应力筋张拉力计算

预应力筋张拉力的计算公式如下:

$$F_p = m\sigma_{con}A_p \tag{5-2}$$

式中: m——超张拉系数,取值 1.03 或 1.05;

  σ_{con}——预应力筋张拉控制应力, N/mm^2 ;

  A_p——预应力筋截面面积, mm^2 。

3）混凝土浇筑与养护

混凝土的浇筑必须一次完成,不允许留设施工缝。混凝土的强度等级不得小于 C30。为了减少混凝土的收缩和徐变引起的预应力损失。在确定混凝土的配合比时,应采用低水灰比,控制水泥的用量,对集料采取良好的级配,预应力混凝土构件制作时,必须振捣密实,特别是构件的端部,以保证混凝土的强度和黏结力。

混凝土可采用自然养护或蒸汽养护。

4）预应力筋放张

预应力筋放张过程是预应力的传递过程,是先张法构件能否获得良好质量的一个重要环节,应根据放张要求,确定正确的放张顺序、放张方法及相应的技术措施。

（1）放张要求

放张预应力筋时,混凝土强度必须符合设计要求,当设计无规定,则不得低于设计的混凝土强度标准值的 75%。对于重叠生产的构件,要求最上一层构件的混凝土强度不低于设计强度标准值的 75% 时方可进行预应力筋的放张。如过早放张,由于混凝土强度不足,会产生较大的混凝土弹性回缩而引起较大的预应力损失或钢丝滑动。故放张过程中,应使预应力构件自由压缩,避免过大的冲击与偏心。

（2）放张顺序

预应力筋放张顺序应符合设计要求，当设计无要求时，应符合下列规定：

①对承受轴心预应力的构件（如压杆、桩），所有预应力筋应同时放张。

②对承受偏心受预压力的构件（如梁），应先同时放张预压力较小区域的预应力筋，再同时放张预压力较大区域的预应力筋。

③如不能满足上述规定放张时，应分阶段、对称、交错地放张，以防止在放张过程中构件产生弯曲、裂纹和预应力筋断裂。

（3）放张方法

当预应力混凝土构件用钢丝配筋时，若钢丝数量不多，钢丝放张可采用剪切、锯割或氧—乙炔焰熔断的方法，并应从靠近生产线中间处剪断，这样比在靠近台座一端处剪断时回弹减小，且有利于脱模。若钢丝数量过多，所有钢丝应同时放张，不允许采用逐根放张的方法；否则，最后的几根钢丝将承受过大的应力而突然断裂导致构件应力传递长度骤增，或使构件端部开裂。

当预应力混凝土构件用钢筋配筋时，若预应力筋数量不多，可采用逐根加热熔断或借预先设置在钢筋锚固端的楔块等单根放张。若预应力筋数量较多，所有钢筋应同时放张，放张可采用楔块或砂箱等装置缓慢进行，如图5-13和图5-14所示。

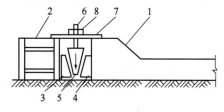
图5-13　楔块放张
1-台座；2-横梁；3、4-钢块；5-钢楔块；6-螺杆；
7-承力板；8-螺母

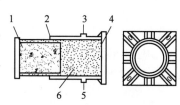
图5-14　砂箱装置构造图
1-活塞；2-钢套箱；3-进砂口；4-钢套；
5-出砂口；6-砂子

5.3　后张法

后张法施工是在浇筑混凝土构件时，在放置预应力筋的位置处预留孔道，待混凝土达到一定强度（一般不低于设计强度标准值的75%），将预应力筋穿入孔道中并进行张拉，然后利用锚具将预应力筋锚固在构件上，最后进行孔道灌浆。预应力筋承受的张拉力通过锚具传递给混凝土构件，使混凝土产生预压应力。

图5-15为预应力混凝土构件后张法施工示意图。图5-15a）所示为制作混凝土构件并在预应力筋的设计位置上预留孔道，待混凝土达到规定的强度后，穿入预应力筋进行张拉。图5-15b）所示为预应力筋的张拉，用张拉机械直接在构件上进行张拉，混凝土同时完成弹性压缩。图5-15c）所示为预应力筋的锚固和孔道灌浆，预应力筋的张拉力通过构件两端的锚具，传递给混凝土构件，使其产生预压应力，最后进行孔道灌浆。

后张法施工由于直接在混凝土构件上进行张拉，故不需要固定的台座设备，不受地点限制，灵活性大，适用于在施工现场生产大型预应力混凝土构件，特别是大跨径构件。后张法施工工序较多，工艺复杂，构件所用的锚具不能重复利用。

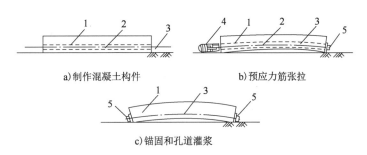

a) 制作混凝土构件   b) 预应力筋张拉

c) 锚固和孔道灌浆

图 5-15 后张法施工示意图

1-混凝土构件;2-预留孔道;3-预应力筋;4-千斤顶;5-锚具

5.3.1 张拉机械

1)拉杆式千斤顶(代号 YL)

拉杆式千斤顶适用于张拉以螺丝端杆锚具为张拉锚具的粗钢筋和以锥型螺杆锚具为张拉锚具的钢丝束。最大张拉力为 600kN,张拉行程 150mm。拉杆式千斤顶的构造示意如图 5-16 所示。

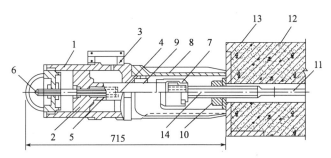

图 5-16 拉杆式千斤顶构造示意图(尺寸单位:mm)

1-主缸;2-主缸活塞;3-主缸油嘴;4-副缸;5-副缸活塞;6-副缸油嘴;7-连接器;8-顶杆;9-拉杆;10-螺母;11-预应力筋;12-混凝土构件;13-预埋钢板;14-螺丝端杆

拉杆式千斤顶张拉预应力筋时,首先使连接器与预应力筋的螺丝端杆相连接,顶杆支撑在构件端部的预埋钢板上。高压油由 3 进入主缸时,则推动主缸活塞向左移动,拉杆和连接器以及螺丝端杆同时向左移动,对预应力筋进行张拉。达到张拉时,拧紧预应力筋的螺帽,将预应力筋锚固在构件的端部。高压油再由副缸油嘴 6 进入副缸,推动副缸使主缸活塞和拉杆向右移动,使其恢复初始位置。此时主缸的高压油流回高压泵中去,完成一次张拉过程。

2)YC-60 型穿心式千斤顶

YC-60 型穿心式千斤顶(图 5-17)适用于张拉各种形式的预应力筋,是目前我国预应力混凝土构件施工中应用最为广泛的张拉机械。YC-60 型穿心式千斤顶加装撑脚、张拉杆和连接器后,就可以张拉以螺丝端杆锚具为张拉锚具的单根粗钢筋,以锥型螺杆锚具和 DM5A 型墩头锚具为张拉锚具的钢丝束。YC-60 型穿心式千斤顶增设顶压分束器,就可以张拉以 KT-Z 型锚具为张拉锚具的钢筋束和钢绞线束。

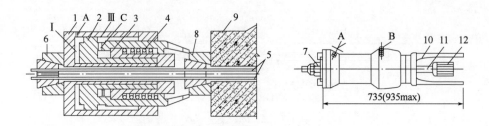

图 5-17　YC-17 型穿心式千斤顶的构造示意图(尺寸单位:mm)

1-张拉油缸;2-顶压油缸(即张拉活塞);3-顶压活塞;4-弹簧;5-预应力筋;6-工具式锚具;7-螺母;8-工作锚具;9-混凝土构件;10-顶杆;11-拉杆;12-连接器;A-张拉油缸嘴;B-顶压油缸嘴;C-油孔;Ⅰ-张拉工作油室;Ⅱ-顶压工作油室;Ⅲ-张拉回程油室

张拉时,高压油由张拉缸油嘴 A 进入张拉工作油室Ⅰ,张拉活塞 2 顶住构件后张拉油缸 1 左移;同时油嘴 B 开启,油室Ⅲ回油。完成张拉,关 A,高压由 B 经 C 进入油室Ⅱ,顶压活塞 3 右移,顶压夹片或锚塞,锚固钢筋。完成张拉顶压后,开 A、B 继续进油,张拉油缸 1 右移、恢复到初始位置;开 B,弹簧 4 使顶压活塞 3 恢复到初始位置。

3)锥锚式双作用千斤顶

锥锚式双作用千斤顶(图 5-18)适用于张拉以 KT-Z 型锚具为张拉锚具的钢筋束和钢绞线束,张拉以钢质锥型锚具为张拉锚具的钢丝束。

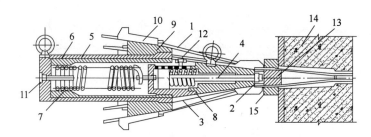

图 5-18　锥锚式双作用千斤顶构造示意图

1-预应力筋;2-顶头压;3-副缸;4-副缸活塞;5-主缸;6-主缸活塞;7-主缸拉力弹簧;8-副缸压力弹簧;9-锥形卡环;10-楔块;11-主缸油嘴;12-副缸油嘴;13-锚塞;14-构件;15-锚环

张拉时,楔块 10 锚固预应力筋 1,高压油由主缸油嘴 11 进入主缸,主缸带动钢筋左移。完成张拉,关主缸油嘴 11,高压油由副缸油嘴 12 进入副缸,副缸活塞及顶压头 2 右移,顶压锚塞,锚固钢筋。完成张拉顶压后,主缸、副缸回油,主、副缸压力弹簧 7、8 使主缸、副缸恢复到初始位置,放松楔块 10、拆下千斤顶。

5.3.2　后张法施工工艺

后张法预应力混凝土构件制作工艺流程如图 5-19 所示。后张法施工工艺与预应力施工有关的主要是孔道留设、预应力筋张拉和孔道灌浆 3 部分。

1)孔道留设

后张法构件中孔道留设一般采用钢管抽芯法、胶管抽芯法、预埋管法。预应力筋的孔道形状有直线、曲线和折线 3 种。钢管抽芯法只用于直线孔道,胶管抽芯法和预埋管法则适用于直线、曲线和折线孔道。

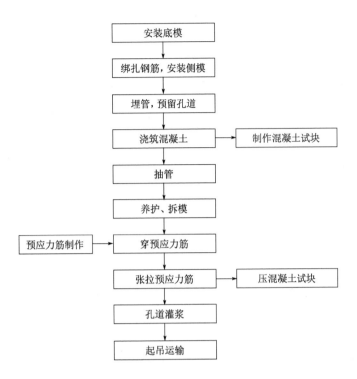

图 5-19 后张法施工工艺流程图

孔道留设是后张法构件制作的关键工序之一。对孔道成型的基本要求是:孔道的尺寸与位置应正确,孔道应平顺,接头不漏浆,端部预埋钢板应垂直于孔道中心线等。孔道的直径一般比预应力筋(束)外径(包括钢筋对焊接头处外径或必须穿过孔道的锚具外径)大 10 ~ 15mm,以利于预应力筋穿入。孔道成形的质量,对孔道摩擦损失的影响较大,应严格把关。

(1)钢管抽芯法

钢管抽芯法是指预先将钢管埋设在模板内孔道位置处,在混凝土浇筑过程中和浇筑之后,每间隔一定时间慢慢转动钢管,使之不与混凝土黏结,待混凝土初凝后、终凝前抽出钢管,即形成孔道。

(2)胶管抽芯法

胶管一般有五层或七层夹布胶管和钢丝网橡皮管两种。前者质软,必须在管内充气或充水后才能使用;后者质硬,且有一定的弹性,预留孔道时与钢管一样使用,所不同的是浇筑混凝土后不需转动,抽管时可利用其有一定弹性的特点,胶管在拉力作用下断面缩小,即可把管抽出。

(3)埋管法

预埋管法是利用与孔道直径相同的波纹管埋在构件中,无须抽出,一般采用金属或塑料波纹管制作。预埋管法因省去抽管工序,且孔道留设的位置,形状也易保证,故目前应用较为普遍。金属波纹管由镀锌薄钢带经轧波纹卷管机压波卷成,塑料波纹管是以高密度聚乙烯或聚丙烯塑料为原料,用挤塑机或专用制管机经热挤定型而成,具有质量小、刚度好、弯折方便、连接简单等优点。

2）预应力筋的张拉

（1）混凝土的张拉强度

预应力筋的张拉是制作预应力构件的关键,必须按规范有关规定进行施工。张拉时构件或结构的混凝土强度应符合设计要求,当设计无具体要求时,不应低于设计强度标准值的75%。

（2）张拉控制应力及张拉程序

预应力张拉控制应力应符合设计要求及最大张拉控制应力不能超过表5.1的规定。其中后张法控制应力值低于先张法,这是因为后张法构件在张拉钢筋的同时,混凝土已受到弹性压缩,张拉力可以进一步补足;而先张法构件,是在预应力筋放松后,混凝土才受到弹性压缩,这时张拉力无法补足。此外,混凝土的收缩、徐变引起的预应力损失,后张法也比先张法小。

为了减少预应力筋的松弛损失等,与先张法一样采用超张拉法,其张拉程序、预应力筋伸长值的验算和预应力筋张拉力的计算与先张法相同。

（3）张拉方法

为了减少预应力筋与孔道摩擦引起的损失,预应力筋张拉端的设置应符合设计要求。当设计无要求时,应符合下列规定：

①抽芯成形孔道。曲线预应力筋和长度大于24m的直线预应力筋,应在两端张拉;长度等于或小于24m的直线预应力筋,可在一端张拉。

②预埋波纹管孔道。曲线预应力筋和长度大于30m的直线预应力筋,宜在两端张拉;长度等于或小于30m的直线预应力筋,可在一端张拉。

③同一截面中有多根一端张拉的预应力筋时,张拉端分别设置在结构的两端。当两端同时张拉同一根预应力筋时,为了减少预应力损失,宜先在一端锚固,再在另一端补足张拉力后进行锚固。

（4）张拉顺序：预应力筋的张拉顺序应符合设计要求,当设计无具体要求时,可采用分批、分阶段对称张拉,以使混凝土不产生超应力、构件不扭转与侧弯、结构不变位等。因此,对称张拉是一项重要原则。同时,还要考虑到尽量减少张拉机械的移动次数。

3）孔道灌浆

预应力筋张拉验收合格后,利用灌浆机械将水泥浆压力灌入预应力筋孔道,其作用为：一是保护预应力筋,以免腐蚀;二是使预应力筋与构件混凝土有效地黏结成型,以控制使用阶段的裂缝间距和宽度并减轻端部锚具的负荷。因此,必须重视孔道灌浆的质量。在高应力状态下预应力筋容易生锈,预应力筋张拉后孔道应尽快灌浆。

5.4 无黏结预应力施工

在后张法预应力混凝土中,预应力可分为有黏结和无黏结两种。预应力筋张拉后浇筑混凝土与预应力筋黏结称为黏结预应力筋。凡是预应力筋张拉后允许预应力筋与其周围的混凝土产生相对滑动的预应力筋,称作无黏结预应力筋。

无黏结预应力混凝土的施工方法是在预应力筋的表面刷防腐润滑脂并套塑料管后,铺设在模板内的预应力筋设计位置处,然后浇筑混凝土,待混凝土达到要求的强度后,进行预应力筋的张拉和锚固。该工艺的优点是不需要留设孔道、穿筋、灌浆,施工简单,摩擦力小,预应力筋易弯成多跨曲线形状等,是近年来发展起来的一项新技术。

5.4.1 无黏结预应力筋制作

无黏结预应力筋一般由钢绞线或 $7\phi5mm$ 高强钢丝组成的钢丝束,通过专用设备涂包防腐油脂和塑料套管而构成的一种新型预应力筋,其截面如图 5-20 所示。

无黏结预应力筋包括钢丝束和钢绞线制作时要求每根通长,中间不能有接头,其制作工艺流程为:编束放盘→刷防腐润滑脂→覆裹塑料护套→冷却→调直→成型。

5.4.2 无黏结预应力筋锚具

无黏结预应力结构中,预应力筋的张拉力完全借助于锚具传递给混凝土,外荷载作用引起预应力筋受力的变化也全部由锚具承担。因此,无黏结预应力筋用的锚具不仅受力较大,而且承受重复荷载。无黏结预应力筋的锚具宜选用 QM 或 XM 体系(QM、XM 为夹片锚固体系)的单孔锚具及挤压锚具,有时也采用小规格的群锚。

1)张拉端

(1)凸出式锚具张拉端构造如图 5-21 所示。

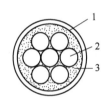

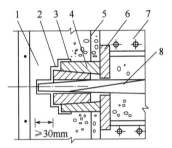

图 5-20 无黏结预应力筋截面

1-塑料管;2-钢绞线或钢丝束;3-防腐润滑油脂

图 5-21 凸出式锚具张拉端的构造

1-混凝土圈梁;2-防腐油脂;3-塑料帽;4-锚具;5-钢筋;
6-承压板 1;7-螺旋筋;8-无黏结预应力筋

(2)圆套筒式锚具如图 5-22a)所示,垫板连体式锚具如图 5-22b)所示。

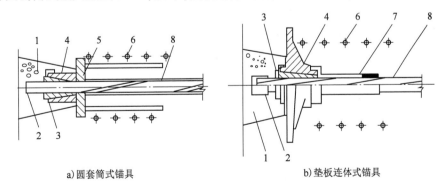

a)圆套筒式锚具   b)垫板连体式锚具

图 5-22 凹入式锚具张拉端构造

1-混凝土或砂浆填实;2-塑料帽;3-防腐油脂;4-锚具;5-承压板;6-螺旋筋;7-塑料保护套;8-无黏结预应力筋

2）固定端

挤压锚具固定端由挤压锚具、承压板和螺旋筋等组成，如图 5-23 所示。

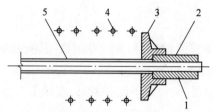

图 5-23　挤压锚具固定端构造

1-异形钢丝衬套 2-挤压元件；3-承压板；4-螺旋筋；5-无黏结预应力筋

5.4.3　强拉设备及机具

配套张拉设备有千斤顶和油泵，机具有压顶器（液压和弹簧两种）、张拉杆、工具锚等几种。

1）前卡千斤顶

无黏结预应力筋一般均采用前卡千斤顶单根张拉方法。YCQ20 型前卡穿心千斤顶与 QM 型锚具配合，可以采用不压顶工艺张拉，施工效率很高。对于要求压顶的锚具，它也可安装顶压器，对于群锚，还可安装双筒套。

2）电动高压油泵

电动高压油泵是为千斤顶、挤压机或 LD-10 型镦头器提供高压的设备。在无黏结预应力混凝土施工中，常用的有中型泵和小型泵两种。中型泵可以和各种液压设备配套使用，但在高层建筑中略显笨重。另外还有一种手提式小型油泵，比较轻便，但油箱太小，可与 YCQ20 型千斤顶及 LD-10 镦头器配套使用，但速度较慢，易发热，使用时须待机冷却。

5.4.4　无黏结预应力筋施工

1）无黏结预应力筋的铺设

无黏结预应力筋铺设前应检查外包层完好程度，对有轻微破损者，用塑料带补包好，对破损严重者应予以报废。双向预应力筋铺设时，应先铺设下面的预应力筋，再铺设上面的预应力筋，以免预应力筋相互穿插。

无黏结预应力筋应严格按设计要求的曲线形状就位固定牢固。可用短钢筋或混凝土垫块等架起控制高程，再用铁丝绑扎在非预应力筋上。绑扎点间距不大于 1m，钢丝束的曲率控制可用铁马凳控制，马凳间距不宜大于 2m。

2）无黏结预应力筋的张拉

预应力筋张拉时，混凝土强度应符合设计要求，当设计无要求时，混凝土的强度应达到设计强度的 75% 方可开始张拉。

张拉程序一般采用 $0 \rightarrow 1.03\sigma_{con}$，以减少无黏结预应力筋的松弛损失。

张拉顺序应根据预应力筋的铺设顺序进行，先铺设的先张拉，后铺设的后张拉。

当预应力筋的长度小于 25m 时，宜采用一端张拉；若长度大于 25m 时，宜采用两端张拉；若长度超过 50m 时，宜采用分段张拉。

预应力平板结构中，预应力筋往往很长，如何减少其摩擦损失值是一个重要的问题。

影响摩擦损失值的主要因素是润滑介质、外包层和预应力筋截面形式。其中润滑介质和外包层的摩擦损失值，对一定的预应力束而言是个定值，相对稳定。而截面形式则影响较大，不同截面形式其离散性不同，但如能保证截面形状在全长内一致，则其摩擦损失值就能在很小范围内波动，否则，因局部阻塞就可能导致其损失值无法测定。摩擦损失值，可用标准测力计或传感器等测力装置进行测定。施工时，为降低摩擦损失值，宜采用多次重复张拉工艺。成束无黏结筋正式张拉前,一般先用千斤顶往复抽动1~2次。张拉过程中,严防钢丝被拉断,要控制同一截面的断裂根数不得大于2%。预应力筋的张拉伸长值应按设计要求进行控制。

3)无黏结预应力筋的端部锚头处理

张拉后,应采用液压切筋器或砂轮锯切断超长部分的无黏结筋,严禁采用电弧切断。将外露无黏结筋切至约30mm后,涂专用防腐油脂,并加盖塑料封端罩,最后浇筑混凝土。当采用穴模时,应用微膨胀细石混凝土或高强度等级砂浆将构件凹槽堵平。

思考题

1. 什么是预应力混凝土?其有何优点?

2. 什么是先张法?什么是后张法?比较它们的异同点。

3. 试述先张法台座、夹具和张拉机具的类型及特点。

4. 试述先张法夹具的作用与要求。

5. 先张法的张拉程序如何?

6. 超张拉的作用是什么?有何要求?

7. 预应力筋放张的条件是什么?对预应力筋放张有何要求?

8. 如何计算预应力筋下料长度?计算时应考虑哪些因素?

9. 孔道留设有哪些方法?其基本要求如何?

10. 后张法的张拉顺序是如何确定的?

11. 分批张拉时,如何弥补混凝土弹性压缩预应力损失?

12. 预应力筋张拉后,为什么必须及时进行孔道灌浆?孔道灌浆材料有何要求?

13. 什么是无黏结预应力技术?无黏结与有黏结各有哪些优缺点?其适用范围如何?

第6章 砌筑工程

砌体结构是由块体和砂浆砌筑而成的墙、柱作为建筑物主要受力构件的结构,是砖砌体、砌块砌体和石砌体结构的统称。砌筑工程则是指砌体结构的施工。

砖石建筑在我国有悠久的历史,很早就有"秦砖汉瓦"之说,目前在土木工程中仍占有相当大的比重。这种结构虽然取材方便、施工简单、成本低廉,但它的施工仍以手工操作为主,劳动强度大,生产率低,而且烧制黏土砖占用大量农田,因而采用新型墙体材料,改善砌体施工工艺是砖筑工程改革的重点。

6.1 砌体材料

砌筑工程所用材料主要是砖、砌块或石以及砌筑砂浆。砌体工程所用的材料在施工中应有产品的合格证书、产品性能检测报告,块材、水泥、钢筋、外加剂等尚应有材料主要性能的进场复验报告。严禁使用国家明令淘汰的材料。

6.1.1 块体材料

砌筑工程所用砖有烧结普通砖、烧结多孔砖、蒸压灰砂砖、蒸压粉煤灰砖等;砌块则有混凝土中小型砌块、加气混凝土砌块及其他材料制成的各种砌块;石材有毛石与料石。

砖、砌块以及石材的强度等级必须符合设计要求。

常温下砌砖,普通黏土砖、空心砖的含水率宜为 10% ~ 15% ,一般应提前 0.5 ~ 1d 浇水润湿,避免砖吸收砂浆中过多的水分而影响黏结力,并可除去砖面上的粉末。但浇水过多会产生砌体走样或滑动现象。气候干燥时,小砌块、石料亦应先稍加喷水润湿,但轻集料混凝土砌块灰砂砖、粉煤灰砖不宜浇水过多,其含水率控制在 5% ~ 8% 为宜。砌块表面有浮水时,不得施工。

施工所用的小砌块的产品龄期不应小于 28d。工地上应保持砌块表面干净,避免黏结黏土、脏物。密实砌块的切割可采用切割机。

石砌体采用的石材应质地坚实,无风化剥落和裂纹。用于清水墙、柱表面的石材,尚应色泽均匀。石材表面的泥垢、水锈等杂质,砌筑前应清除干净。

6.1.2 砂浆

砌筑砂浆有水泥砂浆、石灰砂浆和混合砂浆。砂浆种类选择及其等级的确定,应根据设计要求。砂浆的组成材料为水泥、砂、石灰膏、搅拌用水及外加剂等,施工时对它们的质量应予以控制。

水泥进场使用前,应分批对其强度、安定性进行复验。检验批应以同一生产厂家、同一编号为一批。当在使用中对水泥质量有怀疑或水泥出厂超过 3 个月(快硬硅酸盐水泥超过 1 个月)时,应复查试验,并按其结果使用。不同品种的水泥,不得混合使用。水泥砂浆的最少水泥用量不宜小于 $200 kg/m^3$。

砂浆用砂不得含有有害杂物。砂浆用砂的含泥量,对水泥砂浆和强度等级不小于 M5 的水泥混合砂浆,不应超过 5%,对强度等级小于 M5 的水泥混合砂浆,不应超过 10%;人工砂、山砂及特细砂,应经试配,要求满足砌筑砂浆技术条件。

块状生石灰熟化成石灰膏时,应进行过滤,生石灰熟化时间不得少于 7d;对于磨细生石灰粉,其熟化时间不得小于 2d。不得采用脱水硬化的石灰膏,消石灰粉不得直接使用于砌筑砂浆中。

拌制砂浆用水,水质应符合混凝土拌和用水标准。

凡在砂浆中掺有外加剂等,对外加剂应经检验和试配,符合要求后方可使用。有机塑化剂应有砌体强度的形式检验报告。

砂浆的拌制一般用砂浆搅拌机,要求拌和均匀。自投料完算起,搅拌时间对水泥砂浆和水泥混合砂浆不得少于 2min,对水泥粉煤灰砂浆和掺用外加剂的砂浆不得少于 3min;如掺用有机塑化剂的砂浆,应为 3~5min。

为改善砂浆的保水性可掺入黏土、电石膏、粉煤灰等塑化剂。砂浆应随拌随用,水泥砂浆和水泥混合砂浆应分别在 3h 和 4h 内使用完毕;当施工期间最高气温超过 30℃时,应分别在拌成后 2h 和 3h 内使用完毕。对掺用缓凝剂的砂浆,其使用时间可根据具体情况延长。

砂浆强度应以标准养护、龄期为 28d 的试块抗压试验结果为准。砂浆强度等级必须符合设计要求。

6.2 砌砖施工

6.2.1 砖墙的砌筑工艺

砌砖施工通常包括抄平、放线、摆砖样、立皮数杆、挂准线、铺灰砌砖等工序。如是清水墙,则还要进行勾缝。下面以房屋建筑砖墙砌筑为例,说明各工序的具体做法。

1)抄平

砌砖墙前,先在基础面或楼面上按标准水准点定出各层标高,并用水泥砂浆或 C10 细石混凝土找平。

2)放线

建筑物底层墙身可按龙门板上轴线定位钉为准拉麻线,沿麻线挂下线锤,将墙身中心轴线放到基础面上,并据此墙身中心轴线为准弹出纵横墙身边线,并定出门窗洞口位置。为保证各楼层墙身轴线的重合,并与基础定位轴线一致,可利用预先引测在外墙面上的墙身中心轴线,借助于经纬仪把墙身中心轴线引测到楼层上去;或用悬挂线锤,对准外墙面上的墙身中心轴线,从而向上引测。轴线的引测是放线的关键,必须按图纸要求尺寸用钢皮尺进行校核。然后,按楼层墙身中心线,弹出各墙边线,划出门窗洞口位置。砌筑基础前,应校核放线尺寸,允许偏差应符合表 6-1 的规定。

放线尺寸的允许偏差 表 6-1

长度 L,宽度 B(m)	允许偏差(mm)
L(或 B)≤30	±5
30 < L(或 B)≤60	±10
60 < L(或 B)≤90	±15
L(或 B)>90	±20

3)摆砖样

按选定的组砌方法,在墙基顶面放线位置试摆砖样(生摆,即不铺灰),尽量使门窗垛符合砖的模数,偏差小时可通过竖缝调整,以减小斩砖数量,并保证砖及砖缝排列整齐、均匀,以提高砌砖效率。摆砖样在清水墙砌筑中尤为重要。

4)立皮数杆

立皮数杆(图 6-1)可以控制每皮砖砌筑的竖向尺寸,并使铺灰、砌砖的厚度均匀,保证砖皮水平。皮数杆上标有每皮砖和灰缝的厚度,以及门窗洞、过梁、楼板等的标高。它立于墙的转角处,其基准标高用水准仪校正。如墙的长度很大,可每隔 10 ~ 20m 再立一根。

5)铺灰砌砖

铺灰砌砖的操作方法很多,与各地区的操作习惯、使用工具有关。常用的有满刀灰砌筑法(也称提刀灰)、夹灰器、大铲铺灰及单手挤浆法,铺灰器灰瓢铺灰及双手挤浆法。砌砖宜采用"三一砌筑法",即一铲灰、一块砖、一揉浆的砌筑方法。当采用铺浆法砌筑时,铺浆长度不得超过 750mm;施工期间气温超过 30℃

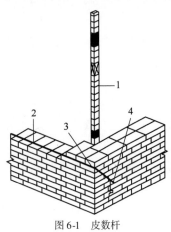

图 6-1 皮数杆

1-皮数杆;2-准线;3-竹片;4-圆铁钉

时,铺浆长度不得超过 500mm。实心砖砌体大都采用一顺一顶,或三顺一顶,或梅花顶的组砌方法(图 6-2)。

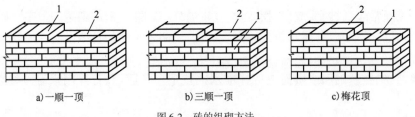

a)一顺一顶 b)三顺一顶 c)梅花顶

图 6-2 砖的组砌方法

1-顶砌砖块;2-顺砌砖块

砖砌体组砌方法应正确。上、下错缝,内外搭砌,砖柱不得采用包心砌法。240mm 厚承重墙的每层墙最上一皮砖或梁、梁垫下面,或砖砌体的台阶水平面上及挑出层,应整砖顶砌。多孔砖的孔洞应垂直于受压面砌筑。

砖砌通常先在墙角以皮数杆进行盘角,然后将准线挂在墙侧,作为墙身砌筑的依据,每砌一皮或两皮,准线向上移动一次。

设置钢筋混凝土构造柱的砌体,应按先砌墙后浇筑的施工程序进行。构造柱与墙体的连接处应砌成马牙槎,从每层柱脚开始,先退后进,每一马牙槎沿高度方向的尺寸不宜超过300mm。沿墙高每500mm设2φ6mm拉结钢筋,每边伸入墙内不宜小于1m。预留伸出的拉结钢筋,不得在施工中任意反复弯折,如有歪斜、弯曲,在浇筑混凝土之前,应校正到准确位置并绑扎牢固(图6-3)。

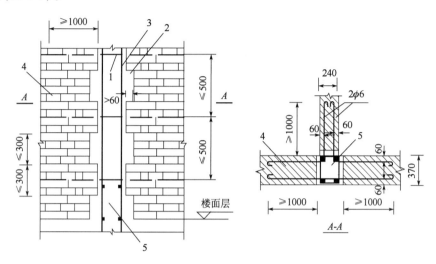

图6-3　构造柱与墙体的连接(尺寸单位:mm)
1-拉结钢筋;2-马牙槎;3-构造柱钢筋;4-墙;5-构造柱

在浇筑砖砌体构造柱混凝土前,必须将砌体和模板浇水润湿,并将模板内的落地灰、砖渣和其他杂物清除干净。构造柱混凝土可分段浇筑,每段高度不宜大于2m。在施工条件较好并能确保浇筑密实时,亦可每层浇筑一次。浇筑混凝土前,在结合面处先注入适量水泥砂浆(构造柱混凝土配比相同的去石子水泥砂浆),再浇筑混凝土。振捣时,振捣器应避免触碰砖墙,严禁通过砖墙传递振动。

填充墙、隔墙应分别采取措施与周边构件可靠连接。必须把预埋在柱中的拉结钢筋砌入墙内。拉结钢筋的规格、数量、间距、长度应符合设计要求。填充墙砌体留置的拉结钢筋或网片的位置应与块体皮数相符合。拉结钢筋或网片应置于灰缝中,竖向位置偏差不应超过一皮高度。

填充墙砌至接近梁板底时,应留一定空隙,待填充墙砌筑完并应至少间隔7d后,再采用侧砖,或立砖,或砌块斜砌挤紧,其倾斜度宜为60°左右。

土木工程中其他砖砌体的施工工艺与房屋建筑砌筑工艺基本一致。

6.2.2　砌筑质量要求

砌筑工程质量的基本要求是:横平竖直、砂浆饱满、灰缝均匀、上下错缝、内外搭砌、接槎牢固。对砌砖工程,要求每一皮砖的灰缝横平竖直、厚薄均匀。由于砌体的重量主要通过砌体之间的水平灰缝传递到下面,水平灰缝不饱满往往会使砖块折断。为此,规定实心砖砌体水平灰缝的砂浆饱满度不得低于80%。竖向灰缝的饱满程度,影响砌体抗透风和抗渗水的性能。竖向灰缝不得出现透明缝、瞎缝和假缝。水平缝厚度和竖缝宽度规定为10mm±2mm,过厚的水平灰缝容易使砖块浮滑,墙身侧倾,过薄的水平灰缝会影响砌体之间的黏结能力。

砖砌体的位置及垂直度允许偏差应符合表 6-2 的要求。

砖砌体的位置及垂直度允许偏差 表 6-2

项　次	项　　目			允许偏差(mm)	检 验 方 法
1	轴线位置偏移			10	用经纬仪和尺检查或用其他测量仪器检查
2	垂直度	每层		5	用 2m 托线板检查
		全高	≤10m	10	用经纬仪,吊线和尺检查,或用其他测量仪器检查
			>10m	20	

上下错缝是指砖砌体上下两皮砖的竖缝应当错开,以避免上下通缝。所谓通缝,是指砌体中,上下皮块材搭接长度小于规定数值的竖向灰缝。在垂直荷载作用下,砌体会由于“通缝”丧失整体性而影响砌体强度。同时,内外搭砌使同皮的里外砌体通过相邻上下皮的砖块搭砌而组砌得牢固。

“接槎”是指相邻砌体不能同时砌筑而设置的临时间断,它可便于先砌砌体与后砌砌体之间的接合。为使接槎牢固,后面墙体施工前,必须将留设的接槎处表面清理干净,浇水湿润,并填实砂浆,保持灰缝平直。

砖砌体的转角处和交接处应同时砌筑,严禁无可靠措施的内外墙分砌施工。对不能同时砌筑而又必须留置的临时间断处应砌成斜槎,斜槎水平投影长度不应小于高度的 2/3。

非抗震设防及抗震设防烈度为 6 度、7 度地区的临时间断处,当不能留斜槎时,除转角处外,可留直槎,但直槎必须做成凸槎。留直槎处应加设拉结钢筋,拉结钢筋的数量为每 120mm 墙厚放置 1φ6mm 拉结钢筋(120mm 厚墙放置 2φ6mm 拉结钢筋),间距沿墙高不应超过 500mm;埋入长度从留槎处算起每边均不应小于 500mm,对抗震设防烈度 6 度、7 度的地区,不应小于 1000mm;末端应有 90°弯钩(图 6-4)。

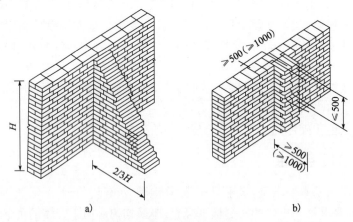

图 6-4　墙的接槎(尺寸单位:mm)

砖墙或砖柱顶面尚未安装楼板或屋面板时,如有可能遇到大风,其允许自由高度不得超过表 6-3 的规定,否则应采取可靠的临时加固措施。

墙(柱)厚 (mm)	墙和柱的允许自由高度(m)					
	砌体密度 >1600kg/m³			砌体密度 >1300~1600kg/m³		
	风载(N/m²)			风载(N/m²)		
	0.30(约7级风)	0.40(约8级风)	0.50(约9级风)	0.30(约7级风)	0.40(约8级风)	0.50(约9级风)
190	—	—	—	14	11	7
240	28	21	14	22	17	11
370	52	39	26	42	32	21
490	86	65	43	70	52	35
620	140	105	70	114	86	57

表6-3 墙和柱的允许自由高度

注:1. 本表适用于施工处高程(H)在10m范围内的情况,如10m<H≤15m、15m<H≤20m时,表内的允许自由高度值应分别乘以0.9、0.8的系数;如H>20m时,应通过抗倾覆验算确定其允许自由高度。

2. 当所砌筑的墙有横墙或其他结构与其连接,而且间距小于表列限值的2倍时,砌筑高度可不受本表规定的限制。

6.3 砌块施工

6.3.1 砌块施工机械

中小型砌块在我国房屋工程中已得到广泛应用,砌块按材料分为粉煤灰硅酸盐砌块、普通混凝土空心砌块、煤矸石硅酸盐空心砌块等。砌块的规格不一,一般高度为380~940mm,长度为高度的1.5~2.5倍,厚度为180~300mm,每块砌体质量50~200kg。

砌块墙的施工特点是砌块数量多,吊次也相应多,但砌块的重量不是很大。通常采用的吊装方案有两种:一是塔式起重机进行砌块、砂浆的运输以及楼板等构件的吊装,由台灵架吊装砌块。台灵架在楼层上的转移由塔式起重机来完成。二是以井架进行材料的垂直运输、杠杆车进行楼板吊装,所有预制构件及材料的水平运输则用砌块车和手推车,台灵架负责砌块的吊装(图6-5)。

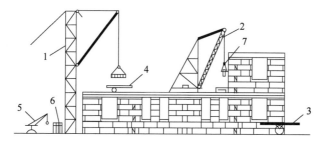

图6-5 砌块吊装示意图

1-井架;2-台灵架;3-杠杆车;4-砌块车;5-少先吊;6-砌块;7-砌块夹

6.3.2 砌块排列图

由于中小型砌块体积较大、较重,不像砖块可以随意搬动,因此在砌块砌筑前,应在基础平面和楼层平面按每片纵、横墙分别绘制(图6-6)砌块排列图,放出第一皮砌块的轴线、边线和洞口线,对于空心砌块还应放出分块线。砌块排列应依照下列原则:尽量采用主规格砌块;砌块应错缝搭砌,搭砌长度不得小于块高的1/3,也不应小于15cm;纵横墙交接处,应交错搭砌;必须镶砖时,砖应分散布置。

6.3.3 砌块施工工艺与质量要求

砌筑前应清除砌块表面的污物及黏土,并对砌块做外观检查。砌筑砌块从转角处或定位砌块处开始,内外墙应同时砌筑,纵横墙交接处应交错搭砌,每个楼层砌筑完成后应复核标高,如有误差须找平校正。

砌块应底面朝上反砌于墙上。小砌块砌体应分皮错缝搭砌,上下皮搭砌长度不得小于90mm。当搭砌长度不满足上述要求时,应在水平灰缝内设置钢筋网片,但竖向通缝仍不得超过2皮砌块。中型砌块搭砌长度不得小于块高的1/3,也不可小于150mm。

砌块墙与后砌隔墙交接处,应沿墙高每400mm在水平灰缝内设置不少于$2\phi4mm$、横筋间距不大于200mm的焊接钢筋网片(图6-7)。

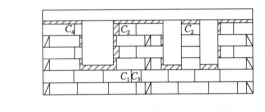

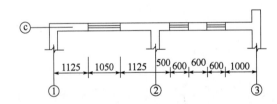

图6-6 砌块排列图(尺寸单位:mm)

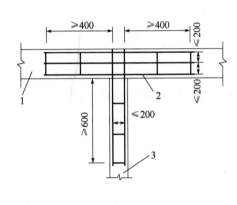

图6-7 砌块墙与后砌隔墙交接处钢筋网片
(尺寸单位:mm)
1-砌块墙;2-钢筋网片;3-后砌墙体

砌块建筑在相邻施工段之间或临时间断处的高度差不应超过一个楼层,斜槎水平投影长度不应小于高度的2/3。附墙垛应与墙体同时交错搭砌。

砌块砌筑应做到横平竖直,砌体表面平整清洁,砂浆饱满。砌块水平灰缝的砂浆饱满度不得低于90%;竖缝的砂浆饱满度不得低于80%;砌筑中不得出现瞎缝、透明缝。小型砌块水平灰缝厚度和竖向灰缝的宽度控制在8~12mm;中型砌块水平与垂直灰缝一般为15~20mm(包括灌浆缝),偏差为±10mm、-5mm。对于超过30mm的垂直缝应用细石混凝土灌实,其强度等级不低于C20。

砌块就位并经校正平直、灌垂直缝后,随即进行水平和垂直缝的勒缝(原浆勾缝),勒缝深度一般为3~5mm。灌垂直缝后的砌块不得碰撞或撬动,如发生移动,应重新铺砌。预制板,梁、圈梁安装时必须坐浆。

小砌块用于框架填充墙时,应与框架中预埋的拉结筋连接。当填充墙砌至顶面最后一皮时,与上部结构的接触处宜用实心小砌块斜砌楔紧。

对设计规定的洞口、管道、沟槽和预埋件等应在砌筑时预留或预埋,严禁在砌好的墙体上打凿。在小砌块墙体中不得预留水平沟槽。

6.4　砌石施工

石砌体包括毛石砌体和料石砌体两种。

6.4.1　毛石砌体

毛石砌体宜分皮卧砌,并应上下错缝、内外搭砌,不能采用外面侧立石块中间填心的砌筑方法。毛石基础的第一皮石块应坐浆,并将大面向下。砌筑料石基础的第一皮石块应用顶砌层坐浆砌筑。毛石砌体的第一皮及转角处、交接处和洞口处,应用较大的平毛石砌筑。每个楼层(包括基础)砌体的最上一皮,宜选用较大的毛石砌筑。

毛石墙必须设置拉结石。拉结石应均匀分布、相互错开。一般每 $0.7m^2$ 墙面至少应设置一块拉结石,且同皮内的中距不应大于 2m。

毛石砌体每日的砌筑高度不应超过 1.2m,毛石墙和砖墙相接的转角处和交接处应同时砌筑。

6.4.2　料石砌体

料石砌体砌筑时,应放置平稳。砂浆铺设厚度应略高于规定的灰缝厚度。料石基础砌体的第一皮应用顶砌层坐浆砌筑,料石砌体亦应上下错缝搭砌。砌体厚度大于或等于两块料石宽度时,如同皮内全部采用顺砌,每砌两皮后,应砌一皮顶砌层;如同皮内采用顶顺组砌,顶砌石应交错设置,顶砌石中距不应大于 2m。

用料石和毛石或砖的组合墙中,料石砌体和毛石砌体或砖砌体应同时砌筑,并每隔 2~3 皮料石层用顶砌层与毛石砌体或砖砌体拉结砌合。顶砌料石的长度宜与组合墙厚度相同。

下面以桥梁石砌墩台为例,简述其施工方法。

在砌筑前应按设计图放出实样,挂线砌筑。砌筑基础的第一层砌块时,如基底为土质,不需坐浆,如基底为石质,应先坐浆再砌石。砌筑斜面墩台时,斜面应逐层放坡,以保证规定的坡度。砌块间用砂浆黏结并保持一定缝厚,所有砌缝要求砂浆饱满。形状比较复杂的工程,应先做出配料设计图(图 6-8),注明石尺寸;形状比较简单的,也要根据砌体高度、尺寸、错缝等,先放样配好料石再砌。

砌筑方法:同一层石料及水平灰缝的厚度要均匀一致,每层按水平砌筑,顶顺相间,砌石灰缝相互垂直,石砌体的灰缝厚度对毛料石和粗料石砌体不宜大于20mm;细料石砌体不宜大于5mm。砌石顺序为先角石,后镶面,再填腹。填腹石的分层高度应与镶面相同,圆端、尖端及转角形砌体的砌石顺序,应自顶点开始,按顶顺排列接砌镶面石。

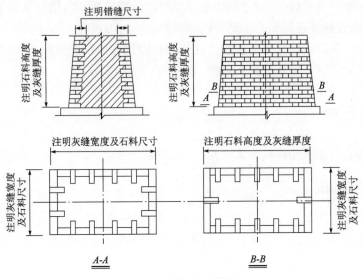

图 6-8　桥墩配料大样图

6.5　砌体的冬期施工

根据当地气象资料确定,当室外日平均气温连续 5d 稳定低于 5℃ 时,砌体工程应采取冬期施工措施。在冬期施工期限以外,如果当日最低气温低于 0℃,也应按冬期施工执行。

冬期施工所用的材料应符合如下规定:

(1)砖和石材在砌筑前,应清除冰霜;

(2)砂浆宜采用普通硅酸盐水泥拌制;

(3)石灰膏、黏土膏和电石膏等应防止受冻,如遭冻应融化后使用;

(4)拌制砂浆所用的砂不得含有冰块和直径大于 10cm 的冻结块;

(5)拌和砂浆时,水的温度不得超过 80℃,砂的温度不得超过 40℃。

基土无冻胀性时,基础可在冻结的地基上砌筑;基土有冻胀性时,应在未冻的地基上砌筑。在施工期间和回填土前,均应防止地基遭受冻结。

普通砖、多孔砖和空心砖在气温高于 0℃ 条件下砌筑时,应浇水湿润。在气温不大于 0℃ 的条件下砌筑时,可不浇水,但必须增大砂浆稠度。抗震设防烈度为 9 度的建筑物,普通砖、多孔砖和空心砖无法浇水湿润时,如无特殊措施,不得砌筑。

冬期进行砌体施工时,拌和砂浆宜采用两步投料法。砂浆使用温度:当采用掺外加剂法时,不应低于 5℃;当室外空气温度为 -10～0℃ 范围时,砂浆使用最低温度为 10℃;当室外空气温度为 -25～-10℃ 时,砂浆使用最低温度应为 15℃;当室外空气温度在 -25℃ 以下时,砂浆使用温度应达到 20℃。

当采用掺盐砂浆法施工时,宜将砂浆强度等级按常温施工的强度等级提高一级。配筋砌体不得采用掺盐砂浆法施工。

冬期施工砂浆试块的留置,除应按常温规定要求外,尚应增留不少于 1 组与砌体同条件养护的试块,测试检验 28d 强度。

在冻结法施工的解冻期间,应经常对砌体进行观测和检查,如发现裂缝、不均匀下沉等情况,应立即采取加固措施。

 思考题

1. 砌块材料的类型有哪些?
2. 砌筑砂浆有哪几类? 分别适于哪种类型砌体砌筑?
3. 什么是"三一砌筑法"?
4. 砖砌体的施工程序包括哪些内容?
5. 皮数杆的作用是什么?
6. 砖墙的砌筑质量要求是什么?
7. 墙体接槎应如何设置?
8. 试述砌块砌筑施工的要点。

第7章　钢结构工程

钢结构工程从广义上讲是指以钢铁为基材,经过机械加工组装而成的结构。一般意义上的钢结构主要用于工业厂房、高层建筑、大跨屋面结构、塔桅、桥梁等,即建筑钢结构。由于钢结构具有强度高、结构轻、施工周期短和精度高等特点,因而在其他土木工程也被广泛采用。

钢结构的构件一般在工厂加工制作,然后运至工地进行结构安装。钢结构制作的工序较多,因此,对加工顺序要周密安排,避免工件倒流,以减少往返运输时间。图7-1为钢结构大流水作业生产的一般工艺流程。钢结构构件运入工地后再进行现场安装。

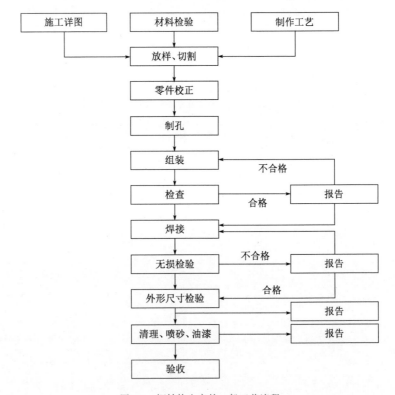

图7-1　钢结构生产的一般工艺流程

7.1　钢结构加工

7.1.1　放样与样板

放样是钢结构制作工艺中的第一道工序,其工作的准确与否将直接影响到整个产品的质量。为了提高放样和号料的精度和效率,有条件时,应采用计算机辅助设计。

放样工作包括如下内容:核对图纸的安装尺寸和孔距;以1:1的大样放出节点;核对各部分的尺寸;制作样板和样杆作为下料、弯制、铣、刨、制孔等加工的依据。

放样时以1:1的比例在样板台上弹出大样。放样弹出的十字基准线,二线必须垂直。然后据此十字线逐一划出其他各个点及线,并在节点旁注上尺寸,以备复查及检验。

样板(或样杆)上应注明工号、图号、零件号、数量及加工边、坡口部位、弯折线和弯折方向、孔径和滚圆半径等。

样板一般分为四种类型,即号孔样板、卡型样板、成型样板及号料样板。号孔样板专用于号孔;卡型样板分为内卡型样板和外卡型样板两种,是用于煨曲或检查构件弯曲形状的样板;成型样板用于煨曲或检查弯曲件平面形状;号料样板是供号料或号孔的样板。

对不需要展开的平面形零件的号料样板,有如下两种制作方法:

①画样法,即按零件的尺寸直接在样板料上作出样板。

②过样法,这种方法又叫移出法,分为不覆盖过样和覆盖过样两种方法。不覆盖过样法是通过作垂线或平行线,将实样中的零件形状过到样板料上;而覆盖过样法,则是把样板料覆盖在实样图上,再根据事前作出的延长线,画出样板。为了保存实样图,一般采用覆盖过样法,而当不需要保存实样图时,则可采用画样法制作样板。

放样时,铣、刨的工件要所有加工边均考虑加工余量,焊接构件要按工艺要求放出焊接收缩量。

7.1.2 号料

号料(也称划线),即利用样板、样杆或根据图纸,在板料及型钢上画出孔的位置和零件形状的加工界线。号料的一般工作内容包括:检查核对材料;在材料上划出切割、铣、刨、弯曲、钻孔等加工位置,打冲孔,标注出零件的编号等。

号料一般先根据料单检查清点样板和样杆、点清号料数量、准备号料的工具、检查号料的钢材规格和质量,然后依据先大后小的原则依次号料,并注明接头处的字母,焊缝代号。号料完毕,应在样板、样杆上注明并记下实际数量。

为了合理使用和节约原材料,必须最大限度地提高原材料的利用率。常用以下几种号料方法:

(1)集中号料法。把同厚度的钢板零件和相同规格的型钢零件集中在一起进行号料。

(2)套料法。精心安排板料零件的形状位置,把同厚度的各种不同形状的零件组合在同一材料上,进行"套料"。

(3)统计计算法。在线形材料(如型钢)下料时将所有同规格零件归纳在一起,按零件的长度先长后短的顺序排列。根据最长零件号料算出余料的长度,排上次长的零件,直至整根料被充分利用为止。

(4)余料统一号料法。在号料后剩下的余料上进行较小零件的号料。

7.1.3 切割

切割的目的就是将放样和号料的零件形状从原材料上进行下料分离。钢材的切割可以通过切削、冲剪、摩擦机械力和热切割来实现。常用的切割方法有:机械剪切、气割及等离子切割三种方法。

气割法是利用氧气与可燃气体混合产生的预热火焰加热金属表面达到燃烧温度并使金属发生剧烈的氧化,放出大量的热促使下层金属也自行燃烧,同时通以高压氧气射流,将氧化物吹除而引起一条狭小而整齐的割缝。随着割缝的移动,使切割过程连续切割出所需的形状。除手工切割外常用的机械有火车式半自动气割机、特型气割机等。这种切割方法设备灵活、费用低廉、精度高,是目前使用最广泛的切割方法,能够切割各种厚度的钢材,特别是带曲线的零件或厚钢板。气割前,应将钢材切割区域表面的铁锈、污物等清除干净,气割后,应清除熔渣和飞溅物。

机械切割法可利用上、下两剪刀的相对运动来切断钢材,或利用锯片的切削运动把钢材分离,或利用锯片与工件间的摩擦发热使金属熔化而被切断。常用的切割机械有剪板机、联合冲剪机、弓锯床、砂轮切割机等。其中剪切法速度快、效率高,但切口略粗糙;锯割可以切割角钢、圆钢和各类型钢,切割速度和精度都较好。机械剪切的零件,其钢板厚度不宜大于12mm,剪切面应平整。

等离子切割法是利用高温高速的等离子焰流将切口处金属及其氧化物熔化并吹掉来完成切割,所以能切割任何金属,特别是熔点较高的不锈钢及有色金属铝、铜等。

7.1.4　边缘加工

在钢结构加工中一般需要边缘加工,除图纸要求外,在梁翼缘板、支座支承面、焊接坡口及尺寸要求严格的加劲板、隔板、腹板和有孔眼的节点板等部位应进行边缘加工。常用的边缘加工方法主要有:铲边、刨边、铣边、碳弧气刨、气割和坡口机加工等。

7.1.5　弯制成型

在钢结构制作中,弯制成型的加工主要有卷板(滚圆)、弯曲(煨弯)、折边和模具压制等几种加工方法。弯制成型的加工工序是由热加工或冷加工来完成的。

把钢材加热到一定温度后进行的加工方法,通称热加工。热加工通常有两种加热方法:一种是利用乙炔火焰进行局部加热,这种方法简便,但是加热面积较小;另一种是放在工业炉内加热,其加热面积很大。温度能够改变钢材的机械性能,能使钢材变硬,也能使钢材变软。钢材在常温中有较高的抗拉强度,但加热到500℃以上时,随着温度的增加,钢材的抗拉强度急剧下降,其塑性、延展性大大增加,钢材的机械性能逐渐降低。

钢材在常温下进行加工制作通称冷加工。冷加工绝大多数是利用机械设备和专用工具进行的。应注意低温时不宜进行冷加工。低温中的钢材,其韧性和延伸性均相应减小,极限强度和脆性相应增加,若此时进行冷加工受力,易使钢材产生裂纹。

与热加工相比,冷加工具有如下优点:使用的设备简单,操作方便;节约材料和燃料;钢材的机械性能改变较小,材料的减薄量甚少。

1)卷板(滚圆)

滚圆是在外力的作用下,使钢板的外层纤维伸长,内层纤维缩短而产生弯曲变形(中层纤维不变)。当圆筒半径较大时,可在常温状态下卷圆;如半径较小和钢板较厚时,应将钢板加热后卷圆。在常温状态下进行滚圆钢板的方法有:机械滚圆、胎模压制及手工制作。机械滚圆是在卷板机(又叫滚板机、轧圆机)上进行的。

在卷板机上进行板材的弯曲是通过上滚轴向下移动时所产生的压力来达到的。卷板机按轴辊数目和位置可分为三辊卷板机和匹辊卷板机两类,三辊卷板机又分为对称式与不对称式两种。它们滚圆工作原理如图 7-2 所示。

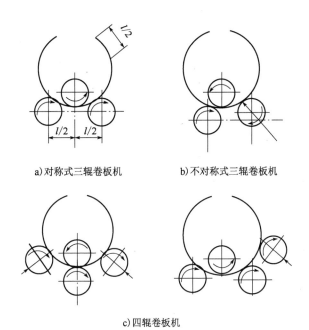

a)对称式三辊卷板机   b)不对称式三辊卷板机

c)四辊卷板机

图 7-2 滚圆机原理

用三辊弯(卷)板机弯板,其板的两端易形成"剩余直边",即两端边缘无法充分弯卷而形成的直边,因此需要进行预弯,预弯长度为 $0.5L + (30 \sim 50)$ mm(L 为下辊中心距)。预弯可采用压力机模压预弯或用托板在滚圆机内预弯(图 7-3)。

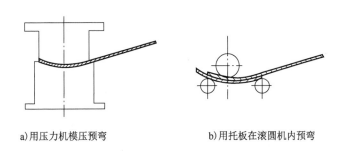

a)用压力机模压预弯   b)用托板在滚圆机内预弯

图 7-3 钢板预弯示意图

圆柱面的卷弯,卷制时根据板料温度的不同分为冷卷、热卷及温卷。

冷卷一般采用快速进给法和多次进给法滚弯,调节上辊(在二辊卷板机上)或侧辊(在四辊卷板机上)的位置,使板料发生初步的弯曲,然后来回滚动而弯曲。

由于卷弯过程是板料弯曲塑性变形的过程,冷弯时变形越大,材料所产生的冷加工硬化也越严重,在钢板内产生的应力也越大,这会严重影响制造质量,甚至会产生裂纹而导致报废。所以,冷卷时必须控制变形量。

当碳素钢板的厚度 t 大于或等于内径 D 的 1/40 时,一般认为应该进行热卷。热卷前,通常必须将钢板在室内加热炉内均匀加热,加热温度范围视钢材成分而定。

温卷作为一种新工艺,吸取了冷、热卷板中的优点,避免了冷、热卷板时存在的困难。温卷是将钢板加热至 500~600℃,使板料比冷卷时有更好的塑性,同时减少了卷板超载的可能,又可减少卷板时氧化皮的危害,操作也比热卷方便。由于温卷的加热温度通常在金属的再结晶温度以下,因此,温卷工艺方法实质上仍属于冷加工范围。

圆筒卷弯、焊接后会产生变形,所以必须进行矫圆。矫圆时,工件在逐渐减少的矫正荷载下进行多次滚卷,以达到矫圆的目的。各种筒形结构卷圆后的对接不能连续生产,效率较低,且有纵向缝,对比母材强度有所降低。如用螺旋卷管,因斜接,可与母材等强度计算,又可连续生产,效率高。螺旋卷管的加工工艺过程如图 7-4 所示。

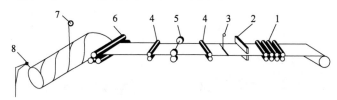

图 7-4 螺旋卷管加工工艺过程

1-平直;2-剪头;3-拼接;4-递送;5-剪边;6-卷圆;7-焊接(内外各-台);8-割断

2)弯曲(煨弯)

在钢结构的制造过程中,弯曲成型的应用相当广泛,其加工方法分为压弯、滚弯及拉弯等。

压弯是用压力机压弯钢板,此种方法适用于一般直角弯曲(V 形件)、双直角弯曲(U 形件)以及其他适宜弯曲的构件。滚弯是用滚圆机滚弯钢板,此种方法适用于滚制圆筒形构件及其他弧形构件。拉弯是用转臂拉弯机和转盘拉弯机拉弯钢板,它主要用于将长条板材拉制成不同曲率的弧形构件。

弯曲按加热程度分为冷弯和热弯。冷弯是在常温下进行弯制加工,此法适用于一般薄板、型钢等的加工;热弯是将钢材加热至 950~1100℃,在模具上进行弯制加工,它适用于厚板及较复杂形状构件、型钢等的加工。

弯曲加工设备有型钢滚圆机、液压弯管机及压力机床等。弯曲过程是材料经过弹性变形后再达到塑性变形的过程,在塑性变形时,材料外层受拉,内层受压。拉伸和压缩在材料内部存在一定的弹性变形,当外力失去后有一定程度的回弹。因此,弯曲件的圆角半径不宜过大,圆角半径过大易引起回弹,影响构件精度。但圆角半径也不宜过小,半径过小会产生裂纹。

7.1.6 折边

在钢结构制造中,将构件的边缘压弯成倾角或一定形状的操作称为折边。折边广泛用于薄板构件,它有较长的弯曲线和很小的弯曲半径。薄板经折边后可以大大提高结构的强度和刚度。

板料的弯曲折边是通过折边机来完成的。板料折弯压力机用于将板料弯曲成各种形状,一般在上模作一次行程后,便能将板料压成一定的几何形状,当采用不同形状模具或通过几次冲压,还可得到较为复杂的各种截面形状。当配备相应的装备时,还可用于剪切和冲孔。

7.1.7 制孔

在钢结构制孔中包括铆钉孔、普通螺栓连接孔、高强度螺栓孔、地脚螺栓孔等,制孔方法通常有钻孔和冲孔两种。

1) 钻孔

钻孔是钢结构制造中普遍采用的方法,几乎能用于任何规格的钢板、型钢的孔加工。钻孔的加工方法分为划线钻孔、钻模钻孔及数控钻孔。

划线钻孔在钻孔前先在构件上划出孔的中心和直径,并在孔中心打样冲眼,作为钻孔时钻头定心用;在孔的圆周上(90°位置)打四只冲眼,作钻孔后检查用。划线工具一般用划针和钢尺。

当钻孔批量大、孔距精度要求较高时,应采用钻模钻孔。钻模有通用型、组合式和专用钻模。如图 7-5 所示是一种节点板的钻模示意图。

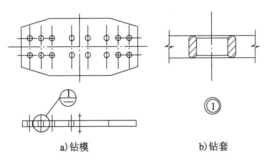

a) 钻模   b) 钻套

图 7-5 节点板钻模

数控钻孔是近年来发展的新技术,它无须在工件上划线,打样冲眼,加工过程自动化、高速数控定位、钻头行程数字控制,且钻孔效率高、精度高,是今后钢结构加工的发展方向。

2) 冲孔

冲孔是在冲孔机(冲床)上进行,一般适用于非圆孔。也可用于较薄的钢板和型钢上冲孔,单孔径一般不小于钢材的厚度,此外,还可用于不重要的节点板、垫板和角钢拉撑等小件加工。冲孔生产效率较高,但由于孔的周围产生冷作硬化,孔壁质量较差,有孔口下塌、孔的下方增大的倾向,所以一般用于对质量要求不高的孔以及预制孔(非成品孔),在钢结构主构件中较少直接采用。

7.1.8 矫正

由于材料内部的残余应力及存放、运输、吊运不当等原因,会引起钢结构原材料变形;加上成型过程中,由于操作和工艺原因,会引起成型件变形;构件连接过程中会存在焊接变形等。为了保证钢结构的制作及安装质量,必须对不符合技术标准的材料、构件进行矫正。

钢结构矫正就是通过外力或加热作用,使钢材较短部分的纤维伸长;或使较长部分的纤维缩短,最后迫使钢材反变形,以使材料或构件达到平直及一定几何形状要求,并符合技术标准的工艺方法。

矫正的主要形式有矫直、矫平及矫形矫直。矫正是利用钢材的塑性、热胀冷缩的特性,以外力或内应力作用迫使钢材反变形,消除钢材的弯曲、翘曲、凹凸不平等缺陷。

矫正按加工工序分为原材料矫正、成型矫正、焊后矫正等。矫正可采用火焰矫正、机械矫正、手工矫正等。根据矫正时的温度分为冷矫正和热矫正。

1)火焰矫正

钢材的火焰矫正是利用火焰对钢材进行局部加热,被加热处理的金属由于膨胀受阻而产生压缩塑性变形,使较长的金属纤维冷却后缩短而完成的。

影响火焰矫正效果的因素有三个:火焰加热位置、加热的形式及加热的热量。火焰加热的位置应选择在金属纤维较长的部位。加热的形式有点状加热、线状加热及三角形加热三种。用不同的火焰热量加热,可获得不同的矫正变形的能力。低碳钢和普通低合金结构钢构件用火焰矫正时,常采用 600～800℃ 的加热温度。

2)机械矫正

钢材的机械矫正是在专用矫正机上进行的。

机械矫正的实质是使弯曲的钢材在外力作用下产生过量的塑性变形,以达到平直的目的。它的优点是作用力大,劳动强度小、效率高。

钢材的机械矫正有拉伸机矫正、压力机矫正、多辊矫正机矫正等。拉伸机矫正(图 7-6)适用于薄板扭曲、型钢扭曲、钢管、带钢和线材等的矫正;压力机矫正适用于板材、钢管和型钢的局部矫正;多辊矫正机可用于型材、板材等的矫正,如图 7-7 所示。

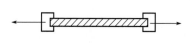

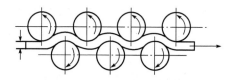

图 7-6　拉伸矫正机　　　　　　　　　　　　　图 7-7　多辊矫正机校正板材

3)手工矫正

手工矫正是采用锤击或小型工具进行矫正的方法,其操作简单灵活,但矫正力较小,仅适用于矫正尺寸较小的钢材,有时在缺乏或不便使用矫正设备时也采用。

7.1.9　组装

组装是把制备完成的半成品和零件按图纸规定的运输单元,装配成构件或者部件,然后将其连接的过程。

组装必须按工艺要求的次序进行,当有隐蔽焊缝时,必须先予施焊,经检验合格方可覆盖。当复杂部位不易施焊时,亦须按工艺规定分别先后组装和施焊,钢结构构件组装的方法分为地样法、仿形复制装配、胎模装配法以及立装、卧装。

地样法是用 1:1 的比例在装配平台上放出构件实样,然后根据零件在实样上的位置,分别组装起来成为构件。此装配方法适用于柜架、构架等小批量结构的组装。

仿形复制装配法先用地样法组装成单面(单片)的结构,然后定位点焊牢固,将其翻身,作为复制胎模,在其上面装配另一单面的结构,往返两次组装。此种装配方法适用于横断面互为对称的框架结构。

胎模装配法是将构件的零件用胎模定位在其装配位置上的组装方法。此种装配法适用于制造构件批量大、精度高的产品。

立装是根据构件的特点及其零件的稳定位置,选择自上而下或自下而上装配。此法用于放置平稳、高度不大的结构或者大直径的圆筒。

卧装是将构件放置卧的位置进行的装配。卧装适用于断面不大,但长度较大的细长的构件。

7.2 钢结构连接

钢结构是由钢板型钢拼合连接成基本构件,如梁、柱、框架等,运到现场后通过安装连接成整体结构。在钢结构施工中连接占有很重要的地位,无论是工厂加工,还是现场安装,都会遇到连接问题。钢结构的连接通常有焊接、螺栓连接及铆钉连接三种方式。前两种应用广泛,铆钉连接费钢费工,现在已很少使用,但其韧性和塑性较好,传力可靠,因此在一些重型结构或承受动力荷载作用的结构中有时仍会采用。

7.2.1 焊接施工

焊缝连接是现代钢结构最主要的连接方式,它适用任何形状的结构,连接构造简单,省钢省工,能实现自动化操作,焊接质量受材料、操作影响较大。因此,建筑钢结构焊接时应考虑以下问题:

焊接方法的选择应考虑焊接构件的材质和厚度、接头的形式和焊接设备;焊接工艺及作业程序。

焊缝连接常用的有三种形式,即电弧焊、电阻焊及气焊。电弧焊是工程中应用最普遍的焊接形式,本节主要讨论其施工方法。

1)焊接接头

电弧焊分为手工电弧焊与自动或半自动电弧焊。根据焊件的厚度、使用条件、结构形状的不同又分为对接接头、角接接头、T形接头和搭接接头等形式(表7-1)。在各种形式的接头中,为了提高焊接质量,较厚的构件往往要开坡口。开坡口的目的是保证电弧能深入焊缝的根部,使根部能焊透,以便清除熔渣,获得较好的焊缝形态。

焊 接 接 头 形 式　　　　　　　　　　　　　　表7-1

序　号	名　称	图　示	接头形式	特点和适用性
1	对接接头		不开坡口,V、X、U形坡口	应力集中较小,有较高的承载力

序　号	名　称	图　示	接头形式	特点和适用性
2	角焊接头		不开坡口	适用厚度在 8mm 以下
			V、K 形坡口	适用厚度在 8mm 以下
			卷边(非焊接)	适用厚度在 2mm 以下
3	T 形接头		不开坡口	适用厚度在 30mm 以下的不受力构件
			V、K 形坡口	适用厚度在 30mm 以下的只承受较小剪应力构件
4	焊接接头		不开坡口	适用厚度在 12mm 以下的钢板
			塞焊	适用双层钢板的焊接

按施焊的空间位置分,焊缝形式可分为平焊缝、横焊缝、立焊缝及仰焊缝四种。平焊的熔滴靠自重过渡,操作简单,质量稳定;横焊时,由于重力熔化金属容易下淌,而使焊缝上侧产生咬边,下侧产生焊瘤或未焊透等缺陷;立焊焊缝成型更加困难,易产生咬边、焊瘤、夹渣、表面不平等缺陷;仰焊施工最为困难,施焊时易出现未焊透、凹陷等质量问题。

2)焊接前的准备

焊前准备包括坡口制备、预焊部位清理、焊条烘干、预热、预变形及高强度钢切割表面探伤等。

焊条、焊剂使用前必须烘干。一般酸性焊条的烘焙温度为 75~150℃,时间为 1~2h;碱性低氢型焊条的烘焙温度为 350~400℃,时间为 1~2h。烘干的焊条应放在 100~150℃ 保温筒(箱)内,低氢型焊条在常温下超过 4h 应重新烘焙,重复烘焙的次数不宜超过两次。焊条烘焙时,应注意随箱逐步升温。

3)焊接施工

(1)引弧

引弧有碰击法和划擦法两种方法。碰击法是将焊条垂直于工件进行碰击,然后迅速保持一定距离;划擦法是将焊条端头轻轻划过工件,然后保持一定距离。施工中,严禁在焊缝区以外的母材上打火引弧。在坡口内引弧的局部面积应熔焊一次,不得留下弧坑。

(2)运条方法

电弧点燃之后,就进入正常的焊接过程。焊接过程中焊条同时有三个方向的运动:沿其中心线向下送进,沿焊缝方向移动;横向摆动。由于焊条被电弧熔化逐渐变短,为保持一定的弧长,就必须使焊条沿其中心线向下送进,否则会发生断弧。焊条沿焊缝方向移动速度的快慢要根据焊条直径、焊接电流、工件厚度和接缝装配情况及所在位置而定。移动速度太快,焊缝熔深太小,易造成未透焊;移动速度太慢,焊缝过高,工件过热,会引起变形增加或烧穿。为了获得一定宽度的焊缝,焊条必须横向摆动。在做横向摆动时,焊缝的宽度一般是焊条直径的1.5 倍左右。以上三个方向的动作密切配合,根据不同的接缝位置、接头形式、焊条直径和性能,焊接电流、工件厚度等情况,采用合适的运条方式(表7-2),就可以在各种焊接位置得到优质的焊缝。

常用运条方法及适用范围 表7-2

运条方法	图 例	适用范围	运条方法	图 例	适用范围
直线形		要求焊缝很小的薄小构件	下斜线形		一般用于横焊
带火形		要求焊缝分析的薄小构件	椭圆形		一般用于横焊
折线形		普通焊缝	三角形		常用于加强焊缝的中心加热
正半月形		普通焊缝	圆圈形		角焊或平焊的堆焊
反半月形		普通焊缝	一字形		角焊或平焊的堆焊
斜折线形		一般用于边缘堆焊			

(3)完工后的处理

焊接结束后的焊缝及两侧,应彻底清除飞溅物、焊渣和焊瘤等。无特殊要求时,应根据焊接接头的残余应力、组织状态、熔敷金属含氢量和力学性能决定是否需要进行焊后热处理。

4)焊接工艺参数

手工电弧焊的焊接工艺参数主要有焊条直径、焊接电流、焊接层数、电源种类及极性等。

(1)焊条直径

焊条直径的选择主要取决于焊件厚度、接头形式、焊缝位置及焊接层次等因素(表7-3)。平焊时焊条直径可选择大些,立焊时焊条直径不大于5mm,仰焊和横焊最大焊条直径为4mm,多层焊及坡口第一层焊缝使用的焊条直径为3.2~4mm。

焊条直径的选择 表7-3

焊件厚度(mm)	2	3	4~5	6~12	≥13
焊条直径(mm)	2	3.2	3.2~4	4~5	4~6

(2)焊接电流

焊接电流过大或过小都会影响焊接质量,所以其选择应根据焊条的类型、直径、焊件的厚度、接头形式、焊缝空间位置等因素来考虑,其中焊条直径和焊缝空间位置最为关键。在一般钢结构的焊接中,焊接电流大小与焊条直径关系可用以下经验公式进行试选:

$$I = 10d^2 \tag{7-1}$$

式中:I——焊接电流,A;

d——焊条直径,mm。

立焊时,电流应比平焊时小 15% ~ 20%;横焊和仰焊时,电流应比平焊电流小 10% ~ 15%。

(3)焊接层数

焊接层数应视焊件的厚度而定。除薄板外,一般都采用多层焊。对于同一厚度的材料,其他条件相同时,焊接层次增加,热输入量减少,有利于提高接头的塑性,但层次过多,焊件的变形会增大,因此,应该合理选择,施工中每层焊缝的厚度不应大于 4 ~ 5mm。

5)焊接质量检查

由于焊缝连接受材料、操作影响很大,施工后应进行认真检查质量。钢结构焊缝质量检查分为三级,检查项目包括外观检查、超声波探伤以及 X 射线探伤等。

所有焊缝均应进行外观检查,检查其几何尺寸和外观缺陷。焊缝感观应达到:外形均匀、成型较好,焊道与焊道、焊道与基本金属间过渡较平滑,焊渣和飞溅物基本清除干净。焊缝表面不得有裂纹,焊瘤等缺陷。一级、二级焊缝不得有表面气孔、夹渣、弧坑裂纹、电弧擦伤等缺陷,且一级焊缝不得有咬边、未焊满、根部收缩等缺陷。

设计要求全焊透的一、二级焊缝应采用超声波探伤进行内部缺陷的检验,超声波探伤不能对缺陷作出判断时,应采用射线探伤。

7.2.2 螺栓施工

螺栓作为钢结构连接紧固件,通常用于构件间的连接、固定、定位等。钢结构中的连接螺栓一般分普通螺栓和高强度螺栓两种。采用普通螺栓或高强度螺栓而不施加紧固力,该连接即普通螺栓连接;采用高强度螺栓并对螺栓施加紧固力,该连接称高强度螺栓连接。

图 7-8 为两种螺栓连接工作机理的示意。普通螺栓连接在受外力后,节点连接板即产生滑动,外力通过螺栓杆受剪和连接板孔壁承压来传递[图 7-8a)]。摩擦型高强度螺栓连接,通过对高强度螺栓施加紧固轴力,将被连接的连接钢板夹紧产生摩擦效应,受外力作用时,外力靠连接板层接触面间的摩擦来传递,应力流通过接触面平滑传递,无应力集中现象[图 7-8b)]。

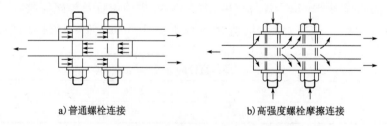

a)普通螺栓连接　　　　　　　　b)高强度螺栓摩擦连接

图 7-8　螺栓连接工作机理示意

图 7-9 为典型螺栓连接拉伸曲线。从曲线上可以把螺栓连接工作过程分为四个阶段:阶段 1 为静摩擦抗滑移阶段,即摩擦型高强度螺栓连接的工作阶段。对普通螺栓连接,阶段 1 不明显,可忽略不计。阶段 2 为荷载克服摩擦阻力,接头产生滑移,螺栓杆与连接板孔壁接触进入承压状态,此阶段为摩擦型高强度螺栓连接的极限破坏状态。阶段 3 为螺栓和连接板处于弹性变形阶段,荷载变形曲线呈线性关系。阶段 4 为螺栓和连接板处于弹塑性变形阶段,最后

螺栓剪断或连接板破坏(拉脱、承压和净截面拉断),整个连接接头破坏。曲线的终点对于普通螺栓连接为极限破坏状态;对于高强度螺栓,则承压型高强度螺栓连接的极限破坏状态。

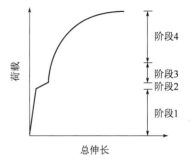

图 7-9　螺栓连接的典型拉伸曲线

螺栓按照性能等级分 3.6、4.6、4.8、5.6、5.8、6.8、8.8、9.8、10.9、12.9 十个等级,其中 8.8 级以上螺栓材质为低碳合金钢或中碳钢并经热处理(淬火、回火),通称为高强度螺栓,8.8 级以下(不含 8.8 级)通称普通螺栓。

螺栓性能等级标号由两部分数字组成,分别表示螺栓的公称抗拉强度和材质的屈强比。例如性能等级 4.6 级的螺栓其含义为:第一部分数字(4.6 中的"4")为螺栓材质公称抗拉强度(N/mm^2)的 1/100;第二部分数字(4.6 中的"6")为螺栓材质屈服比的 10 倍;两部分数字的乘积(4×6 = "24")为螺栓材质公称屈服点(N/mm^2)的 1/10。

1)普通螺栓

钢结构普通螺栓连接即将普通螺栓、螺母、垫圈机械地和连接件连接在一起形成的一种连接形式。

(1)普通螺栓的种类

A 级螺栓通称精制螺栓,B 级螺栓为半精制螺栓。A、B 级适用于拆装式结构或连接部位需传递较大剪力的重要结构的安装中。C 级螺栓通称为粗制螺栓。钢结构用连接螺栓,除特殊注明外,一般即普通粗制 C 级螺栓[图 7-10a),图 7-10b)],图中螺纹规格 d 通常有 8mm、10mm、12mm,直至 95mm,也表示为 M8、M10、M12 等。

双头螺栓一般又称双头螺柱,图 7-10c)为等长双头螺柱 C 级的外形图。双头螺柱多用于连接厚板和不便使用六角螺栓连接的地方,如混凝土屋架、屋面梁悬挂单轨梁吊挂件等。

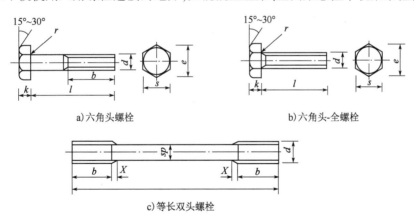

a)六角头螺栓　　　　　　　　　　　　b)六角头-全螺栓

c)等长双头螺栓

图 7-10　普通螺栓

地脚螺栓分为一般地脚螺栓、直角地脚螺栓、锤头螺栓和锚固地脚螺栓。

一般地脚螺栓和直角地脚螺栓是浇筑混凝土基础时,预埋在基础之中用以固定钢柱的。锤头螺栓是基础螺栓的一种特殊形式,一般在混凝土基础浇筑时将特制模箱(锚固板)预埋在基础内,用以固定钢柱。锚固地脚螺栓是在已成形的混凝土基础上经钻机制孔后,再浇筑固定的一种地脚螺栓。

（2）普通螺栓的施工要求

①连接要求

普通螺栓在连接时应符合下列要求：

a. 永久螺栓的螺栓头和螺母的下面应放置平垫圈。垫置在螺母下面的垫圈不应多于2个，垫置在螺栓头部下面的垫圈不应多于1个。

b. 螺栓头和螺母应与结构构件的表面及垫圈密贴。

c. 对于槽钢和工字钢翼缘之类倾斜面的螺栓连接，则应放置斜垫片垫平，以使螺母和螺栓的头部支承面垂直于螺杆，避免螺栓紧固时螺杆受到弯曲力。

d. 永久螺栓和锚固螺栓的螺母应根据施工图纸中的设计规定，采用有防松装置的螺母或弹簧垫圈。

e. 对于动荷载或重要部位的螺栓连接，应在螺母的下面按设计要求放置弹簧垫圈。

f. 各种螺栓连接，从螺母一侧伸出螺栓的长度应保持在不小于两个完整螺纹的长度。

②长度选择

连接螺栓的长度可按下式计算：

$$L = \delta + H + nh + C \tag{7-2}$$

式中：δ——连接板约束厚度，mm；

　　H——螺母的高度，mm；

　　h——垫圈的厚度，mm；

　　n——垫圈的个数，个；

　　C——螺杆的余长，5～10mm。

③紧固轴力

普通螺栓连接对螺栓紧固轴力没有要求，因此螺栓的紧固施工以操作者的手感及连接接头的外形控制为准。为了使连接接头中螺栓受力均匀，螺栓的紧固次序应从中间开始，对称向两边进行；对大型接头应采用复拧，即两次紧固方法，保证接头内各个螺栓能均匀受力。

普通螺栓连接螺栓紧固检验比较简单，一般采用锤击法。用质量为3kg的小锤，一手扶螺栓（或螺母）头，另一手用锤敲，要求螺栓头（螺母）不偏移、不颤动、不松动，锤声比较干脆，否则说明螺栓紧固质量不好，需要重新紧固施工。

2）高强度螺栓

（1）高强度螺栓的种类

高强度螺栓连接已经发展成为与焊接并举的钢结构主要连接形式之一，它具有受力性能好、耐疲劳、抗震性能好、连接刚度大、施工简便等优点，被广泛地应用在建筑钢结构和桥梁钢结构的工地连接中。

高强度螺栓连接按其受力状况，可分为摩擦型连接、摩擦-承压型连接、承压型连接和张拉型连接等几种类型，其中摩擦型连接是目前广泛采用的基本连接形式。

摩擦型连接接头处用高强度螺栓紧固，使连接板层夹紧，利用由此产生于连接板层之间接触面间的摩擦力来传递外荷载。高强度螺栓在连接接头中不受剪、只受拉，并由此给连接件之间施加了接触压力，这种连接应力传递圆滑，接头刚性好，通常所指的高强度螺栓连接，就是这

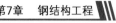

种摩擦型连接,其极限破坏状态即连接接头滑移。

承压型高强度螺栓连接接头,当外力超过摩擦阻力后,接头发生明显的滑移高强度螺栓杆与连接板孔壁接触并受力,这时外力靠连接接触面间的摩擦力、螺栓杆剪切及连接板孔壁承压三方共同传递,其极限破坏状态为螺栓剪断或连接板承压破坏,该种连接承载力高,可以利用螺栓和连接板的极限破坏强度,经济性能好,但连接变形大,可应用在非重要的构件连接中。

①高强度六角头螺栓

钢结构用高强度大六角头螺栓,分为8.8和10.9两种等级,一个连接副为一个螺栓、一个螺母和两个垫圈。高强度螺栓连接副应同批制造,保证扭矩系数稳定,同批连接副扭矩系数平均值为0.110~0.150,其扭矩系数标准偏应不大于0.010。

扭矩系数按下式计算:

$$K = \frac{M}{pd} \tag{7-3}$$

式中:K——扭矩系数;

d——高强度螺栓公称直径,mm;

M——施加扭矩,kN·m;

p——高强度螺栓预拉力,kN。

在确定螺栓的预拉力 P 时应根据设计预拉力值,一般考虑螺栓的施工预拉力损失10%,即螺栓施工预拉力 P 按1.1倍的设计预拉力取值,表7-4为大六角头高强度螺栓施工预拉力值。

高强度螺栓施工预拉力(kN)　　　　　　　　　　　　　表7-4

性能等级	螺栓公称直径(mm)						
	M12	M16	M20	M22	M24	M27	M30
8.8 级	45	75	120	150	170	225	275
10.9 级	60	110	170	210	250	320	390

②扭剪型高强度螺栓

钢结构用扭剪型高强度螺栓,一个螺栓连接副为一个螺栓、一个螺母和一个垫圈,它适用于摩擦型连接的钢结构。连接副紧固轴力见表7-5。

扭剪型高强度螺栓连接副紧固轴力(kN)　　　　　　　　表7-5

螺纹规格		M16	M20	M22	M24
每批紧固轴力的平均值	公称	109	170	211	245
	最小	99	154	191	222
	最大	120	186	231	270
紧固轴力标准偏差 σ		≤1.01	≤1.57	≤1.95	≤2.27

(2)高强度螺栓的施工机具

a.手动扭矩扳手

各种高强度螺栓在施工中以手动紧固时,都要使用示明扭矩值的扳手施拧,使达到高强度螺栓连接副规定的扭矩和剪力值。一般常用的手动扭矩扳手有指针式、音响式及扭剪型三种

（图7-11）。

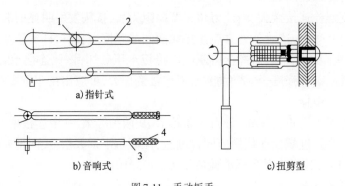

图 7-11　手动扳手

1-扳手;2-千分表;3-主刻度;4-副刻度

在头部设一个指示盘配合套筒头紧固六角螺栓,当给扭矩扳手预加扭矩施拧时,指示盘即示出扭矩值。

b. 音响式扭矩扳手

这是一种附加棘轮机构预调式的手动扭矩扳手,配合套筒可紧固各种直径的螺栓。音响扭矩扳手在手柄的根部带有力矩调整的主、副两个刻度,施拧前,可按需要调整预定的扭矩值。当施拧到预调的扭矩值时,便有明显的音响和手上的触感。这种扳手操作简单、效率高,适用于大规模的组装作业和检测螺栓紧固的扭矩值。

c. 扭剪型手动扳手

这是一种紧固扭剪型高强度螺栓使用的手动力矩扳手。配合扳手紧固螺栓的套筒,设有内套筒弹簧、内套筒和外套筒。这种扳手靠螺栓尾部的卡头得到紧固反力,使紧固的螺栓不会同时转动。内套筒可根据所紧固的扭剪型高强度螺栓直径而更换相适应的规格。紧固完毕后,扭剪型高强度螺栓卡头在颈部被剪断,所施加的扭矩可以视为合格。

d. 电动扳手

钢结构用高强度大六角头螺栓紧固时用的电动扳手有: NR-9000A, NR-12 和双重绝缘定扭矩、定转角电动扳手等,是拆卸和安装六角高强度螺栓机械化工具,可以自动控制扭矩和转角,适用于钢结构桥梁、厂房建设、化工、发电设备安装大六角头高强度螺栓施工的初拧、终拧和扭剪型高强度螺栓的初拧,以及对螺栓紧固件的扭矩或轴力有严格要求的场合。

7.3　钢结构预拼装

为了保证安装的顺利进行,应根据构件或结构的复杂程度、设计要求或合同协议规定,在构件出厂前进行预拼装。另外,由于受运输条件、现场安装条件等因素的限制,大型钢结构件不能整件出厂,必须分成两段或若干段出厂时,也要进行预拼装。

预拼装一般分为立体预拼装和平面预拼装两种形式,除管结构为立体预拼装外,其他结构一般均为平面预拼装。预拼装所用的支承凳或平台应测量找平,检查时应拆除全部临时固定架和拉紧装置,预拼装的构件应处于自由状态,不得强行固定。

预拼装时,构件与构件的连接形式为螺栓连接,其连接部位的所有节点连接板均应装上,除检查各部位尺寸外,还应用试孔器检查板叠孔的通过率,并应符合下列规定:当采用比公称直径小 1.0mm 的试孔器检查时,每组孔的通过率不应小于 85%;当采用比螺栓公称直径大 0.3mm 的试孔器检查时,通过率应为 100%。

节点的各部件在拆开之前必须予以编号,做出必要的标记。预拼装检验合格后,应在构件上标注上下定位中心线、高程基准线、交线中心点等必要标记,必要时焊上临时撑件和定位器等,以便于根据预拼装的状况进行最后安装。

思考题

1. 钢结构生产的一般流程是什么?

2. 钢结构构件放样和号料应注意哪些问题?

3. 钢材切割有哪几种方法?

4. 钢材弯制的冷加工和热加工分别适用于哪些场合?

5. 何为"剩余直边"? 剩余直边应如何处理?

6. 型钢弯曲可采用哪些方法?

7. 钻孔和冲孔有何特点? 分别适用哪种构件?

8. 试比较火焰矫正和机械矫正的特点。

9. 试述钢结构电弧焊接头的形式和适用性。

10. 电弧焊的主要工艺如何?

11. 焊接的质量检查主要有哪几方面?

12. 普通螺栓和高强度螺栓的工作机理有何区别?

13. 普通螺栓有哪些种类? 其紧固力如何控制?

14. 从受力状况分,高强度螺栓主要分为哪几类? 其形式有哪几种?

15. 高强度螺栓的扭矩系数如何确定?

16. 常用的扭矩扳手有哪几种?

17. 高强度大六角头螺栓和扭剪型高强度螺栓应如何区别?

18. 什么是扭矩法? 什么是转角法? 工艺上有何区别?

第8章 脚手架工程

脚手架是土木工程施工的重要设施,是为保证高处作业安全、顺利进行施工而搭设的工作平台或作业通道。在结构施工、装修施工和设备管道的安装施工中,都需要按照操作要求搭设脚手架。

我国脚手架工程的发展大致经历了三个阶段:第一阶段是新中国成立初期到20世纪60年代,脚手架主要利用竹、木材料;第二阶段是20世纪60年代末到20世纪70年代,钢管扣件式脚手架、各种钢制工具式里脚手架与竹木脚手架并存;20世纪80年代以后迄今,随着土木工程的发展,国内一些研究、设计、施工单位在从国外引入的新型脚手架基础上,经多年研究、应用,开发出一系列新型工具式脚手架,进入了多种脚手架并存的第三阶段。

脚手架的种类很多,按其搭设位置分为外脚手架和里脚手架两大类;按其构造形式分为多立杆式、框式、桥式、吊式、挂式、升降式以及用千层间操作的工具式脚手架。其所用材料有木、竹与金属材料,目前脚手架的发展趋势是采用金属制作的、具有多种功用的组合式脚手架,可以适用不同情况作业的要求。

对脚手架的基本要求是:其宽度应满足工人操作、材料堆置和运输的需要;坚固稳定;装拆简便;能多次周转使用。

8.1 扣件式钢管脚手架

扣件式钢管脚手架通过扣件将立杆、水平杆、剪刀撑、斜撑、扫地杆、连墙件以及脚手板等组成。其特点是可根据施工需要灵活布置;构配件品种少、利于施工操作;装卸方便,坚固耐用(图8-1)。

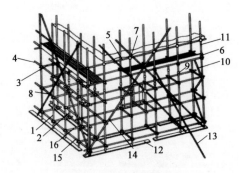

图8-1 扣件式钢管脚手架

1-外立杆;2-内立杆;3-横向水平杆;4-纵向水平杆;5-栏杆;6-挡脚板;7-直角扣件;8-旋转扣件;9-对接扣件;10-横向斜撑;
11-主立杆;12-垫板;13-斜撑;14-剪刀撑;15-纵向扫地杆;16-横向扫地杆

8.1.1 构配件

1）钢管

脚手架钢管宜采用外径48mm、壁厚3.5mm的焊接钢管，也可采用外径51mm，壁厚3.1mm的焊接钢管。用于横向水平杆的钢管最大长度不应大于2m；其他杆不应大于6.5m，每根钢管最大质量不应超过25kg，以便人工搬运。

2）扣件

扣件式钢管脚手架应采用锻铸铁铸造的扣件，其基本形式有三种（图8-2）：用于垂直交叉杆件间连接的直角扣件；用于平行或斜交杆件间连接的旋转扣件以及用于杆件对接连接的对接扣件。此外，根据抗滑要求增设的非连接用途的防滑扣件。扣件质量应符合有关的规定，当扣件螺栓拧紧力矩达65N·m时扣件不得发生破坏。

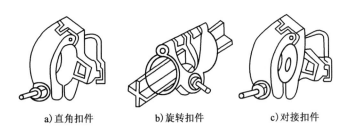

a）直角扣件   b）旋转扣件   c）对接扣件

图8-2 扣件形式

3）脚手板

脚手板可用钢、木、竹等材料制作，每块质量不宜大于30kg。冲压钢脚手板是常用的一种脚手板，一般用厚2mm的钢板压制而成，长度2～4m，宽度250mm，表面应有防滑措施。木脚手板可采用厚度不小于50mm的杉木板或松木制作，长度3～4m，宽度200～250mm，两端均应设镀锌钢丝箍两道，以防止木脚手板端部破坏。竹脚手板则应用毛竹或楠竹制成竹串片板及竹笆板。

4）连墙件

连墙件将立杆与主体结构连接在一起，可用钢管、扣件或预埋件组成刚性连墙件，也可采用钢筋作拉接筋的柔性连墙件。连墙件间距如表8-1所示。

表 8-1

连墙件布置的最大间距

脚手架高度（m）		竖向间距	水平间距	每根连墙件覆盖面积（m²）
双排	≤50	3h	3l_a	≤40
	>50	2h	3l_a	≤27
单排	≤24	3h	3l_a	≤40

注：h-步距；l_a-纵距。

5）底座

底座一般采用厚8mm、边长150～200mm的钢板作底板，上焊150mm高的钢管。底座形式有内插式和外套式两种（图8-3），内插式的外径D_1比立杆内径小2mm，外套式的内径D_2比立杆外径大2mm。

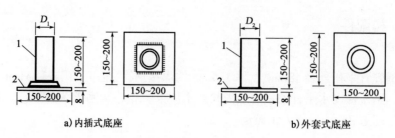

a) 内插式底座　　　　　　　　　　b) 外套式底座

图 8-3　扣件钢管架底座(尺寸单位:mm)

1-承插钢管;2-钢板底座

8.1.2　扣件式脚手架的设计

1) 设计荷载

作用于脚手架的荷载可分为永久荷载(恒荷载)与可变荷载(活荷载)。

永久荷载(恒荷载)包括脚手架结构自重(立杆、纵向水平杆、横向水平杆、剪刀撑、横向斜撑和扣件等);构、配件自重(脚手板、栏杆、挡脚板、安全网等);可变荷载(活荷载)包括施工荷载(作业层上的人员、器具和材料的自重)以及风荷载。

装修与结构脚手架作业层上的施工均布活荷载标准值,应按表 8-2 采用;其他用途脚手架的施工均布活荷载标准值,应根据实际情况确定。

施工均布活荷载标准值 表 8-2

类　　别	标准值(kN/m²)	类　　别	标准值(kN/m²)
装修脚手架	2	结构脚手架	3

注:均布活荷载标准值不应低于2kN/m²。

2) 荷载效应组合

设计脚手架的承重构件时,应根据使用过程中可能出现的荷载取其最不利组合进行计算,荷载效应组合宜按表 8-3 采用。

荷 载 效 应 组 合 表 8-3

计 算 项 目	荷载效应组合
纵向、横向水平杆强度变形	永久荷载 + 施工均布活荷载
脚手架立杆稳定	永久荷载 + 施工均布活荷载
	永久荷载 + 0.85(施工均布活荷载 + 风荷载)
连墙件承载力	单排架:风荷载 + 3.0kN
	双排架:风荷载 + 5.0kN

在基本风压等于或小于 0.3kN/m² 的地区,对于仅有栏杆和挡脚板的敞开式脚手架,当每个连墙点覆盖的面积不大于 30 m²,构造符合规定时,验算脚手架立杆的稳定性,可不考虑风荷载作用。

3) 基本设计规定

脚手架的承载能力应按概率极限状态设计法的要求,采用分项系数设计表达式进行设计。一般应进行下列设计计算:

（1）纵向、横向水平杆等受弯构件的强度和连接扣件的抗滑承载力计算。

（2）立杆的稳定性计算。

（3）连墙件的强度、稳定性和连接强度的计算。

（4）立杆地基承载力计算。

计算构件的强度、稳定性与连接强度时，应采用荷载效应基本组合的设计值。永久荷载分项系数应取 1.2，可变荷载分项系数应取 1.4。

脚手架中的受弯构件，尚应根据正常使用极限状态的要求验算变形。验算构件变形时，应采用荷载短期效应组合的设计值。

当纵向或横向水平杆的轴线对立杆轴线的偏心距不大于 55mm 时，立杆稳定性计算中可不考虑此偏心距的影响。50m 以下的常用敞开式单、双排脚手架，当采用规范规定的构造尺寸且符合构造规定时，其相应杆件可不再进行设计计算。但连墙件、立杆地基承载力等仍应根据实际荷载进行设计计算。

8.1.3　搭设要求

钢管扣件脚手架搭设中应注意地基平整坚实，设置底座和垫板，并有可靠的排水措施，防止积水浸泡地基。

根据连墙杆设置情况及荷载大小，常用敞开式双排脚手架立杆横距一般为 1.05 ~ 1.55m，砌筑脚手架步距一般为 1.20 ~ 1.35m，装饰或砌筑、装饰两用的脚手架步距一般为 1.80m，立杆纵距 1.2 ~ 2.0m，其允许搭设高度为 34 ~ 50m。当为单排设置时，立杆横距 1.2 ~ 1.4m，立杆纵距 1.5 ~ 2.0m，允许搭设高度为 24m。

纵向水平杆宜设置在立杆的内侧，其长度不宜小于 3 跨，纵向水平杆可采用对接扣件，也可采用搭接。如采用对接扣件力法，则对接扣件应交错布置；如采用搭接连接，搭接长度不应小于 1m，并应等间距设置 3 个旋转扣件固定。

脚手架主节点（即立杆、纵向水平杆、横向水平杆三杆紧靠的扣接点）处必须设置一根横向水平杆用直角扣件扣接且严禁拆除。主节点处两个直角扣件的中心距不应大于 150mm。在双排脚手架中，横向水平杆靠墙一端的外伸长度不应大于立杆横距的 0.4 倍，且不应大于 500mm；作业层上非主节点处的横向水平杆，宜根据支承脚手板的需要等间距设置，最大间距不应大于纵距的 1/2。

作业层脚手板应铺满、铺稳，离开墙面 120 ~ 150mm；狭长型脚手板，如冲压钢脚手板、木脚手板、竹串片脚手板等，应设置在三根横向水平杆上。当脚手板长度小于 2m 时，可采用两根横向水平杆支承，但应将脚手板两端与其可靠固定，严防倾翻。宽型的竹笆脚手板应按其主竹筋垂直于纵向水平杆方向铺设，且采用对接平铺，四个角应用镀锌钢丝固定在纵向水平杆上。

每根立杆底部应设置底座或垫板。脚手架必须设置纵、横向扫地杆。纵向扫地杆应采用直角扣件固定在距底座上皮不大于 200mm 处的立杆上。横向扫地杆亦应采用直角扣件固定在紧靠纵向扫地杆下方的立杆上。当立杆基础不在同一高度上时，必须将高处的纵向扫地杆向低处延长两跨与立杆固定，高低差不应大于 1m。靠边坡上方的立杆轴线到边坡的距离不应小于 500mm（图 8-4）。

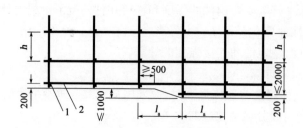

图8-4　纵、横向扫地杆构造扣件钢管架底座(尺寸单位:mm)

1-横向扫地杆;2-纵向扫地杆

脚手架底层步距不应大于2m。立杆必须用连墙件与建筑物可靠连接。立杆接长除顶层顶步外,其余各层接头必须采用对接扣件连接。如采用对接方式,则对接扣件应交错布置;当采用搭接方式,则搭接长度不应小于1m,应采用不少于2个旋转扣件固定,端部扣件盖板的边缘至杆端距离不应小于100mm。

连墙件的布置宜靠近主节点设置,偏离主节点的距离不应大于300mm;应从底层第一步纵向水平杆处开始设置;一字型、开口型脚手架的两端必须设置连墙件,这两种脚手架连墙件的垂直间距不应大于建筑物的层高,并不应大于4m(2步)。对高度24m以上的双排脚手架,必须采用刚性连墙件与建筑物可靠连接。

扣件式钢管外脚手架有单排脚手架和双排脚手架两种。

单排脚手架仅在脚手架外侧设一排立杆,其小横杆一端与大横杆连接,另一端搁置在墙上。单排脚手架节约材料,但稳定性较差,且在墙上留有脚手眼,搭设高度不宜超过20m,不宜用于厚度小于180mm的墙体、空斗砖墙、加气块墙等轻质墙体。

双排脚手架在脚手架的里外侧均设有立杆,稳定性好,搭设高度一般不超过50m,搭设的有关构造如图8-5所示。立杆横向间距为0.9~1.5m,纵向间距为1.4~2.0m;大横杆步距为1.5~1.8m,相邻步架的大横杆应错开布置在立杆的里侧和外侧,以减少立杆偏心受力;剪刀撑每隔12~15m设一道,斜杆与地面夹角为45°~60°;在铺脚手板的操作层上设两道护栏,上栏杆高度大于1.1m,下栏杆距脚手板面0.2~0.3m;连墙杆应设置在框架梁或楼板附近等具有较好抵抗水平力作用的结构部位,其垂直、水平间距不大于6m。

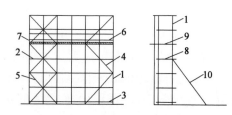

图8-5　扣件式钢管外脚手架

1-立杆;2-大横杆;3-扫地杆;4-斜撑;5-剪刀撑;6-栏杆;7-脚手板;8-小横杆;9-连墙杆;10-斜撑

8.2　碗扣式钢管脚手架

碗扣式钢管脚手架是一种杆件轴心相交(接)的承插锁固式钢管脚手架。采用带连接件的定型杆件,组装简便,具有比扣件式钢管脚手架更强的稳定性和承载能力。碗扣式钢管脚手架是一种多功能脚手架,可用于里脚手架和外脚手架。近年来发展较快,现已广泛应用于房屋、桥梁、涵洞、隧道、大坝等多种工程施工中。

碗扣接头是该脚手架系统的核心部件,它由上、下碗扣等组成,如图 8-6 所示。一个碗扣接头可同时连接 4 根横杆,可以相互垂直或偏转一定角度。

安装横杆时,先将上碗扣的缺口对准限位销,即可将上碗扣沿立杆向上移动,再把横杆接头插入下碗扣圆槽内,随后将上碗扣沿限位销滑下并顺时针旋转以扣紧横杆接头(可使用锤子敲击几下即可达到扣紧要求)。碗扣式接头的拼接完全避免了螺栓作业,大大提高了施工工效。

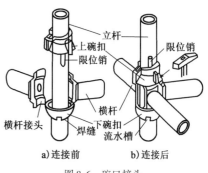

图 8-6　碗口接头

碗扣式钢管双排外脚手架搭设高度可达 90m,立杆横向间距 1.2m,纵向间距 1.2 ~ 2.4m,上下立杆通过内销管或外套管连接。在立杆上每隔 0.6m 安装了一套碗扣接头,步架高 1.8m,根据荷载情况,高度在 30m 以下的脚手架,设置斜杆的面积为整架立面面积的 1/5 ~ 1/2;高度超过 30m 的高层脚手架,设置斜杆的面积要不小于整架面积的 1/2。在拐角边缘及端部必须设置斜杆,中间则应均匀间隔布置。剪刀撑的设置应与碗扣式斜杆的设置相配合,一般高度在 30m 以下的脚手架,可每隔 4 ~ 6 跨设置一组沿全高连续搭设的剪刀撑,每道剪刀撑跨越 5 ~ 7 根立杆,设剪刀撑的跨内不再设碗扣式斜杆;对于高度在 30m 以上的高层脚手架,应沿脚手架外侧以及全高方向连续设置,两组剪刀撑之间用碗扣式斜杆,其设置如图 8-7 所示。

连墙撑是使脚手架与建筑物的墙体结构等牢固连接,加强脚手架抵御风荷载及其他水平荷载的能力,防止脚手架倒塌且增强稳定承载力的构件。有碗扣式连墙撑和扣件式连墙撑两种形式。碗扣式连墙撑可直接用碗扣接头同脚手架连在一起,受力性能好,如图 8-8 所示;扣件式连墙撑是用钢管和扣件同脚手架相连,位置可随意设置,使用方便。

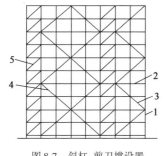

图 8-7　斜杠、剪刀撑设置
1-立杆;2-大横杆;3-斜撑;4-剪刀撑;5-斜杆

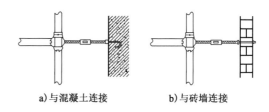

a)与混凝土连接　　b)与砖墙连接

图 8-8　碗口式连墙撑

8.3　门式脚手架

门式脚手架又称多功能门式脚手架,是目前国际上应用较为普遍的一种脚手架。它不仅可以作为外脚手架,还可以作为移动式里脚手架、满堂脚手架、垂直运输的井架和模板的支撑架。若在门架下部安装轮子,也可以作为机电安装、油漆粉刷、设备维修、广告制作等的活动工作平台。门式脚手架尺寸标准、结构合理、承载力高、装拆方便、安全可靠。

门式脚手架由门式框架(门架)、交叉支撑(剪刀撑)和水平梁架或挂扣式脚手板构成基本单元,如图 8-9 所示。基本单元通过连接棒、锁臂连接并增加底座、垫板,构成整片脚手架,如图 8-10 所示。

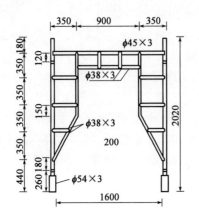

图 8-9　门式脚手架基本单元(尺寸单位:mm)

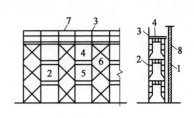

图 8-10　门式框架脚手架
1-墙;2-框架;3-栏杆立柱;4-脚手板;5-水平撑;6-剪刀撑;7-横杆;8-三脚架

门式脚手架的搭设顺序为:铺放垫木→安放底座→设立门架→安装剪刀撑→安装水平梁架→安装梯子→安装水平加固杆→安装连墙杆→逐层安装→安装交叉斜杆。

门式脚手架高度一般不超过 45m,每 5 层至少应假设水平架一道,垂直和水平方向每隔 4~6m 应设一个连墙杆,脚手架的转角应用钢管通过扣件紧扣在相邻两个门式框架上。

脚手架搭设后,应用水平加固杆(钢管)加强,通过扣件将水平加固杆扣在门式框架上,形成水平闭合圈。一般在 10 层框架以下,每 3 层设一道;在 10 层框架以上,每 5 层设一道。最高层顶端和最底层底部应各加设一道,同时还应设置交叉斜撑。

门式脚手架架设超过 10 层,应加设辅助支撑。高度方向每 8~11 层门式框架、宽度方向 5 个门式框架之间,应加设一组,使脚手架和墙体可靠连接。

8.4　升降式脚手架

扣件式钢管脚手架、碗扣式钢管脚手架及门式钢管脚手架一般都是沿结构外表面满搭的脚手架,在结构和装修工程施工中应用较为方便,但费料耗工,一次性投资大、工期也长。因此,近年来在高层建筑及筒仓、竖井、桥墩等施工中发展了多种形式的外挂脚手架,其中应用较为广泛的是升降式脚手架,包括自升降式、互升降式、整体升降式三种类型。

升降式脚手架主要特点是:脚手架不需满搭,只搭设满足施工操作及安全各项要求的高度;地面不需做支承脚手架的坚实地基,也不占施工场地;脚手架及其上承担的荷载传给与之相连的结构,对这部分结构的强度有一定要求;随施工进程,脚手架可随之沿外墙升降,结构施工时由下往上逐层提升,装修施工时由上往下逐层下降。

8.4.1　自升降式脚手架

自升降脚手架的升降运动是通过手动或电动倒链交替对活动架和固定架进行升降来实现的。从升降架的构造来看,活动架和固定架之间能够进行上下相对运动。当脚手架工作时,活动架和固定架均用附墙螺栓与墙体锚固,两架之间无相对运动;当脚手架需要升降时,活动架与固定架中的一个架子仍然锚固在墙体上,使用倒链对另一个架子进行升降,两架之间便产生相对运动。通过活动架和固定架交替附墙,互相升降,脚手架即可沿墙体上的预留孔逐层升降(图8-11)。

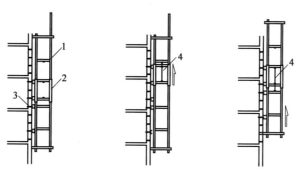

a)爬升前的位置　　b)活动架爬升(半个层高)　　c)固定架爬升(半个层高)

图8-11　自升降式脚手架爬升过程

1-活动架;2-固定架;3-附墙螺栓;4-倒链

施工前按照脚手架的平面布置图和升降架附墙支座的位置,在混凝土墙体上设置预留孔。为使升降顺利进行,预留孔中心必须在一直线上,并检查墙上预留孔位置是否正确,如有偏差,应预先修正。

脚手架的安装一般在起重机配合下按脚手架平面图进行。

爬升可分段进行,视设备、劳动力和施工进度而定,每个爬升过程提升1.5~2m。每个爬升过程分两步进行,即爬升活动架和爬升固定架。脚手架完成了一个爬升过程,重新设置上部连接杆,脚手架进入上面一个工作状态,以后按此循环操作,脚手架即可不断爬升,直至结构到顶。

在结构施工完成后,脚手架顺着墙体预留孔倒行,其操作顺序与爬升时相反,逐层下降,最后返回地面进行拆除。

8.4.2　互升降式脚手架

互升降式脚手架将脚手架分为甲、乙两种单元,通过倒链交替对甲、乙两单元进行升降。当脚手架需要工作时,甲单元与乙单元均用附墙螺栓与墙体锚固,两架之间无相对运动;当脚手架需要升降时,一个单元仍然锚固在墙体上,使用倒链对相邻一个架子进行升降,两架之间便产生相对运动(图8-12)。通过甲、乙两单元交替附墙,相互升降,脚手架即可沿着墙体上的预留孔逐层升降。互升降式脚手架的性能特点是:结构简单,易于操作控制;架子搭设高度低,用料省;操作人员不在被升降的架体上,增加了操作人员的安全性;脚手架结构刚度较大,附墙的跨度大。互升降式脚手架适用于框架剪力墙结构的高层建筑、水坝、筒体等施工。

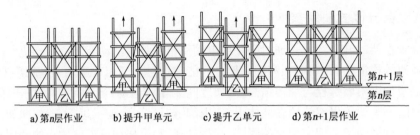

a) 第n层作业　　b) 提升甲单元　　c) 提升乙单元　　d) 第n+1层作业

图 8-12　互升降式脚手架爬升过程

互升降式脚手施工前的准备与自升降式类似。其组装可有两种方式:在地面组装好单元脚手架,再用塔吊吊装就位;或是在设计爬升位置搭设操作平台,在平台上逐层安装。

脚手架爬升前应进行全面检查,当确认组装工序都符合要求后方可进行爬升,提升到位后,应及时将架子同结构固定;然后,用同样的方法对与之相邻的单元脚手架进行爬升操作,待相邻的单元脚手架升至预定位置后,将两单元脚手架连接起来,并在两单元操作层之间锚设脚手板。

与爬升操作顺序相反,利用固定在墙体上的架子对相邻的单元脚手架进行下降操作,最后脚手架返回地面。

8.4.3　整体升降式脚手架

在超高层建筑的主体施工中,整体升降式脚手架有明显的优越性,它结构整体好、升降快捷方便、机械化程度高、经济效益显著,是一种很有推广使用价值的超高建(构)筑外脚手架,被建设部列入重点推广的 10 项新技术之一。

整体升降式外脚手架以电动倒链为提升机,使整个外脚手架沿建筑物外墙或柱整体向上爬升(图 8-13)。搭设高度依建筑物施工层的层高而定,一般取建筑物标准层 4 个层高加 1 步安全栏的高度为架体的总高度。脚手架为双排,宽以 0.8 ~ 1m 为宜,里排杆离建筑物净距 0.4 ~ 0.6m。脚手架的横杆和立杆间距都不宜超过 1.8m,可将 1 个标准层高分为 2 步架,以此步距为基数确定架体横、立杆的间距。

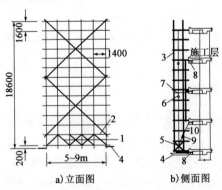

a) 立面图　　b) 侧面图

图 8-13　整体升降式脚手架(尺寸单位:mm)

1-底部桁架;2-剪刀撑;3-脚手架架体;4-承力梁;5-斜撑;6-电动倒链;7-挑梁;8-附墙螺栓;9-花篮螺栓;10-拉杆

架体设计时可将架子沿建筑物外围分成若干单元,每个单元的宽度参考建筑物的开间而定,一般为5~9m。

具体操作如下:

1)工前的准备

按平面图先确定承力架及电动倒链挑梁安装的位置和个数,在相应位置上的混凝土墙或梁内预埋螺栓或预留螺栓孔。各层的预留螺栓或预留孔位置要求上下相一致,误差不超过10mm。

加工制作型钢承力架、挑梁、斜空杆。准备电动倒链、钢丝绳、脚手管扣件、安全网、木板等材料。

因整体升降式脚手架的高度一般为4个施工层层高,在建筑物施工时,由于建筑物的最下几层层高往往与标准层不一致,且平面形状也往往与标准层不同,所以一般在建筑物主体施工到3~5层时开始安装整体脚手架。下面几层施工时往往要先搭设落地外脚手架。

2)安装

先安装承力架,承力架内侧用M25~M30的螺栓与混凝土边梁固定,承力架外侧用斜拉杆与上层边梁拉结固定,用斜拉杆中部的花篮螺栓将承力架调平;再在承力架上面搭设架子,安装承力架上的立杆,然后搭设下面的承力桁架。再逐步搭设整个架体,随搭随设置拉结点,并设斜撑,在比承力架高2层的位置安装工字钢挑梁,挑梁与混凝土边梁的连接方法与承力架相同。电动倒链挂在挑梁下,并将电动倒链的吊钩挂在承力架的花篮挑梁上。在架体上每个层高满铺厚木板,架体外向挂安全网。

3)爬升

短暂开动电动倒链,将电动倒链与承力架之间的吊链拉紧,使其处在初始受力状态,松开架体与建筑物的固定拉结点,松开承力架与建筑物相连的螺栓和斜拉杆,开动电动倒链开始爬升。爬升过程中应随时观察架子的同步情况,如发现不同步应及时停机进行调整。爬升到位后,先安装承力架与混凝土边梁的紧固螺栓,并将承力架的斜拉杆与上层边梁固定,然后安装架体上部与建筑物的各拉结点。待检查符合安全要求后,脚手架可开始使用,进行上一层的主体施工。在新一层主体施工期间,将电动倒链及其挑梁摘下,用滑轮或手动倒链转至上一层重新安装,为下一层爬升做准备。

4)下降

与爬升操作顺序相反,利用电动倒链顺着爬升用的墙体预留孔倒行,脚手架即可逐层下降,同时把留在墙面上的预留孔修补完毕,最后脚手架返回地面拆除。

另有一种液压提升整体式的脚手架-模板组合体系(图8-14),它通过设在建(构)筑内部的支承立柱及立柱顶部的平台框架,利用液压设备进行脚手架的升降,同时也可升降建筑的模板。

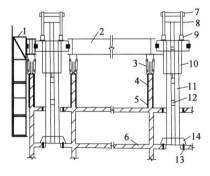

图8-14 液压整体提升大模板

1-吊脚手;2-平台桁架;3-手拉倒链;4-墙板;5-大模板;6-楼板;7-支承挑梁;8-提升支承杆;9-千斤顶;10-提升导向架;11-支承立柱;12-连接板;13-螺栓;14-底塞

8.5　里脚手架

常见的里脚手架构造形式有折叠式、支柱式和门架式等。

1) 折叠式里脚手架

角钢制成的折叠式里脚手架搭设间距不超过 2.0m(粉刷时不超过 2.5m),可搭设两步,第一步为 1m,第二步为 1.65m,如图 8-15 所示。此外,也可用钢管或钢筋制成折叠式里脚手架。

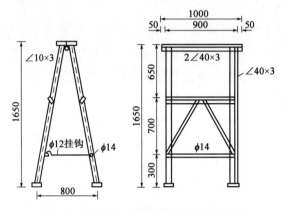

图 8-15　角钢折叠式里脚手架(尺寸单位:mm)

2) 支柱式里脚手架

支柱式里脚手架有由支柱和横杆组成,上铺脚手板。搭设间距:砌墙时不超过 2.0m,粉刷时不超过 2.5m。

如图 8-16 所示为套管式支柱里脚手架,由立管、插管等组成。搭设时插管插入立管中,以销孔间距调节高度。插管顶端的 U 形支托上可搁置方横杆以铺设脚手板。其搭设高度为1.57~2.17m。

如图 8-17 所示为承插式支柱里脚手架,其立管上焊有承插管,用于与横杆的销头插接。其搭设高度为 1.2m、1.6m、1.9m,当搭设第三步时要加销钉以保安全。

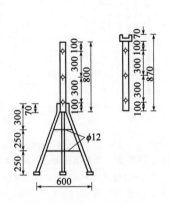

图 8-16　套管式支柱里脚手架(尺寸单位:mm)

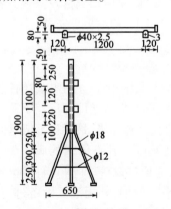

图 8-17　承插式钢管支柱里脚手架(尺寸单位:mm)

3)门架式里脚手架

门架式里脚手架由 A 形支架与门架组成,如图 8-18 所示。其架设高度为 1.5 ~ 2.4m,两片 A 形支架间距 2.2 ~ 2.5m。

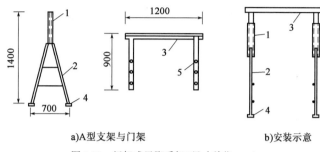

a)A型支架与门架　　　　　　b)安装示意

图 8-18　门架式里脚手架(尺寸单位:mm)
1-立管;2-支脚;3-门架;4-垫板;5-销孔

思考题

1. 扣件式钢管脚手架有哪些基本构件?

2. 附墙件有何作用? 其设置和构造有何要求?

3. 脚手架设计荷载如何确定?

4. 脚手架设计包括哪些主要内容?

5. 扣件式钢管脚手架和门式脚手架结构有何特点?

6. 碗扣式钢管脚手架和门式脚手架的结构有何特点?

7. 升降式脚手架有哪几类?

8. 试述自升降式脚手架和互升降式脚手架的提升原理。

第9章 结构安装工程

在现场或工厂预制的结构构件或构件组合,用起重机械在施工现场把它们吊起并安装在设计位置上,这样形成的结构叫装配式结构。结构吊装工程就是有效地完成装配式结构构件的吊装任务。

结构吊装工程是装配结构工程施工的主导工种工程,其施工特点如下:

(1)受预制构件的类型和质量影响大。预制构件的外形尺寸、埋件位置是否正确、强度是否达到要求以及预制构件类型的多少,都直接影响吊装进度和工程质量。

(2)正确选用起重机具是完成吊装任务的主导因素。构件的吊装方法,取决于所采用的起重机械。

(3)构件的应力状态变化多。构件在运输和吊装时,因吊点或支承点使用不同,其应力状态也会不一致,甚至完全相反,必要时应对构件进行吊装验算,并采取相应措施。

(4)高空作业多,容易发生事故,必须加强安全教育,并采取可靠措施。

9.1 起重机具

9.1.1 卷扬机

工程中常用的电动卷扬机按速度可分为快速(JJK)、慢速(JJM)和调速(JJT)3种。其中快速和调速卷扬机拉力为 5~50kN,钢丝绳额定速度为 30m/min,配合井字架、龙门架、滑轮组等完成垂直和水平运输及打桩作业。慢速卷扬机额定拉力为 30~200kN,钢丝绳额定速度为 7~21m/min,配以拔杆、人字架滑轮组等辅助设备,可用于安装作业、冷拉钢筋等。

卷扬机在使用中必须锚固可靠,以防止工作时产生滑移或倾覆。通常采用地锚固定,根据其受力大小,锚固方法有螺栓锚固法、立桩锚固法、水平锚固法和压重锚固法 4 种,如图 9-1 所示。

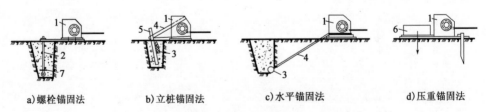

a)螺栓锚固法　　b)立桩锚固法　　c)水平锚固法　　d)压重锚固法

图 9-1　卷扬机固定方法
1-卷扬机;2-地脚螺栓;3-横木;4-拉索;5-木桩;6-压重;7-压板

9.1.2 钢丝绳和吊具

1) 钢丝绳

钢丝绳是起重机械中用于悬吊、牵引或捆缚重物的物件,它是由许多根直径为 0.4 ~ 2mm、抗拉强度为 1200 ~ 2200MPa 的钢丝按一定规则捻制而成。按照捻制方法不同,分为单绕、双绕和三绕。土木工程施工中常用的是双绕钢丝绳,它是由钢丝捻成股,再由多股围绕绳芯绕成绳。双绕钢丝绳按照捻制方向分为同向绕、交叉绕和混合绕三种(图9-2)。同向绕是钢丝捻成股的方向与股捻成绳的方向相同。这种绳的挠性好、表面光滑磨损小,但易松散和扭转,不宜用来悬吊重物。交叉绕是指钢丝捻成股的方向与股捻成绳的方向相反。这种绳不易松散和扭转,宜作起吊绳,但挠性差。混合绕指相邻的两股的钢丝绕向相反,性能介于两者之间,制造复杂,用得较少。

a)同向绕　　　　　b)交叉绕　　　　　c)混合绕

图 9-2　双绕钢丝绳的绕向

钢丝绳按每股钢丝数量的不同又可分为 6×19、6×37、6×61 三种。6×19 钢丝绳在绳的直径相同的情况下,钢丝粗,比较耐磨,但较硬,不易弯曲,一般用作缆风绳;6×37 钢丝绳比较柔软可用作穿滑轮组和吊索;6×6 钢丝绳质地软,主要用于重型起重机械中。

钢丝绳在选用时应考虑多根钢丝的受力不均匀性及其用途,钢丝绳的允许拉力 $[F_g]$ 按下式计算:

$$[F_g] = \frac{aF_g}{K} \tag{9-1}$$

式中:F_g——钢丝绳的钢丝破断拉力总和,kN;

a——换算系数(考虑钢丝受力不均匀性),见表9-1;

K——安全系数,见表9-2。

钢丝绳破断拉力换算系数　　　　　　　　　　　　　　表 9-1

钢丝绳结构	换算系数	钢丝绳结构	换算系数
6×19	0.85	6×61	0.8
6×31	0.82		

钢丝绳安全系数　　　　　　　　　　　　　　表 9-2

用　途	安全系数	用　途	安全系数
作缆风绳	3.5	作吊索(无弯曲)	6 ~ 7
用于手动起重设备	4.5	作捆绑吊索	8 ~ 10
用于电动起重设备	5 ~ 6	用于载人升降机	14

2) 吊具

吊具包括吊钩、钢丝绳卡扣(钢丝夹头)、卡环(卸甲)、吊索(千斤绳)、横吊梁等,是吊装时的重要工具。

吊钩有单钩和双钩两种。吊装时一般用单钩,双钩多用于桥式或塔式起重机上。

钢丝绳卡扣主要用来固定钢丝绳端。

卡环又称卸甲,主要用于吊索之间或吊索与构件吊环之间的连接,分为螺栓式卡环、椭圆销活络式卡环和弓形卡环三种,如图9-3所示。

吊索又称千斤绳,主要用于绑扎和起吊构件。根据形式不同,吊索分为环形吊索(万能索)和开口索,如图9-4所示。

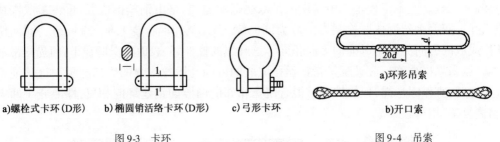

a)螺栓式卡环(D形)	b)椭圆销活络卡环(D形)	c)弓形卡环	a)环形吊索
			b)开口索

图9-3　卡环 　　　　　　　　　　　　　　　图9-4　吊索

横吊梁又称铁扁担,在吊装中可减小起吊高度,满足吊索水平夹角的要求,使构件保持垂直、平衡,便于安装。

9.1.3　锚碇

1)锚碇的种类

锚碇又叫地锚,是用来固定缆风绳和卷扬机的,它是保证系缆构件稳定的重要组成部分,一般有桩式锚碇和水平锚碇两种。

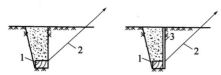

a)无板栅水平锚碇　　　b)有板栅水平锚碇

图9-5　水平锚碇

1-横梁;2-钢丝绳(或拉杆);3-板栅

桩式锚碇系用木桩或型钢打入土中而成。

水平锚碇可承受较大荷载,分无板栅水平锚碇和有板栅水平锚碇两种(图9-5)。

2)锚碇的设计

水平锚碇的计算内容:在垂直分力作用下锚碇的稳定性;在水平分力作用下侧向土壤的强度;锚碇横梁计算。

(1)锚碇的稳定性计算

锚碇的稳定性(图9-6),按下式计算:

$$\frac{G+T}{N} \geqslant K \tag{9-2}$$

式中:K——安全系数,一般取2;

N——锚碇所受荷载的垂直分力,$N = S\sin\alpha$,其中 S 为锚碇荷重;

G——土的重量,

$$G = \frac{b+b'}{2} Hl\gamma \tag{9-3}$$

其中:l——横梁长度;

γ——土的重度;

b——横梁宽度;

b'——有产压力区宽度,与土壤内摩擦角有关,即:

$$b' = b + H\tan\varphi_0 \tag{9-4}$$

其中:φ_0——土壤内摩擦角,松土取 $15° \sim 20°$,一般土取 $20° \sim 30°$,坚硬土取 $30° \sim 40°$;

H——锚碇埋置深度;

T——摩擦力,

$$T = fP$$

其中:f——摩擦系数,对无板栅水平锚碇取 0.5,对有板栅水平锚碇取 0.4;

P——S 的水平分力,$P = S\cos\alpha$。

(2)侧向土壤强度

对于无板栅锚碇:

$$[\sigma]\eta \geqslant \frac{P}{hl} \tag{9-5}$$

对于有板栅锚碇:

$$[\sigma]\eta \geqslant \frac{P}{(h+h_1)l} \tag{9-6}$$

式中:$[\sigma]$——深度 H 处的土的容许应力,可取:

$$[\sigma] = \gamma H\tan 2\left(45° + \frac{\varphi}{2}\right) + 2C\tan\left(45° + \frac{\varphi}{2}\right)$$

η——降低系数,可取 $0.5 \sim 0.7$。

(3)锚碇横梁计算

当使用一根吊索[图9-7a)],横梁为圆形截面时,可按单向弯曲的构件计算;横梁为矩形截面时,按双回弯曲构件计算。

当使用两根吊索的横梁,按偏心双向受压构件计算[图9-7b)]。

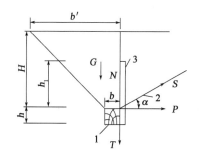

图 9-6 锚碇稳定性计算图式
1-横木;2-钢丝绳;3-板栅

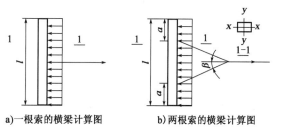

a)一根索的横梁计算图   b)两根索的横梁计算图

图 9-7 锚碇横梁计算

9.1.4 其他机具

1)滑轮组

滑轮组是由一定数量的定滑轮和动滑轮以及绕过它们的绳索组成。滑轮组具有省力和改变力的方向的功能,是起重机械的重要组成部分。滑轮组共同负担构件重量的绳索根数称为工作线数(图9-8)。通常滑轮组的名称以组成滑轮组的定滑轮和动滑轮的数目来表示,如由四个定滑轮和四个动滑轮组成的滑轮组称为四四滑轮组。

滑轮组钢丝绳跑头拉力 S,可按下式计算:

$$S = KQ \tag{9-7}$$

式中:S——跑头拉力;

$\quad\quad Q$——计算荷载;

$\quad\quad K$——滑轮组省力系数,

$$K = \frac{f^N(f-1)}{f''} \tag{9-8}$$

$\quad f$——单个滑轮的阻力系数。对青铜轴套轴承 $f=1.04$;对滚珠轴承 $f=1.02$;对无轴套轴承 $f=1.06$。

$\quad N$——变量,当钢丝绳从定滑轮绕出时,$N=n$;当钢丝绳从动滑轮绕出时,$N=n-1$。n 为工作线数。

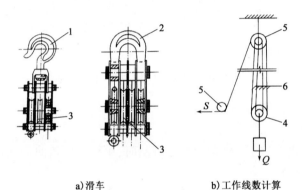

a)滑车　　　　　　　　b)工作线数计算

图9-8　滑轮组

1-开口吊钩;2-闭口吊环;3-滑轮;4-动滑轮;5-定滑轮;6-工作线数(本图中为 $n=4$)

起重机械所用的滑轮组通常都是青铜轴套。

2)横吊梁

横吊梁又称铁扁担,在吊装中可减小起吊高度,满足吊索水平夹角的要求,使构件保持垂直、平衡,便于安装。其有滑轮横吊梁(用于吊装重量小于80kN的柱)、钢板横吊梁(用于吊装重量100kN以下的柱)及钢管横吊梁(长6~12m,一般用于吊装屋架)三种形式,如图9-9~图9-11所示。

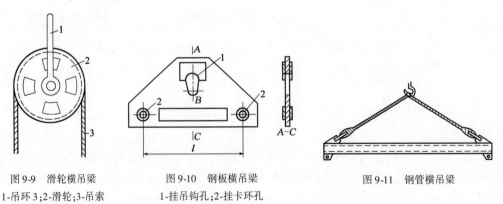

图9-9　滑轮横吊梁　　　　图9-10　钢板横吊梁　　　　图9-11　钢管横吊梁

1-吊环3;2-滑轮;3-吊索　　1-挂吊钩孔;2-挂卡环孔

9.2 起重机械

9.2.1 桅杆式起重机

桅杆式起重机又称拔杆或扒杆,主要由起重杆、缆风绳、锚碇、卷扬机、滑轮组等组成,分为独脚拔杆、人字拔杆、悬臂拔杆及牵缆式桅杆起重机等几种。桅杆式起重机是最简单的起重设备,起重杆一般用木材或钢材制作。

桅杆式起重机的优点:制作简单、装拆方便、起重量大、受施工场地限制小。特别是吊装大型构件而又缺少大型起重机械时,这类起重设备更显示其优越性。缺点:需设较多的缆风绳,灵活性差,移动困难,起重半径小,施工速度慢。因此,桅杆式起重机一般多用于构件较重、吊装工程比较集中、施工场地狭窄,而又缺乏其他合适的大型起重机械的情况。

1)独脚拔杆

独脚拔杆是由拔杆、起重滑轮组、卷扬机、缆风绳及锚碇等组成。使用时,独脚拔杆的拔杆倾角一般不大于10°,缆风绳常用6~12根,缆风绳与地面角为30°~45°,角度过大则对拔杆产生较大的压力。大型独脚拔杆的缆风绳需施加初拉力,其数值可按照吊装作业时缆风绳最大拉力的30%~50%(用拉力表测定)取定。

独脚拔杆按材料分为木独脚拔杆、钢管独脚拔杆及型钢格构式独脚拔杆3种。

2)人字拔杆

人字拔杆是由两根独脚拔杆在顶部相交成20°~30°夹角,用钢丝绳绑扎或铁件铰接交叉而成。人字拔杆底部设有拉杆或拉绳以平衡水平推力,拔杆下端两脚的距离为高度的1/3~1/2。缆风绳的数量根据拔杆的起重量和起重高度决定,一般不少于5根,如图9-12所示。

人字拔杆起重量大,侧向稳定性比独脚拔杆好,所用缆风绳数量少,但构件起吊后活动范围小,适用于吊装重型构件或作为辅助设备吊装厂房屋盖体系上的轻型构件。

3)悬臂拔杆

悬臂拔杆是在独脚拔杆中部或2/3高度处装一根起重臂而成,如图9-13所示。起重臂可以回转(左右摆动120°~270°)和起伏,可以固定在某一位置,也可以根据需要沿杆升降。

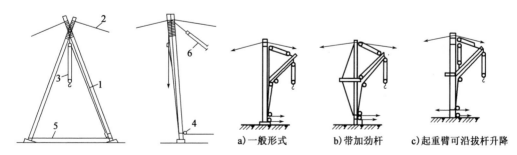

图9-12 人字拔杆
1-圆木或钢管;2-缆风绳;3-起重滑车组;
4-导向滑车;5-拉索;6-主缆风绳

图9-13 悬臂拔杆
a)一般形式 b)带加劲杆 c)起重臂可沿拔杆升降

悬臂拔杆的优点是起重高度和起重工作范围较大,使用方便;但由于起重臂铰接在悬臂拔杆的中上部,起重时将会对拔杆产生较大的弯矩,故起重量较小,适用于吊装屋面板、檩条等轻型构件。

4)牵缆式桅杆起重机

牵缆式桅杆起重机是在独脚拔杆下端装上一根可以回转和起伏的吊杆而成,如图9-14所示。牵缆式桅杆起重机的起重臂可以起伏,机身可回转360°,可以在起重半径范围内把构件吊到任何位置。

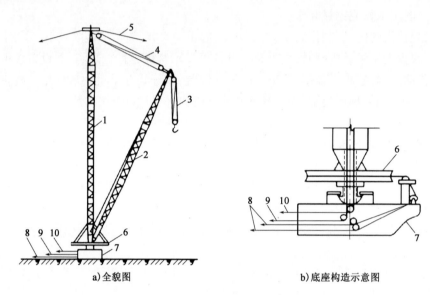

a)全貌图　　　　　　　　　　　　　b)底座构造示意图

图9-14　牵缆式桅杆起重机

1-拔杆;2-起重臂;3-起重滑轮组;4-变幅滑轮组;5-缆风绳;6-回转盘;7-底座;8-回转索;9-起重索;10-变幅索

起重量在50kN以下的牵缆式桅杆起重机,大多用圆木做成;用于吊装小构件且起重量在100kN左右的牵缆式桅杆起重机,大多用无缝钢管做成,桅杆高度可达25m,多用于一般工业厂房的结构安装。大型牵缆式桅杆起重机,起重量可达600kN,桅杆高度可达80m,桅杆和吊杆都是用角钢组成的格构式截面,可用于重型工业厂房结构安装或高炉安装。

牵缆式桅杆起重机的优点是具有较大的起重量和起重工作范围,灵活性好。缺点是需要设置较多的缆风绳,一般至少6根。

9.2.2　履带式起重机

履带式起重机是一种具有履带行走装置的转臂起重机。其起重量和起重高度较大,常用的起重量为100~500kN,目前最大起重量达3000kN,最大起重高度达135m。由于履带接地面积大,起重机能在较差的地面上行驶和工作可负载移动,并可原地回转,故多用于单层工业厂房及旱地桥梁等结构吊装。但其自重大,行走速度慢,远距离转移时需要其他车辆运载。

履带式起重机主要由底盘、机身及起重吊三部分组成(图9-15)。土木工程中常用的履带式起重机主要有W_1-50型、W_1-100型、W_1-200型等。

履带式起重机的主要技术参数有三个,即起重量Q、起重高度H和起重半径R。如图9-16

所示为W_1-100型起重机的工作性能曲线,可见起重量、起重高度和回转半径的大小与起重臂长度均相互有关。当起重臂长度一定时,随着仰角的增大,起重量和起重高度增加,而回转半径减小;当起重臂长度增加时,起重半径和起重高度增加,而起重量减小。

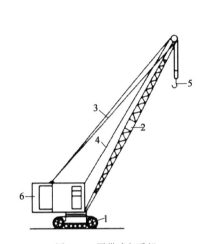

图 9-15 履带式起重机

1-履带;2-起重;3-起落起重臂钢丝绳;4-起落吊钩钢丝绳;5-吊钩;6-机身

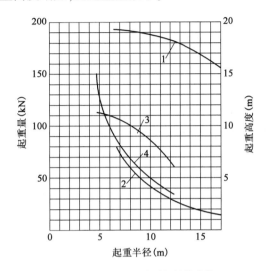

图 9-16 W_1-100 型起重机性能曲线

1-起重臂长 23m 时 H-R 曲线;2-起重臂长 23m 时 Q-R 曲线;
3-起重臂长 13m 时 H-R 曲线;4-起重臂长 13m 时 Q-R 曲线

9.2.3 汽车起重机

汽车起重机是一种将起重作业部分安装在汽车通用或专用底盘上,具有载重汽车行驶性能的轮式起重机。根据吊臂结构可分为定长臂、接长臂、伸缩臂三种,前两种多采用框架结构臂,后一种采用箱形结构臂。根据动力传动,又可分为机械传动、液压传动及电力传动三种。因其机动灵活性好,能够迅速转移场地,广泛用于土木工程,现在普遍使用的汽车起重机多为液压伸缩臂汽车起重机,液压伸缩臂一般有 2～4 节,最下(最外)一节为基本臂,吊臂内装有液压伸缩机构控制其伸缩。

如图 9-17 所示为 QY-8 型汽车起重机的外形示意图。汽车起重机是将起重机安装在汽车底盘上的一种起重运输设备,由于具有机动灵活、能以较快速度行走的作业特点,因此成为建筑行业常用的工程机械之一。汽车起重机主要由行驶部分及作业部分两部分组成,其中作业部分又包括变幅机构、伸缩机构、起升机构、回转机构和支腿机构。

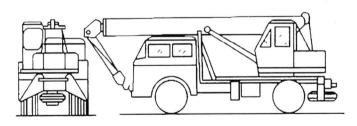

图 9-17 QY-8 型起重机

汽车起重机作业时必须先打支腿以增大机械的支承面积,保证必要的稳定性。因此,汽车起重机不能负荷行驶。

汽车起重机的主要技术性能有最大起重量、整机质量、吊臂全伸长度、吊臂全缩长度、最大起升高度、最小工作半径、起升速度、最大行驶速度等。

9.2.4 塔式起重机

塔式起重机是一种塔身直立、起重臂安在塔身顶部且可作360°回转的起重机,一般具有较大的起重高度和工作幅度,其工作速度快、作业效率高,广泛用于多层和高层民用建筑、多层工业厂房及其他适宜场合的吊装作业。

塔式起重机按有无行走机构可分为固定式和移动式两种。固定式塔式起重机固定在地面上或建筑物上,不能移动。移动式塔式起重机设有行走装置,按其行走装置又可分为履带式、汽车式、轮胎式和轨道式四种。

塔式起重机按回转形式可分为上回转(塔顶)式和下回转(塔身)式两种。下回转式重心低,结构简单,但操作人员视线差,用于600kN·m以下的中小型塔机。

塔式起重机按变幅方式可分为水平臂架小车变幅和动臂变幅两种。小车变幅使用方便,应用广泛。

塔式起重机按安装形式可分为自升式、整体快速拆装及拼装式三种。拼装式因拆装工作量大将逐渐被淘汰。

塔式起重机按其功能特点可分为轨道式、爬升式及附着式三种。

塔式起重机按照起重能力可分为轻型(5～30kN)、中型(30～150kN)及重型(150～400kN)。

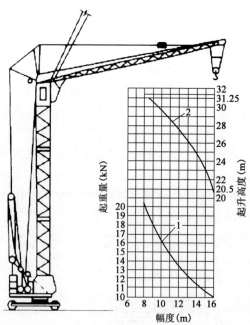

图9-18 QT-20型塔式起重机
1-幅度-起升高度曲线;2-幅度-起重量曲线

1)轨道式塔式起重机

轨道式塔式起重机能在直线或曲线轨道上行走,并能负荷行走,能同时完成垂直和水平运输,生产效率高,使用安全。可通过增减塔身调节起重高度,灵活性好。安装时需要铺设轨道,装拆、转移费工费时,因而台班费用较高。

常用的轨道式塔式起重机型号有QT1-2型、QT1-6型、QT-60/80型、QT-20型等,具体设备构造及起重参数见机械手册或设备说明书。QT-20型塔式起重机如图9-18所示。

2)爬升式塔式起重机

爬升式起重机系安装在建筑物内部的电梯井或特设开间的结构上,借助爬升机构随建筑物的升高而向上爬升的起重机械,由底座套架、塔身、塔顶、行车式起重臂、平衡臂等部分组成(图9-19)。一般每施工1～2层爬升一次。

起重机一次爬升操作过程如图9-20所示。

先用起重钩将套架提升到一个塔位予以固定,然后松开塔身底座梁与建筑物之间的连接螺栓,收回支腿,将塔身提升至需要位置,最后旋出支腿,拧紧连接螺栓,即可进行安装作业。

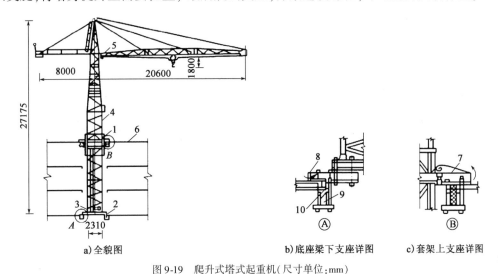

a)全貌图　　　　　b)底座梁下支座详图　　c)套架上支座详图

图9-19　爬升式塔式起重机(尺寸单位:mm)
1-套架;2-底座梁;3-提升滑轮组;4-塔身;5-吊杆;6-建筑框架;7-上支座;8-下支座;9-框架梁;10-V形箱

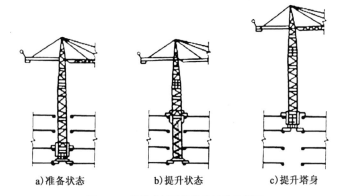

a)准备状态　　　　b)提升状态　　　　c)提升塔身

图9-20　爬升式起重机爬升过程示意图

爬升式塔式起重机的优点是机身体积小,质量小,安装简单,不需要铺设轨道,不占用施工场地;缺点是塔基作用于楼层,建筑结构需进行相对加固,拆卸时需在屋面架设辅助起重设备。适用于施工现场狭窄的高层框架结构的施工。

3)附着式塔式起重机

附着式塔式起重机是固定在靠近建筑物埋设的钢筋混凝土基础上的自升式塔式起重机(图9-21)。随建筑物的升高,利用液压自升系统逐步将塔顶顶升、接高塔身。为了保证塔身的稳定,从30~40m高度开始,每隔一定高度(20m左右)将塔身与建筑物用锚固装置水平联结起来,使起重机依附在建筑物上。锚固装置由套装在塔身上的锚固环、附着杆及固定在建筑结构上的锚固支座构成。附着式塔式起重机适用于一般高层建筑施工。

4)其他形式的起重机

(1)龙门架(龙门扒杆、龙门吊机)

龙门架是一种最常用的垂直起吊设备。在龙门架顶横梁上设置行车时,可横向运输重物、构件;在龙门架两腿下缘设有滚轮并置于铁轨上时,可在轨道上纵向运输,如在两腿下设能转向的滚轮时,可进行任何方向的水平运输。龙门架通常设于构件预制场吊移构件;或设在桥墩顶、墩旁安装大梁构件。常用的龙门架种类有钢木混合构造龙门架、拐脚龙门架和装配式钢桥桁节(贝雷)拼制的龙门架。如图 9-22 所示是利用公路装配式钢梁桁架节(贝雷)拼制的龙门架示例。

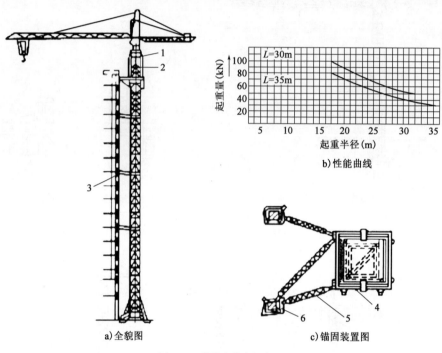

b)性能曲线

c)锚固装置图

a)全貌图

图 9-21 附着式塔式起重机

1-液压千斤顶;2-顶升套架;3-锚固装置;4-塔身套箱;5-撑杆;6-套箱

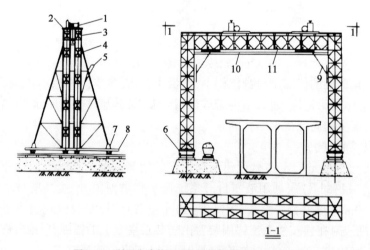

1-1

图 9-22 利用公路装配式钢梁桁架节拼制的龙门架

1-单筒慢速卷扬机;2-行道板;3-枕木;4-贝雷桁片;5-枕木;6-端桩;7-底梁;8-轨道平车;9-角撑;10-加强吊杆;11-单轨

（2）浮吊

在通航河流上建桥,浮吊船是重要的工作船。常用的浮吊有铁驳轮船浮吊和用木船、型钢及人字扒杆等拼成的简易浮吊。我国目前使用的最大浮吊船的起重量已达 5000kN。

通常简单浮吊可以利用两只民用木船组拼而成,用木料加固底舱,舱面上安装型钢组成的底板构架,上铺木板,其上安装人字扒杆制成。起重动力可使用双筒电动卷扬机一台,安装在门船后部中线上。制作人字扒杆的材料可用钢管或圆木,并用两根钢丝绳分别固定在民船尾端两舷旁钢构件上。吊物平面位置的变动由门船移动来调节,另外还需配备电动卷扬机绞车、钢丝绳、锚链、地锚作为移动及固定船位用。

(3)缆索起重机

缆索起重机适用于高差较大的垂直吊装和架空纵向运输,吊运量从数十吨至数百吨,纵向运距从几十米至几百米不等。

缆索起重机是由主索、天线滑车、起重索、牵引索、起重及牵引绞车、主索地锚、塔架、风缆、主索平衡滑轮、电动卷扬机、手摇绞车、链滑车及各种滑轮等部件组成。在吊装拱桥时,缆索吊装系统除了上述各部件外,还有扣索、扣索排架、扣索地锚、扣索绞车等部件。其布置方式参见图 9-23。

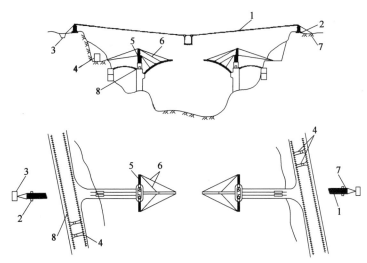

图 9-23　缆索吊装布置示例

1-主索;2-主索塔架;3-地锚;4-构件运输龙门架;5-缆风架;6-扣索;7-主索收紧装置;8-龙门架轨道

9.3　构件吊装工艺

9.3.1　预制构件的制作、运输和堆放

1)构件的制作和运输

预制构件如柱、屋架、梁、桥面板等一般在现场预制或工厂预制。在许可的条件下,预制时尽可能采用叠浇法,重叠层数由地基承载能力和施工条件确定,一般不超过 4 层,上下层间应做好隔离层,上层构件的浇筑应等到下层构件混凝土达到设计强度的 30% 以后才可进行,整个预制场地应平整夯实,不可因受荷、浸水而产生不均匀沉陷。

工厂预制的构件需在吊装前运至工地,构件运输宜选用载重量较大的载重汽车和半拖式或全拖式的平板拖车,将构件接运到工地构件堆放处,对构件运输时的混凝土强度要求是,如设计无规定时,不应低于设计的混凝土强度标准值的75%。在运输过程中构件的支承位置和方法,应根据设计的吊(垫)点设置,不应引起超应力和使构件损伤,叠放运输构件之间必须用隔板或垫木隔开。上、下垫木应保持垂直且在一条线上,支垫数量要符合设计要求以免构件受折;运输道路要有足够的宽度和转弯半径。如图9-24所示为构件运输示意图。

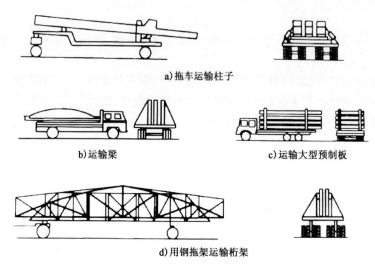

a)拖车运输柱子

b)运输梁

c)运输大型预制板

d)用钢拖架运输桁架

图9-24 构件的运输

2)吊装前的构件堆放

预制构件的堆放应考虑便于吊升及吊升后的就位,特别是大型构件,如房屋建筑中的柱、屋架、桥梁工程中的箱梁桥面板等,应做好构件堆放的布置图,以便一次吊升就位,减少起重设备负荷开行。对于小型构件,则可考虑布置在大型构件之间,也应以便于吊装、减少一次搬运为原则。但小型构件常采用随吊随运的方法,以便减少对施工场地的占用。

9.3.2 构件的绑扎

预制构件的绑扎和吊升对于不同构件各有特点和要求,现就单层工业厂房预制柱和钢筋混凝土屋架的绑扎和吊升进行阐明,其他构件的施工方法与此类似。

1)柱的绑扎

柱身绑扎点和绑扎位置,要保证柱身在吊装过程中受力合理,不发生变形和裂断。一般中、小型柱绑扎一点,重型柱或配筋少而细的长柱绑扎两点或两点以上,以减少柱的吊装弯矩。必要时需经吊装应力和裂缝控制计算后确定。一点绑扎时,绑扎位置一般由设计确定。

按柱吊起后柱片是否能保持垂直状念,分为斜吊法和直吊法。相应的绑扎方法为:斜吊绑扎法(图9-25),它对起重杆要求较低,用于柱的宽曲抗弯能力满足吊装要求时,此法无须将预制柱翻身,但因起吊后柱身与杯底不垂直,对线就位较难;直吊绑扎法(图9-26)适用于柱宽且抗弯能力不足的情况,必须将预制柱翻身后窄面向上,以增大刚度,再绑扎起吊,此法因吊索需跨过柱顶,需要较长的起重杆。

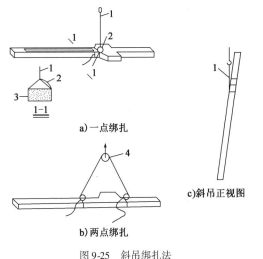

图9-25　斜吊绑扎法

1-吊索;2-椭圆销卡环;3-柱子;4-滑车

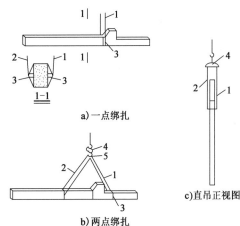

图9-26　直吊绑扎法

1-第一支吊索;2-第二支吊索;3-活络卡环;4-铁扁担;
5-滑车

2)屋架的绑扎

屋架的绑扎点应选在上弦节点处,左右对称,绑扎吊索的合力作用点应高于屋架重心,以免屋架起吊后晃动和倾翻。扶直屋架时,吊索与水平线的夹角不宜小于60°,吊装时不宜小于45°,以免屋架承受过大的横向压力。必要时,为了减小绑扎高度及所受横向压力可采用横吊梁。吊点的数目及位置与屋架的形式和跨度有关,一般应经吊装验算确定,如图9-27所示。

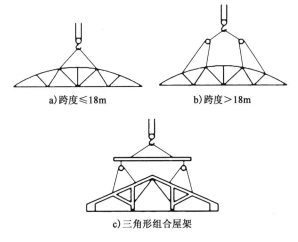

a)跨度≤18m　　　b)跨度＞18m

c)三角形组合屋架

图9-27　屋架的绑扎方法

9.3.3　柱的吊升

柱的起吊方法,按柱在吊升过程中柱身运动的特点分为旋转法和滑行法,按采用起重机的数量,有单机起吊和双机起吊之分。常用的单机起吊工艺如下:

1）旋转法

起重机边起钩、边旋转，使柱身绕柱脚旋转而逐渐吊起的方法称为旋转法。其要点是保持柱脚位置不动，并使柱的吊点、柱脚中心和杯口中心三点共圆。其特点是柱吊升中所受振动较小，但构件布置要求高，占地较大，对起重机的机动性要求高，要求能同时进行起升与回转两个动作。一般常采用自行式起重机（图9-28）。

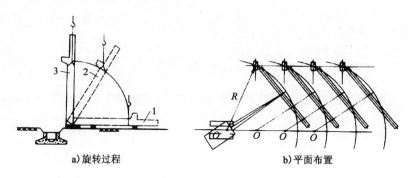

a) 旋转过程　　　　　　b) 平面布置

图9-28　旋转法吊柱
1-柱子平卧时；2-起吊中途；3-自立；O-起重机（停机）旋转中心点

2）滑行法

起吊时起重机不旋转，只起升吊钩，使柱脚在吊钩上升过程中沿着地面逐渐向吊钩位置滑行，直到柱身自立的方法称为滑行法。其要点是柱的吊点要布置在杯口旁，并与杯口中心两点共圆弧。其特点是起重机只需起升吊钩即可将柱身直，然后稍微转动吊杆，即可将柱子吊装就位，构件布置方便、占地小，对起重机性能要求较低，但滑行过程中柱子受振动。故通常在起重机及场地受限时才采用此法（图9-29）。

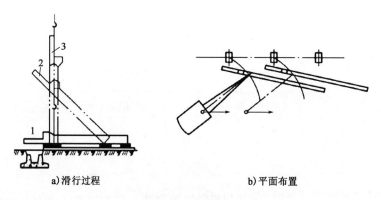

a) 滑行过程　　　　　　b) 平面布置

图9-29　滑行法吊柱
1-柱子平卧时；2-起吊中途；3-自立

9.3.4　构件的对位和临时固定

1）柱的对位和临时固定

混凝土柱脚插入杯口后，使杆的安装中心线对准杯口的安装中心线，然后将柱四周八只楔子打入以临时固定，吊装重型、细长柱时，除采用以上措施进行临时固定外，必要时，增设缆风绳拉锚。

钢柱吊装时,首先进行试吊,吊起离地100～200mm高度时,检查索具和吊车情况后,再进行正式吊装。调整柱底板位于安装基础时,吊车应缓慢下降,当柱底距离基础位置40～100mm时,调整柱底与基础两个方向轴线,对准位置后再下降就位,并拧紧全部基础螺栓螺母,钢柱就位示意图如图9-30所示。

2)桁架的就位和临时固定

桁架类构件一般高度大、宽度小,受力平面外刚度很小,就位后易倾倒。因此桁架就位关键是使桁架端头两个方向的轴线与柱顶轴线重合后,及时进行临时固定。

第一榀桁架的临时固定必须可靠,因为它是单片结构,侧向稳定性差;同时,它是第二榀桁架的支撑,所以必须做好临时固定。一般采用四根缆风绳从两边把桁架拉牢。其他各榀桁架可用屋架矫正器(工具式支撑)临时固定在前面一榀桁架上。图9-31是一屋架的临时固定示意图。

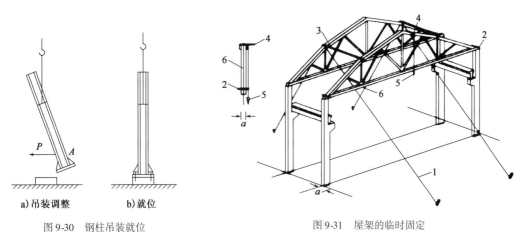

图9-30　钢柱吊装就位　　　　　　　　　　　图9-31　屋架的临时固定

a)吊装调整　　b)就位　　　　　　　　　　1-缆风绳;2、4-挂线木尺;3-屋架校正器;5-线锤;6-屋架

3)梁的就位和临时固定

梁在就位前应先进行纵横轴线和梁的跨距复核,按梁和支座的安装中心线对位,并进行临时固定。

9.3.5　构件的校正和最后固定

1)柱的校正和最后固定

柱的校正包括平面定位轴线、高程和垂直度的校正。柱平面定位轴线在临时固定前进行对位时已校正好。混凝土柱高程则在柱吊装前调整基础杯底的高程予以控制,在施工验收规范允许的范围以内进行校正。钢柱则通过在柱子基础表面浇筑高程块(图9-32)的方法进行校正。高程块用无收缩砂浆立模浇筑,强度不低于30N/mm²,其上埋设厚16～20mm的钢面板。而垂直度的校正可用经纬仪的观测和钢管校正器或螺旋千斤顶(柱较重时)进行校订,如图9-33、图9-34所示。

校正完成后应及时固定。待混凝土柱校正完毕即在柱底部四周与基础杯口的空隙之间浇筑细石混凝土,捣固密实,使柱的底脚完全嵌固在基础内作为最后固定。浇筑工作分两次进行,第一次浇至楔块底面,待混凝土强度达到25%设计强度后,拔去楔块,再第二次灌注混凝土至杯口顶面。

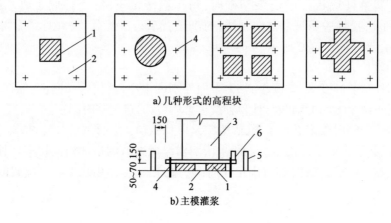

a) 几种形式的高程块

b) 主模灌浆

图 9-32 钢柱高程块的设置(尺寸单位:mm)
1-高程块;2-基础表面;3-钢柱;4-地脚螺栓;5-模板;6-灌口

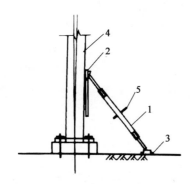

图 9-33 钢管撑杆校正法
1-校正器;2-摩擦板;3-底板;4-钢柱;5-转动手柄

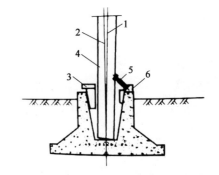

图 9-34 千斤顶斜顶法
1-柱中线;2-铅垂线;3-楔块;4-柱;5-千斤顶;6-卡座

钢柱校正后即将锚固螺栓固定,并进行钢柱柱底灌浆。灌浆前,应在钢柱底板四周立模板,用水清洗基础表面,排除积水。灌注砂浆应能自由流动,灌浆从一边进行连续灌注,灌注后用湿草包等覆盖养护。

2)桁架的校正与最后固定

桁架主要校正垂直偏差。如建筑工程的有关规范规定,屋架上弦(在跨中)通过两个支座中心的垂直面偏差不得大于$h/250$(h为屋架高度)。检查时,可用线锤或经纬仪。下面以屋架为例说明桁架的校正方法(图9-35)。用经纬仪检查时,将仪器安置在被检查屋架的跨外,距柱横轴线为a,然后观测屋架上弦所挑出的三个挂线木卡尺上的标志(一个安装在屋架上弦中央,另外两个分别安装在屋架上弦两端,标志距屋架上弦轴线均为a)是否在同一垂直面上。如偏差超出规定数值,则转动屋架校正器上的螺栓进行校正,并在屋架端部支承面垫入薄钢片。校正无误后,立即用电焊焊牢作为最后固定,电焊时应在屋架两端的不同侧同时施焊,以防因焊缝收缩导致屋架倾斜。其他形式的桁架校正方法与此类似。

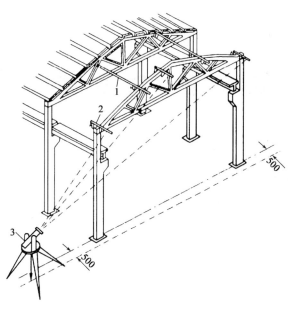

图9-35　用经纬仪检查校正屋架的垂直度(尺寸单位:mm)
1-上弦中央标志;2-上弦两端标志;3-经纬仪

思考题

1. 结构安装工程具有哪些特点?

2. 自行杆式起重机有哪几种类型? 各有何特点?

3. 试述履带式起重机的主要技术参数及其相互关系,如何使用起重机的特性曲线及性能表?

4. 塔式起重机有哪几种类型? 试述其特点及适用范围。

5. 试述构件的吊装工艺要点。

6. 试述柱子斜吊绑扎法和直吊绑扎法的特点。

7. 旋转法和滑行法起吊柱子的布置要求和起重设备操作要求有哪些?

8. 如何对柱进行固定和校正?

9. 屋架的正向扶直和斜向扶直的要点是什么?

10. 试比较分件吊装和综合吊装的优缺点。

11. 试述起重机型号选择的方法。

12. 起重机布置形式有哪些? 各适用于哪种情况?

第10章 防 水 工 程

在土木工程中防水分为地下防水和屋面防水两部分。防水工程质量的优劣,不仅关系到建筑物或构筑物的使用寿命,而且直接关系到它们的使用功能。影响防水工程质量的因素有设计的合理性、防水材料的选择、施工工艺及施工质量、保养与维修管理等。其中,防水工程的施工质量是关键因素。

10.1 地下防水工程

10.1.1 防水混凝土

地下建筑埋置在土中,皆不同程度地受到地下水或土体中水分的作用。一方面,地下水对地下建筑有着渗透作用,而且地下建筑埋置越深,渗透水压就越大;另一方面,地下水中的化学成分复杂,有时会对地下建筑造成一定的腐蚀和破坏作用。因此地下建筑应选择合理有效的防水措施,以确保地下建筑的安全耐久和正常使用。

地下建筑防水工程中采用的防水方案可以是结构自防水。

结构自防水是以调整结构混凝土的配合比或掺外加剂的方法来提高混凝土的密实度、抗渗性、抗蚀性,满足设计对地下建筑的抗渗要求,达到防水的目的。其具有施工简便、工期短、造价低,耐久性好等优点,是目前地下建筑防水工程的一种主要方法。

1)普通结构自防水混凝土

防水泥凝土是通过控制材料选择混凝土拌制、浇筑、振捣的施工质量以减少混凝土内部的空隙和消除空隙间的连通,最后达到防水要求。

(1)原材料

水泥品种应按设计要求选用,其强度等级不应低于 32.5 级,不得使用过期或受潮结块水泥。要求水泥抗水性好、泌水小、水化热低,并具有一定的抗腐蚀性。

细集料要求颗粒均匀、圆滑、质地坚实,含泥量不得大于 3%,中粗砂,泥块含量不得大于 1%。砂的粗细颗粒级配适宜,平均粒径在 0.4mm 左右。

粗集料要求组织密实、形状整齐,含泥量不得大于 1%。颗粒的自然级配适宜,粒径宜为 5~40mm,且吸水率不大于 1.5%。

(2)制备

在保证振捣密实的前提下水灰比尽可能小,不得大于 0.55,普通防水混凝土坍落度不宜大于 50mm。泵送时坍落度宜为 100~140mm。水泥用量在一定水灰比范围内,每立方米混凝土水泥用量不得小于 300kg,掺用活性掺合料时,水泥用量不得少于 280kg,但亦不宜超过

— 154 —

400kg。粗集料选用卵石时砂率宜为35%,粗集料为碎石时砂率宜为35%~40%。水泥与砂的比例应控制在1:2.5~1:2。试配要求的抗渗水压值应比设计值提高0.25~0.4MPa。

2)外加剂结构自防水混凝土

外加剂防水混凝土是在混凝土中掺入一定的有机或无机的外加剂,改善混凝土的性能和结构组成,提高混凝土的密实性和抗渗性,从而达到防水目的。由于外加剂种类较多,各自的性能、效果及适用条件不尽相同,故应根据地下建筑防水结构的要求和施工条件,选择合理、有效的防水外加剂。常用的外加剂防水混凝土有:三乙醇胺防水混凝土、加气剂防水混凝土、减水剂防水混凝土、氯化铁防水混凝土。

防水混凝土抗渗性能,应采用标准条件下养护混凝土抗渗试件的试验结果评定。试件应在浇筑地点制作。

3)结构自防水混凝土的施工

(1)防水混凝土施工中的注意事项:

①保持施工环境干燥,避免带水施工。

②模板支撑牢固、接缝严密。

③防水混凝土浇筑前不得有泌水、离析现象。

④防水混凝土浇筑时的自落高度不得大于1.5m。

⑤防水混凝土应采用机械振捣,并保证振捣密实。

⑥防水混凝土应自然养护,养护时间不少于14d。

(2)防水构造处理

①施工缝处理

地下建筑施工时应尽可能不留或少留施工缝,尤其是不得留垂直施工缝。在墙体中一般留设水平施工缝,其常用的防水构造处理方法如图10-1所示。其中设置止水片的效果好,施工方便,是目前使用最多的施工缝处理方法。止水片可用钢板,或用塑料、橡胶等制成。

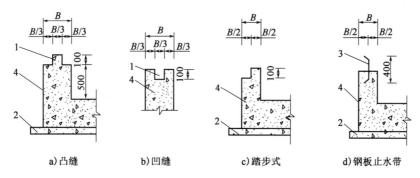

图10-1 防水混凝土的施工缝(尺寸单位:mm)

1-施工缝;2-垫层;3-止水片;4-构筑物

②贯穿铁件处理

地下建筑施工中墙体模板的穿墙螺栓,穿过底板的基坑围护结构等,均是贯穿防水混凝土的铁件。由于材质差异,地下水分较易沿铁件与混凝土的界面向地下建筑内渗透。为保证地下建筑的防水要求,可在铁件上加焊一道或数道止水片,延长渗水路径、减小渗水压力,达到防水目的,如图10-2、图10-3所示。

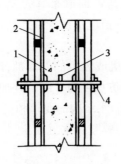 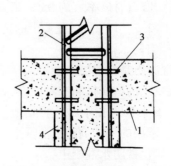

图 10-2　墙板螺栓止水片　　　　图 10-3　底板竖向钢立柱加止水片

1-防水混凝土墙;2-模板;3-止水　　1-防水钢筋混凝土底板;2-竖向钢

片;4-螺栓　　　　　　　　　　　　立柱;3-止水片;4-竖向立柱灌注桩

4)防水混凝土质量检查

防水混凝土质量检查项目主控项目包括原材料、配合比、坍落度、抗压强度、抗渗压力,以及变形缝、施工缝、后浇带、穿墙管道、预埋件和构造等。

10.1.2　表面防水层防水

表面防水层有刚性防水层和柔性防水层两种。

1)刚性防水层

刚性防水层采用水泥砂浆防水层,它是依靠提高砂浆层的密实性来达到防水要求的。这种防水层取材容易,施工方便,成本较低,适用于地下砖石结构的防水层或防水混凝土结构的加强层。但水泥砂浆防水层抵抗变形的能力较差,当结构产生不均匀下沉或受较强烈振动荷载时,易产生裂缝或剥落。对于受腐蚀、高温及反复冻融的砖砌体工程不宜采用。刚性防水层又可分为多层刚性防水层和外加剂防水层。

(1)多层刚性防水层

多层刚性防水层利用素灰(即较稠的纯水泥浆)和水泥砂浆分层交叉抹面而构成防水层,具有较高的抗渗能力,如图 10-4 所示。普通水泥砂浆刚性防水层的配合比应按表 10-1 选用。

普通水泥砂浆刚性防水层的配合比　　　　　　　　　　　表 10-1

名　　称	配合比(质量比)		水　灰　比	适　用　范　围
	水泥	砂		
水泥浆	1	—	0.55 ~ 0.60	水泥砂浆防水层的第一层
水泥浆	1	—	0.55 ~ 0.60	水泥砂浆防水层的第三、五层
水泥砂浆	1	1.5 ~ 2.0	0.55 ~ 0.60	水泥砂浆防水层的第二、四层

(2)外加剂刚性防水层

外加剂刚性防水层是在普通水泥砂浆中掺入防水剂,使水泥砂浆内的毛细孔填充、胀实、堵塞,获得较高的密实度,提高抗渗能力,如图 10-5 所示。常用的外加剂有氯化铁防水剂、铝粉膨胀剂、减水剂等。

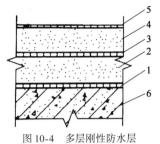
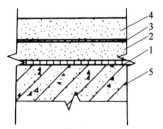

图10-4　多层刚性防水层

1、3-素灰层2mm;2、4-砂浆层45mm;5-水泥浆1mm;6-结构基层

图10-5　刚性外加剂防水层

1、3-水泥浆一道;2-外加剂防水砂浆垫层;4-防水砂浆面层;5-结构基层

2)柔性防水层

柔性防水层采用卷材防水层,卷材防水层应选用高聚物改性沥青防水卷材和合成高分子防水卷材。这种防水层具有良好的韧性和延伸性,可以适应一定的结构振动和微小变形,防水效果较好,目前仍作为地下工程的一种防水方案而被较广泛应用。卷材防水层施工时所选用的基层处理剂、胶泥剂、密封材料等配套材料,均应与铺贴的卷材性能相容。柔性防水层的缺点是发生渗漏后修补较为困难。

卷材防水层施工的铺贴方法,按其与地下防水结构施工的先后顺序分为外贴法和内贴法两种。

(1)外贴法

在地下建筑墙体做好后,直接将卷材防水层铺贴墙上,然后砌筑保护墙,如图10-6a)所示。

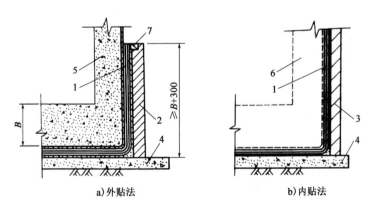

a)外贴法　　　　　　　　　b)内贴法

图10-6　卷材防水层铺贴法(尺寸单位:mm)

1-立面卷材;2-保护层;3-保护墙;4-垫层;5-地下室墙板;6-抄平层;7-接槎

(2)内贴法

在地下建筑墙体施工前,先砌筑保护墙,然后将卷材防水层铺贴在保护墙上,最后施工地下建筑墙体[图10-6b)]。地下室墙外侧操作空间很小时,多用内贴法。

表面防水层施工之前,应检查基层是否符合下列要求:

基层混凝土和砌筑砂浆强度应不低于设计值的80%;基层表面应坚实、平整、粗糙、洁净;表面的孔洞、缝隙应用与防水层相同的砂浆填塞抹平。基层的处理满足上述要求后方能做防水层的施工。水泥砂浆防水层施工应分层铺抹,铺抹时应压实、抹干和表面压光;各层之间应紧密贴合,无空鼓现象,每层宜连续施工,必须留施工缝时,应采用阶梯坡形槎,且此缝离开阴阳角处不得小于200mm;防水层的阴阳角处应做成圆弧形。

10.1.3 涂料防水层

涂料防水层适用于受侵蚀性介质或受振动作用的地下工程迎水面或背水面的涂刷。由于其施工简便,成本较低,防水效果较好,因而在防水工程中被广泛使用。涂料防水层在施工之前,应先在基层上涂一层与涂料相容的基层处理剂,涂料防水层应多遍涂刷而成,每遍涂刷应在前遍涂层干燥成膜后进行,每遍涂刷时应交替改变涂层的涂刷方向,同时涂膜的先后搭接宽度宜为30~50mm。涂刷顺序应先做转角处、穿墙骨道、变形缝等部位的涂料加强,后进行大面积涂刷。

10.1.4 止水带防水

为适应建筑结构沉降、温度伸缩等因素产生的变形,在地下建筑的变形缝(沉降缝或伸缩缝)、后浇带、施工缝地下通道的连接口等处,两侧的基础结构之间留一定宽度的空隙,两侧的基础是分别浇筑的,这是防水结构的薄弱环节,如果这些部位产生渗漏时,抗渗堵漏较难实施。为防止变形缝等处的渗漏水现象,除在构造设计中考虑结构的防水的能力外,通常还采用止水带防水。

目前,常见的止水带材料有:橡胶止水带、塑料止水带、氯丁橡胶板止水带和金属止水带等。其中橡胶及塑料止水带均为柔性材料,抗渗、适应变形能力强,是常用的止水带材料;氯丁橡胶止水板是一种新的止水材料,具有施工简便、防水效果好、造价低且易修补的特点;金属止水带一般仅用于高温环境下,无法采用橡胶止水带或塑料止水带时。

止水带构造形式有:粘贴式、可卸式、埋入式等。目前较多采用的是埋入式。根据防水设计的要求,有时在同一变形缝处,可采用数层、数种止水带的构造形式。如图10-7所示是埋入式橡胶(或塑料)止水带的构造图,如图10-8、图10-9所示分别是可卸式止水带和粘贴式止水带构造。

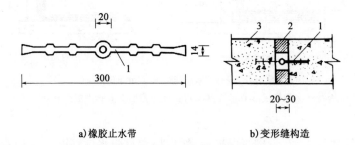

a)橡胶止水带   b)变形缝构造

图10-7 埋入式橡胶(或塑料)止水带(尺寸单位:mm)

1-止水带;2-沥青麻丝;3-构筑物

止水带施工质量的好坏直接影响地下工程的防水效果,因此,施工时应予以充分重视,并应符合有关规定。对于变形缝止水带应注意以下几方面:

（1）止水带宽度和材质的物理性能均应符合设计要求,且无裂缝和气泡,接头应采用热接,不得叠接,接缝平整、牢固,不得有裂口和脱胶现象。

（2）采用埋入式止水带,其中心线应和变形缝中心线重合,止水带不得穿孔或用铁钉固定。

（3）变形缝处增设的卷材或涂料防水层,应按设计要求施工。

（4）施工缝采用遇水膨胀橡胶腻子止水带时,应将止水条牢固地安装在缝表面预留槽内。

（5）采用埋入式止水带时,应确保止水带位置准确、固定牢靠。

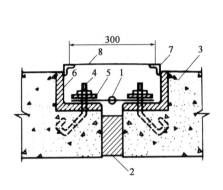

图 10-8 可卸式橡胶止水带变形缝(尺寸单位:mm)
1-橡胶止水带;2-沥青麻丝;3-构筑物;4-螺栓;5-钢压条;6-角钢;7-支撑角钢;8-钢盖板

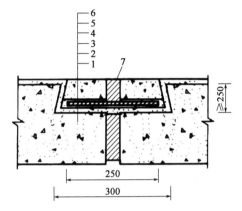

图 10-9 粘贴式氯丁橡胶板变形缝构造(尺寸单位:mm)
1-构筑物;2-刚性防水层;3-胶黏剂;4-氯丁橡胶;5-素灰层;6-细石混凝土覆盖层;7-沥青麻丝

10.2 屋面防水工程

屋面防水工程是房屋建筑的一项重要工程,屋面根据排水坡度分为平屋面和坡屋面两类。根据屋面防水材料的不同又可分为卷材防水层屋面(柔性防水层屋面)、瓦屋面、构件自防水屋面、现浇钢筋混凝土防水屋面(刚性防水屋面)等。

10.2.1 普通卷材屋面防水

1）卷材防水材料及构造

卷材防水屋面所用的卷材有沥青防水卷材、高聚物改性沥青防水卷材及合成高分子卷材等,目前沥青卷材已被淘汰。卷材经粘贴后形成整片的屋面覆盖层起到防水作用。卷材有一定的韧性,司以适应一定程度的胀缩和变形。粘贴层的材料取决于卷材种类:沥青卷材用沥青胶做粘贴层,高聚物改性沥青防水卷材则用改性沥青胶;合成橡胶树脂类卷材及合成高分子系列的卷材,需用特制的黏结剂冷粘贴于预涂底胶的屋面基层上,形成一层整体、不透水的屋面防水覆盖层。如图 10-10 所示是卷材防水屋面构造图。

对于卷材屋面的防水功能要求,主要有:

（1）耐久性,又叫大气稳定性,在日光、温度、臭氧影响下,卷材有较好的抗老化性能。

（2）耐热性,又叫温度稳定性,卷材应具有防止高温软化、低温硬化的稳定性。

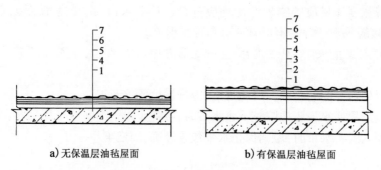

a)无保温层油毡屋面　　　　　　　b)有保温层油毡屋面

图 10-10　卷材防水屋面构造示意图

1-结构层;2-隔气层;3-保温层;4-找平层;5-底油结合层;6-卷材防水层;7-保护层

（3）耐重复伸缩，在温差作用下，屋面基层会反复伸缩与龟裂，卷材应有足够的抗拉强度和极限延伸率。

（4）保持卷材防水层的整体性，还应注意卷材接缝的黏结，使一层层的卷材黏结成整体防水层。

（5）保持卷材与基层的黏结，防止卷材防水层起鼓或剥离。

2）基层与找平层

基层、找平层应做好嵌缝（预制板）、找平及转角和基层处理等工作。

采用水泥砂浆找平层时，水泥砂浆抹平收水后应二次压光，充分养护，不得有酥松、起砂、起皮及起壳现象，否则，必须进行修补。屋面基层与女儿墙、立墙、天窗壁、烟囱、变形缝等突出屋面结构的连接处，以及基层的转角处（各落水口、檐口等），均应做成圆弧。圆弧半径参见表 10-2。

转角处圆弧半径　　　　　　　　　　　　　表 10-2

卷 材 种 类	圆弧半径（mm）	卷 材 种 类	圆弧半径（mm）
沥青防水卷材	100 ~ 150	合成高分子防水卷材	20
高聚物改性沥青防水卷材	50		

找平层宜设分格缝，并嵌填密封材料。分格缝应留设在板端缝处，其纵横缝的最大间距：水泥砂浆或细石混凝土找平层不宜大于 6m，沥青砂浆找平层不宜大于 4m。

铺设防水层（或隔气层）前找平层必须干燥、洁净。基层处理剂（或称冷底子油）应与卷材的特性相容，可采用喷涂、刷涂施工，且喷、涂应均匀，待第一遍干燥后再进行第二遍喷涂，待最后一遍干燥后，方可铺设卷材。

3）普通卷材的铺贴

（1）施工顺序及铺设方向

卷材铺贴在整个工程中应采取"先高后低、先远后近"的施工顺序，即高低跨屋面，先铺高跨后铺低跨；等高的大面积屋面，先铺离上料地点较远的部位，后铺较近部位。这样可以避免已铺屋面因材料运输而遭人员踩踏和破坏。

卷材大面积铺贴前，应先做好节点密封、附加层和屋面排水较集中部位（屋面与水落口连接处、檐口、天沟等）与分格缝的空铺条处理等，然后由屋面最低高程处向上施工。施工段的划分宜设在屋脊、檐口、天沟、变形缝等处。

卷材铺贴方向应根据屋面坡度和周围是否有振动来确定。当屋面坡度小于3%时，卷材宜平行于屋脊铺贴；屋面坡度在3%～15%时，卷材可平行或垂直屋脊铺贴。屋面坡度大于15%或受振动时，沥青防水卷材应垂直屋脊铺贴；高聚物改性沥青防水卷材和合成高分子防水卷材可平行或垂直屋脊铺贴，但上下层卷材不得相互垂直铺贴。

（2）搭接方法、宽度和要求

卷材铺贴应采用搭接法，各种卷材的搭接宽度应符合表10-3的要求。同时，相邻两幅卷材的接头还应相互铺开300mm以上，以免接头处多层卷材相重叠而黏结不实。叠层铺贴，上下层两幅卷材的搭接缝也应铺开1/3松宽。

卷材的搭接宽度 表10-3

搭接方向		短边搭接宽度（mm）		长边搭接宽度（mm）	
卷材种类		满粘法	空铺、点粘、条粘法	满粘法	空铺、点粘、条粘法
沥青防水卷材		100	150	70	100
高聚物改性沥青防水卷材		80	100	80	100
合成高分子防水卷材	胶黏剂	80	100	80	100
	胶黏带	50	60	50	60
	单缝焊	60，有效焊接宽度不小于25			
	双缝焊	80，有效焊接宽度10×2+变腔宽			

当用高聚物改性沥青防水卷材点粘或空铺时，两头部分必须全黏500mm以上。

平行于屋脊的搭接缝，应顺水流方向搭接；垂直于屋脊的搭接缝应顺年最大频率风向搭接。

叠层铺设的各层卷材，在天沟与屋面的连接处，应采用叉接法搭接，搭接缝应错开；接缝宜留在屋面或天沟侧面，不宜留在沟底。

10.2.2 高分子卷材防水

高分子卷材防水屋面施工的主体材料，常用的有三元乙丙橡胶卷材、氯化聚乙烯—橡胶共混防水卷材、氯磺化聚乙烯防水卷材、氯化聚乙烯防水卷材以及聚氯乙烯防水卷材等。高分子卷材还配有基层处理剂、基层胶黏剂、接缝胶黏剂、表面着色剂等。其施工分为基层处理和防水卷材的铺贴。如图10-11所示为二布六胶高分子卷材防水屋面构造示意图。

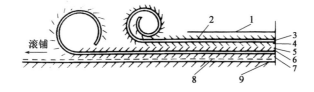

图10-11 高分子卷材防水屋面构造示意图

1-着色剂；2-上层胶黏剂；3-上层卷材；4、5-中层胶黏剂；6-下层卷材；7-下层胶黏剂；8-底胶；9-层面基层

1）基层处理

基层表面为水泥浆找平层，找平层要求表面平整。当基层面有凹坑或不平时，可用107胶

水泥砂浆嵌平或抹成缓坡。基层在铺贴前做到洁净、干燥。

2）铺贴施工

高分子防水卷材的铺贴有冷黏结法和热风焊接法两种施工方法。冷黏结法施工工序如下：

（1）底胶

将高分子防水材料胶黏剂配制成的基层处理剂或胶黏带均匀地涂刷在基层的表面，在干燥 4～12h 后再进行后道工序。胶黏剂的涂刷应均匀，不露底，不堆积。

（2）卷材上胶

先把卷材在干净平整的面层上展开，用长滚刷蘸满搅拌均匀的胶贴剂，涂刷在卷材的表面，涂胶的厚度要均匀且无漏涂，但在搭接部位留出 100mm 宽的无胶带处。静置 10～20min，当胶膜干燥且手指触摸基本不粘手时，用纸筒芯重新卷好带胶的卷材。

（3）滚铺

卷材的铺贴应从流水口下坡开始。先弹出基准线，然后将已涂刷胶贴剂的卷材一端先粘贴固定在预定部位，再逐渐沿基线滚动展开卷材，将卷材粘贴在基层上。

卷材滚铺施工中应注意：铺设同一跨屋面的防水层时，应先铺排水口、天沟、檐口等处排水比较集中的部位，按高程由低向高的顺序铺；在铺多跨或高低跨屋面防水卷材时，应按先高后低、先远后近的顺序进行；应将卷材顺长方向铺，并使卷材长面与流水坡度垂直，卷材的搭接要顺流水方向，不应呈逆向。

（4）上胶

在铺贴完成的卷材表面再均匀地涂刷一层胶黏剂。

（5）复层卷材

根据设计要求可再重复上述施工方法，再铺贴一层或数层高分子防水卷材，达到屋面防水的效果。

（6）着色剂

在高分子防水卷材铺贴完成、质量验收合格后，可在卷材表面涂刷着色剂，起到保护卷材和美化环境的作用。

10.2.3 涂膜防水屋面施工

涂膜防水屋面是在屋面基层上涂刷防水涂料，经固化后形成一层有一定厚度和弹性的整体涂膜，从而达到防水目的的一种防水屋面形式。涂料按其稠度有厚质涂料和薄质涂料之分，施工时有加胎体增强材料和不加胎体增强材料之别，具体做法视屋面构造和涂料本身性能要求而定。其典型的构造如图 10-12 所示，具体施工层次根据设计要求确定。

特别需要指出的是，对于涂膜防水层，它是紧密地依附于基层（找平层）、形成具有一定厚度和弹性的整体防水膜而起到防水作用的。与卷材防水屋面相比，找平层的平整度对涂膜防水层质量影响更大，平整度要求更严格，否则涂膜防水层的厚度得不到保证，必将造成涂膜防水层的防水可靠性、耐久性降低。涂膜防水层是满黏于找平层的，按剥离区理论，找平层开裂（强度不足）易引起防水层的开裂，因此涂膜防水层的找平层应有足够的强度，尽可能避免裂缝的发生，出现裂缝时应作修补，通常涂膜防水层的找平层宜采用掺膨胀剂的细石混凝土，强度等级不低于 C15，厚度不小于 30mm，宜为 40mm。

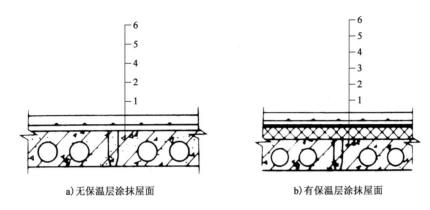

a) 无保温层涂抹屋面 b) 有保温层涂抹屋面

图 10-12 卷材防水屋面构造示意图

1-结构层;2-保温层;3-水泥砂浆找平层;4-基层处理剂;5-涂抹防水层;6-保护层

1) 沥青基涂料施工

以沥青为基料配制成的水乳型或溶剂防水涂料称之为沥青基防水涂料。常见的有石灰乳化沥青涂料、膨润土乳化沥青涂料和石棉乳化沥青涂料。其施工过程如下:

(1) 涂布前的准备工作

①基层表面的气孔、凹凸不平、蜂窝、缝隙、起砂等,应修补处理,基层必须干净、无浮浆、无水珠、不渗水。

②涂料施工前,基层阴阳角应做成圆弧形,阴角直径宜大于 50mm,阳角直径宜大于 10mm。

③涂料施工前,还应对阴阳角、预埋件、穿墙管等部位进行密封或加强处理。

④涂料使用前应搅拌均匀,因为沥青基涂料大都属厚质涂料,含有较多填充料。如搅拌不匀,不仅涂刮困难,而且未拌匀的杂质颗粒残留在涂层中会成为隐患。

⑤涂层厚度控制试验采用预先在刮板上固定铁丝或木条的办法,也可在屋面上做好标志控制。

⑥涂布间隔时间控制以涂层涂布后干燥并能上人操作为准,脚踩不粘脚、不下陷时即可进行后一涂层的施工,一般干燥时间不少于 12h。

(2) 涂刷基层处理剂

基层处理剂一般采用冷底子油,涂刷时应做到均匀一致,覆盖完全。石灰乳化沥青防水涂料,夏季可采用石灰乳化沥青稀释后作为冷底子油涂刷一道;春秋季宜采用汽油沥青冷底子油涂刷一道。膨润土、石棉乳化沥青防水涂料涂布前可不涂刷基层处理剂。

(3) 涂布

涂布时,一般先将涂料直接分散倒在屋面基层上,用胶皮刮板刮平,使它厚薄均匀一致,不露底,不存在气泡、表面平整,然后待其干燥。

自流平性能差的涂料刮平待表面收水尚未结膜时,用铁抹子进行压实抹光。抹压时间应适当,过早抹压,起不到作用;过晚抹压,会使涂料粘住抹子,出现月牙形抹痕。因此,为了便于抹压,加快施工进度,可以分条间隔施工,待阴影处涂层干燥后,再抹空白处。分条宽度一般为 0.8 ~ 1.0m,并与胎体增强材料宽度一致,以便抹压操作。

涂膜应分层分遍涂布。待前一遍涂层干燥成膜后,并检查表面是否有气泡、皱褶不平、凹坑、刮痕等弊病,合格后才能进行后一遍涂层的涂布,否则应进行修补。第二遍的涂刮方向应与前一遍相垂直。

立面部位涂层应在平面涂刮前进行,视涂料自流平性能好坏而确定涂布次数。自流平性好的涂料应薄而多次进行,否则会产生流坠现象,使上部涂层变薄,下部涂层变厚,影响防水性能。

(4)胎体增强材料的铺设

胎体增强材料的铺设可采用湿铺法或干铺法进行,但宜用湿铺法。铺贴胎体增强材料,铺贴应平整。湿铺法时在头遍涂层表面刮平后,立即不起皱,但也不能拉伸过紧。铺贴后用刮板或抹子轻轻压紧。

2)高聚物改性沥青涂料及合成高分子涂料的施工

以沥青为基料,用合成高分子聚合物进行改性,配制成的水乳型或溶剂型防水涂料称之为高聚物改性沥青防水涂料,与沥青基涂料相比,高聚物改性沥青防水涂料在柔韧性、抗裂性、强度、耐高低温性能、使用寿命等方面都有了较大的改进,常用的品种有氯丁橡胶改性沥青涂料、苯乙烯—丁二烯—苯乙烯(SBS)改性沥青涂料及无规聚丙烯(APP)改性沥青涂料等。

以合成橡胶或合成树脂为主要成膜物质,配制成的水乳型或溶剂型防水涂料称之为合成高分子防水涂料。由于合成高分子材料本身的优异性能,以此为原料制成的合成高分子防水涂料具有高弹性、防水性、耐久性和优良的耐高低温性能。常用的品种有聚氨酯防水涂料、丙烯胶防水涂料、有机硅防水涂料等。

胎体增强材料(亦称加筋材料、加筋布、胎体)是指在涂膜防水层中增强用的化纤无纺布、玻璃纤维网格布等材料。

高聚物改性沥青防水涂料和合成高分子防水涂料在涂膜防水屋面使用时,其设计涂膜总厚度在 3mm 以下,称之为薄质涂料。

(1)涂刷前的准备工作

①基层干燥程度要求

基层的检查、清理、修整应符合前述要求。基层的干燥程度应视涂料特性而定,对高聚物改性沥青涂料,为水乳型时,基层干燥程度可适当放宽;为溶剂型时,基层必须干燥。对合成高分子涂料,基层必须干燥。

②配料和搅拌

采用双组分涂料时,每份涂料在配料前必须先搅匀。配料应根据材料的配合比配制,严禁随意改变配合比。配料时要求计量准确(过秤),主剂和固化剂的混合偏差不得大于 ±5%。

涂料混合时,应先将主剂放入搅拌容器或电动搅拌器内,然后放入固化剂,并立即开始搅拌,并搅拌均匀,搅拌时间一般在 3~5min。

搅拌的混合料以颜色均匀一致为标准。如涂料稠度太大、涂布困难时,可掺加稀释剂,切忌随意使用稀释剂稀释,否则会影响涂料性能。

双组分涂料每次配制数量应根据每次涂刷面积计算确定,混合后的材料存放时间不得超过规定的可使用时间。不应一次搅拌过多,以免使涂料发生凝聚或固化而无法使用。夏天施工时尤须注意。

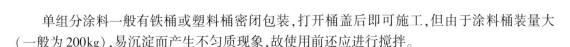

单组分涂料一般有铁桶或塑料桶密闭包装,打开桶盖后即可施工,但由于涂料桶装量大(一般为200kg),易沉淀而产生不匀质现象,故使用前还应进行搅拌。

③涂层厚度控制试验

涂层厚度是影响涂膜防水质量的一个关键问题,但要手工准确控制涂层厚度是比较困难的。因为涂刷时每个涂层要涂刷几遍才能完成,而每遍涂膜不能太厚,如果涂膜过厚,会出现涂膜表面已干燥成膜,而内部涂料的水分或溶剂却不能蒸发或挥发的现象。但涂膜也不宜过薄,否则就要增加涂刷遍数、增加劳动力及拖延施工工期。因此,涂膜防水施工前,必须根据设计要求的每平方米涂料用量、涂膜厚度及涂料特性,事先试验确定每道涂料涂刷的厚度以及每个涂层需要涂刷的遍数。

④涂刷间隔时间试验

在涂刷厚度及用量试验的同时,可测定每遍涂层的间隔时间。

各种防水涂料都有不同的干燥时间(表干和实干),因此涂刷前必须根据气候条件经试验确定每遍涂刷的涂料用量和间隔时间。

薄质涂料施工时,每遍涂刷必须待前遍涂膜实干后才能进行。薄质涂料每遍涂层表干时实际上已基本达到了实干。因此,可用表干时间来控制涂刷间隔时间。涂膜的干燥快慢与气候有较大关系,气温高,干燥就快;空气干燥、湿度小,且有风时,干燥也快。

(2)涂刷基层处理剂

基层处理剂的种类有三种,即水乳型防水涂料、溶剂型防水涂料及高聚物改性沥青防水涂料。

若使用水乳型防水涂料,可用掺0.2%~0.5%乳化剂的水溶液或软化水将涂料稀释。其用量比例一般为:防水涂料:乳化剂水溶液(或软水)=1:0.5~1。如无软水可用冷开水代替,切忌加入一般水(天然水或自来水)。

若使用溶剂型防水涂料,由于其渗透能力比水乳型防水涂料强,可直接用涂料薄涂作基层处理,如溶剂型氯丁胶沥青防水涂料或溶剂型再生胶沥青防水涂料等。若涂料较稠,可用相应的溶剂稀释后使用。

高聚物改性沥青防水涂料也可用沥青溶液(即冷底子油)作为基层处理剂,或在现场以煤油:30号石油沥青=60:40的比例配制而成的溶液作为基层处理剂。

基层处理剂涂刷时,应用刷子用力薄涂,使涂料尽量刷进基层表面的毛细孔中,并将基层可能留下来的少量灰尘等无机杂质,像填充料一样混入基层处理剂中,使之与基层牢固结合。这样即使屋面上灰尘不能完全清理干净,也不会影响涂层与基层的牢固黏结。特别在较为干燥的屋面上做溶剂型涂料时,使用基层处理剂打底后再进行防水涂料的涂刷,效果相当明显。

(3)涂刷防水涂料

涂料涂刷可采用棕刷、长柄刷、胶皮板、圆滚刷等进行人工涂布,也可采用机械喷涂。

用刷子涂刷一般采用蘸刷法,也可边倒涂料边用刷子刷匀。涂布时应先涂立面,后涂平面,涂刷应均匀一致。倒料时要注意控制涂料的均匀倒洒,不可在一处倒得过多,否则涂料难以刷开,会造成厚薄不匀的现象。涂刷时不能将气泡裹进涂层中,如遇起泡应立即消除。涂刷遍数必须按事先试验确定的遍数进行。同时,前一遍涂层干燥后应将涂层上的灰尘、杂质清理干净后再进行后一遍涂层的涂刷。

涂料涂布应分条或按顺序进行,分条进行时,每条宽度应与胎体增强材料宽度相一致,以避免操作人员踩踏刚涂好的涂层。每次涂布前,应严格检查前面涂层是否有缺陷,如气泡、胎体增强材料皱褶、翘边、杂物混入等现象,如发现上述问题,应先进行修补再涂布后遍涂层。

应当注意,涂料涂布时,涂刷致密是保证质量的关键。刷基层处理剂时要用力薄涂,涂刷后续涂料时则应按规定的涂层厚度(控制材料用量)均匀、仔细地涂刷。各道涂层之间的涂刷方向相互垂直,以提高防水层的整体性和均匀性。涂层间的接槎,在每遍涂刷时应退槎 50～100mm,接槎时也应超过 50～100mm,避免在搭接处发生渗漏。

(4)铺设胎体增强材料

在涂料第二遍涂刷时,或第三遍涂刷前,即可加铺胎体增强材料。由于涂料与基层黏结力较强,涂层又较薄,胎体增强材料不容易滑移,因此,胎体增强材料应尽量顺屋脊方向铺贴,以方便施工、提高劳动效率。

胎体增强材料可采用湿铺法或干铺法铺贴。

湿铺法就是边倒料、边涂刷,边铺贴的操作方法。施工时,先在已干燥的涂层上,用刷子将涂料仔细刷匀,然后将成卷的胎体增强材料平放在屋面上,逐渐推滚铺贴于刚刷上涂料的屋面上,用滚刷液压一遍,务必使全部布眼浸满涂料。使上下两层涂料能良好结合,确保其防水效果。

由于胎体增强材料质地柔软、容易变形,铺贴时不易展开,经常出现皱褶、翘边或空鼓情况,影响防水涂层的质量。为了避免这种现象,有的施工单位在较大风情况下,采用干铺法施工取得较好的效果。

干铺法就是在上道涂层干燥后,边干铺胎体增强材料,边在已展平的表面上用橡皮刮板均匀满刮一道涂料。也可将胎体增强材料按要求在已干燥的涂层上展平后,先在边缘部位用涂料点粘固定,然后再在上面满刮一道涂料,使涂料浸入网眼,渗透到已固化的涂膜上。当渗透性较差的涂料与比较密头的胎体增强材料配套使用时不宜采用干铺法。

胎体增强材料铺设后,应严格检查表面是否有缺陷或搭接不足等现象。如发现上述情况,应及时修补完整,使它形成一个完整的防水层。然后才能在其上继续涂刷涂料,面层涂料应至少涂刷两遍以上,以增加涂膜的耐久性。

(5)收头处理

为防止收头部位出现翘边现象,所有收头均应用密封材料压边,压边宽度不得小于10mm。收头处的胎体增强材料应裁剪整齐,如有凹槽时应压入凹槽内不得出现翘边、皱褶、露白等现象,否则应先进行处理后再涂密封材料。

思考题

1. 防水工程有哪些分类?
2. 卷材防水屋面的特点是什么?
3. 试述卷材防水屋面的结构组成。
4. 卷材防水屋面的施工流程是什么?
5. 高聚物改性沥青防水卷材有哪些铺贴方法?

6. 沥青胶结材料中加入填充料的作用是什么？

7. 卷材防水屋面的基层如何处理？找平层为何要留分格缝？如何留设？

8. 如何进行沥青卷材铺贴？有哪些铺贴方法？

9. 试述涂膜防水屋面的组成。

10. 涂膜防水的特点是什么？

11. 涂膜防水的施工工艺流程是什么？

12. 刚性防水屋面有哪些类型？

13. 地下工程的防水方案有哪几种？

14. 试述外防外贴法和外防内贴法的施工工艺。

第11章 装饰工程

11.1 装饰工程概述

装饰工程是采用装饰材料或饰物,对建筑物的内外表面及空间进行的各种处理,通常包括抹灰工程、门窗工程、吊顶工程、隔断工程、饰面工程、幕墙工程、油漆工程、涂料工程、刷浆工程、裱糊工程等。

装饰工程具有如下作用:

(1)增加建筑物的美感,给人以美的享受;

(2)保护建筑物或构筑物的结构免受自然界的侵蚀、污染,增强耐久性、延长建筑物的使用寿命;

(3)调节温、湿、光、声,完善建筑物的使用功能;

(4)有隔热、隔声、防潮、防腐等作用。

装饰工程的特点如下:

(1)工程量大;

(2)工期长,一般占整个建筑物施工工期的30%~40%,高级装饰达到50%以上;

(3)手工作业量大,一般多于结构用工;

(4)造价高,一般占建筑物总造价的40%,高的达到50%以上;

(5)项目繁多、工序复杂;

(6)施工质量对建筑物使用功能和整体建筑效果影响很大;

(7)新材料、新工艺、新方法发展迅速。

为了加快装饰工程施工速度、降低工程成本、满足装饰功能、提高装饰效果,应该采取的措施是:进一步提高预制化程度,实现机械化作业,不断提高装饰工程的工业化、专业化水平;协调结构、设备与装饰间的关系,实现结构与装饰合一;大力发展和采用新型装饰材料、新技术、新工艺;以干作业代替湿作业,这将对装饰工程的发展具有重要意义。

11.2 抹灰工程

11.2.1 抹灰工程分类与抹灰层的组成

抹灰工程是用灰浆涂抹在建筑物表面,起到找平、装饰、保护墙面的作用。一般主要是在建筑物的内外墙面、地面、顶棚上进行的一种装饰工艺。

抹灰工程的分类:按工程部位的不同,抹灰工程可分为墙面(包括内、外墙)抹灰、顶棚抹灰和地面抹灰三种。

按所用材料和装饰效果的不同,抹灰工程可分为一般抹灰和装饰抹灰两大类。它们所包含的内容见表11-1。

一般抹灰和装饰抹灰所包含的内容　　　　　　　　表11-1

类　别	内　　　容
一般抹灰	石灰砂浆、水泥混合砂浆、水泥砂浆、聚合物水泥砂浆、膨胀珍珠岩水泥砂浆、麻刀灰、纸筋石灰、石膏灰等
装饰抹灰	水刷石、水磨石、斩假石、干粘石、假面砖、拉条灰、拉毛灰、洒毛灰、扒拉石、喷毛灰以及喷涂、滚涂、弹涂等

一般抹灰是指一般通用型的砂浆抹灰工程。按质量要求和相应的主要工序,一般抹灰可分为普通抹灰和高级抹灰两种。它们的做法、主要工序和质量要求见表11-2。

一般抹灰的分类　　　　　　　　表11-2

项　目	做　法	主要工序及质量要求
普通抹灰	一底层、一中层、一面层	分层赶平、修整、表面压光
高级抹灰	一底层、数中层、一面层	阴阳角找方,设置标筋,分层赶平、修整和表面压光

装饰抹灰是利用普通材料模仿某种天然石花纹抹成的具有艺术效果的抹灰。其种类很多,其底层多为1:3水泥浆打底,面层见表11-1。

抹灰层一般由底层、中层(或几遍中层)和面层组成,如图11-1所示。

底层的作用是黏牢基体并初步找平;中层的作用是找平;面层使表面光滑细致,起装饰作用。之所以分层抹灰,是为了黏结牢固、控制平整度和保证质量。如一次涂抹太厚,由于内外收水快慢不同会产生裂缝、起鼓或脱落,造成材料浪费。

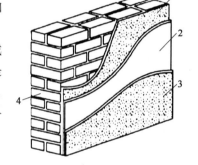

图11-1　抹灰层组成
1-底层;2-中层;3-面层;4-基体

11.2.2　抹灰工程的一般规定

1)材料要求

水泥的凝结时间和安定性应复验并合格;抹灰用砂宜选用中砂,砂使用前应过筛,不得含有杂物;石灰膏的熟化期不应少于15d;罩面用的磨细石灰粉的熟化期不应少3d;抹灰层具有防水、防潮功能要求时,应采用防水砂浆。

2)抹灰工程的分层

抹灰前基层表面的尘土、污垢、油渍等应清除干净,并应洒水润湿。外墙和顶棚的抹灰层与基层之间及各抹灰层之间必须黏结牢固。底层的抹灰层强度不得低于面层的抹灰层强度。水泥砂浆和水泥混合砂浆抹灰时,应待前一抹灰层凝结后方可抹后一层;用石灰砂浆抹灰时,应待前一抹灰层七八成干后方可抹后一层。

3)抹灰层的厚度控制

各抹灰层的厚度宜根据基体的材料、抹灰砂浆种类、墙体表面的平整度和抹灰质量要求以及各地气候情况而定。抹水泥砂浆每遍厚度宜为5～7mm;抹石灰砂浆和水泥混合砂浆每遍厚度宜为7～9mm;抹麻刀灰、纸筋灰、石膏灰等罩面时,经赶平压实后,其厚度一般不大于

3mm。因为罩面层厚度太大,容易收缩产生裂缝,影响质量与美观。抹灰层的总厚度,应视具体部位及基体材料而定,不同部位的抹灰层平均总厚度见表11-3。

不同部位抹灰层平均总厚度要求   表 11-3

部 位	平均总厚度(不大于)
顶棚	板条、空心砖、现浇混凝土为15mm;预制混凝土板为18mm;金属网为20mm
内墙	普通抹灰为18~20mm;高级抹灰为25mm
外墙	砖墙面为20mm;勒脚及突出墙面部分为25mm;石材墙面为35mm

装配式混凝土大板和大模板建筑的内墙面和大楼板底面,如平整度较好,垂直偏差小,其表面可以不抹灰,用腻子粉刮平,待各遍腻子黏结牢固后,进行表面刮浆即可,总厚度为2~3mm。

抹灰总厚度大于或等于35mm时应采取加强措施;不同材料基体交接处表面的抹灰,应采取防止开裂的加强措施,采用加强网时,加强网与各基体的搭接宽度不应小于100mm,并做好隐蔽工程验收记录。

4)抹灰注意事项

各种砂浆抹灰层,在凝结前应防止快干、水冲、撞击、振动和受冻,在凝结后应采取措施防止沾污和损坏。水泥砂浆抹灰层应在湿润条件下养护。

5)抹灰准备工作

外墙抹灰工程施工前应先安装钢木门窗框、护栏等,并将墙上的施工孔洞堵塞密实。

11.2.3 一般抹灰工程施工工艺

1)一般抹灰施工顺序

抹灰工程一般应遵循如下施工顺序:

(1)先室外后室内。先完成室外抹灰,拆除外脚手架,堵上脚手眼再进行室内抹灰。

(2)先上面后下面。在屋面防水工程完成后,室内外抹灰最好从上层往下层进行。外墙抹灰应先上部后下部,先檐口再墙面。大面积的外墙可分块同时施工。高层建筑的外墙面可在垂直方向适当分段,如一次抹完有困难,可在阴、阳角交接处或分格线处间断施工。高层建筑采用立体交叉流水作业时,也可以采取从下往上的施工方法,但必须采取相应的成品保护措施。

(3)先顶棚墙后地面。室内抹灰一般可采取先完成顶棚和墙面抹灰,再开始地面抹灰。外墙抹灰由屋檐开始自上而下进行,先抹阳角线、台口线,后抹窗和墙面,再抹勒脚、散水坡和明沟等。

(4)一般应在屋面防水工程完工后进行室内抹灰,以防止漏水造成抹灰层损坏及污染,一般应按先房间、后走廊、再楼梯和门厅等顺序施工。

2)一般抹灰施工工艺流程

一般抹灰施工工艺流程为:基体表面处理→浇水润墙→设置灰饼和标筋→阳角做护角→抹底层、中层灰→抹面层灰→清理。

(1)基体表面处理

为了使抹灰砂浆与基体表面黏结牢固,防止抹灰层产生空鼓现象,抹灰前应对基层进行必要的处理。具体情况如下:

①对凹凸不平的基层表面应剔平,或用1:3水泥砂浆补平。对楼板洞、穿墙管道及墙面脚手架洞、门窗框与立墙交接缝处均应用1:3水泥砂浆分层嵌缝密实。

②对表面上的灰尘、污垢和油渍等事先均应清除干净,并提前1~2d洒水湿润(渗入8~10mm)。

③面太光的要凿毛,或用掺加10% 108胶的1:1水泥砂浆薄抹一层。不同材料(如砖墙与木隔墙)相接处,应先铺钉一层金属网或纤维丝绸布或用宽纸质胶带黏结,如图11-2所示,搭接宽度从缝边起两侧均不小于100mm,以防抹灰层因基体温度变化胀缩不一致而产生裂缝。在内墙面的阳角和门洞口侧壁的阳角、柱角等易于碰撞之处,宜用强度较高的水泥砂浆制作护角,其高度应不低于2m,每侧宽度不小于50mm,对砖砌体基体,应待砌体充分沉实后方可抹底层灰,以防砌体沉陷拉裂抹灰层。

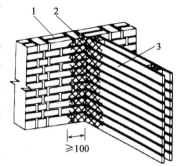

图11-2 砖木交接处基体处理
1-砖墙;2-钢丝绳;3-板条墙

(2)设置灰饼和标筋

为有效地控制抹灰厚度,保证墙面垂直度和整体平整度,在抹灰前还必须先找好规矩,即四角规方,横线找平,竖线吊直,弹出准线和墙裙、踢脚板线,并在墙面用灰饼(宜用1:3水泥砂浆抹成5cm见方形状)和标筋做出标志,作为大面积抹灰的依据。

①做灰饼。用靠尺(托线板)检查墙面的平整度和垂直度,在墙面两边上角离阴角边200~300mm处,按设计要求的抹灰厚度,用与抹灰层相同的砂浆各做一个50mm×50mm见方的矩形灰饼,然后挂垂直线做墙面下角的两个灰饼。以四角灰饼表面拉线,每隔1.2~1.5m加做灰饼(图11-3)。

②做标筋。待灰饼稍干后,在灰饼间用砂浆涂抹一条宽约80mm、比灰饼高出10mm左右的垂直灰埂,此即为标筋,作为抹底层及中层的厚度控制和赶平的标准。

③做护角。为保护墙面转角处不易遭碰撞而损坏,室内墙面、柱面和门洞口的阳角做法应符合设计要求。设计无要求时,应采用1:2水泥砂浆做护角,其高度不应低于2m,每侧宽度不应小于50mm。如图11-4所示为护角示意图。

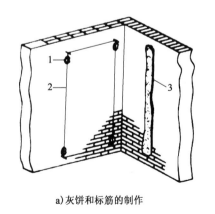

a)灰饼和标筋的制作   b)灰饼剖面

图11-3 灰饼和标筋
1-灰饼;2-引线;3-标筋;4-砖墙

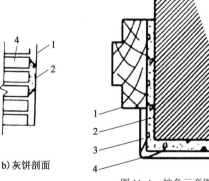

图11-4 护角示意图
1-门框;2-底层灰;3-面层灰;4-护角

④抹底层、中层灰。

待标筋稍干后,即可以其为平整度的基准进行底层抹灰,其厚度为 5 ~ 9mm。抹了底层后,应间隔一定时间让其干燥,再抹中层或面层灰。如用水泥砂浆或混合砂浆,应待前一抹灰层凝结后再抹后一层;如用石灰砂浆,则应待前一层达到七八成干后,方可抹后一层。

待底层灰收水后,即可抹中层灰,抹灰厚度应略高于标筋。中层抹灰后,随即用木杠沿标筋刮平,不平处补抹砂浆,然后再刮,直至墙面平直为止。紧接着用木抹子搓压,使表面平整密实。在中层砂浆凝固前,可在层面上交叉划痕、黏结。待中层干至五六成时,即可抹面层。

⑤抹面层灰。

一般从阴角或阳角处开始,自左向右进行。一人在前抹面灰,另一人其后找平整,并用铁抹子压实赶光。

对外墙一般抹灰时,为美化抹灰装饰效果,在底层、中层灰抹压完成后,在墙面上按照设计要求弹分隔线、镶嵌分隔条,对墙面抹灰进行分缝分块。分格条一般多用塑料条,完工后不再取出,施工较方便。

混凝土顶棚基体表面尽量不抹灰,用腻子刮平即可。必须抹灰时一般不设置标筋,只需按抹灰层的厚度在墙面四周弹出水平线作为控制抹灰层厚度的基准线,抹灰前在基层上用掺10% 的 107 胶的水溶液或水灰比为 0.4 的素水泥浆刷一遍作为结合层。

(3)一般抹灰的质量控制

一般抹灰工程的表面质量应符合下列规定:

①普通抹灰表面应光滑、洁净、接槎平整,分格缝应清晰;高级抹灰表面应光滑、洁净、颜色均匀、无抹纹,分格缝和灰线应清晰美观。

②护角、孔洞、槽、盒周围的抹灰表面应整齐、光滑;管道后面的抹灰表面应平整。

③抹灰分格缝的设置应符合设计要求,宽度和深度应均匀,表面应光滑,棱角应整齐。

④有排水要求的部位应做滴水线(槽),滴水线(槽)应整齐顺直,滴水线应内高外低,滴水槽宽度和深度均不应小于10mm。

⑤一般抹灰质量要求见表11-4。

一般抹灰允许偏差和检验方法 表 11-4

项次	项　　目	允许偏差(mm)		检 验 方 法
		普通抹灰	高级抹灰	
1	立面垂直度	4	3	用 2m 垂直检测尺检查
2	表面平整度	4	3	用 2m 靠尺和塞尺检查
3	阴阳角方正	4	3	用直角检测尺检查
4	分格条(缝)直线度	4	3	拉 5m 线,不足 5m 拉通线,用钢直尺检查
5	墙裙、勒脚上口直线度	4	3	拉 5m 线,不足 5m 拉通线,用钢直尺检查

11.2.4 装饰抹灰工程施工工艺

装饰抹灰不但有与一般抹灰工程同样的功能,而且在材料、工艺、外观上更具有特殊的装饰效果。其特殊之处在于可使建筑物表面光滑、平整、清洁、美观,在满足人们审美需要的同时,还能给予建筑物独特的装饰形式和色彩。其价格稍贵于一般抹灰,是目前一种物美价廉的装饰工程。

装饰抹灰面层所用的材料有彩色水泥、白水泥、各种颜料和石粒。石粒中较为常见的是大理石石粒,具有多种色泽。

装饰抹灰的种类很多,但底层的做法基本相同:在基层上,用1:3水泥砂浆打底,厚约12mm,待打底层终凝后,根据不同面层做法施作面层。当采用水磨石、水刷石、干粘石和斩假石装饰面层时,为在面层上制作装饰图案,也达到防止面层面积过大而开裂的目的,需在底层上按设计的图案镶嵌分格条,两侧用素水泥浆黏结固定。分格条可采用黄铜条、铝条、不锈钢条或玻璃条,宽约8mm。同时,在面层施作前,一般在底层上洒水湿润,并刮抹水泥素浆(厚1.5~2mm)作为黏结层并找平。下文仅对不同装饰抹灰面层做法进行说明。装饰抹灰的允许偏差和检验方法见表11-5。

装饰抹灰的允许偏差和检验方法 表11-5

项次	项　　目	允许偏差(mm)				检验方法
		水刷石	斩假石	干粘石	假面砖	
1	立面垂直度	5	4	5	5	用2m靠尺和塞尺检查
2	表面平整度	3	3	5	4	用2m靠尺和塞尺检查
3	阳角方正	3	3	4	4	用直角检测尺检查
4	分格条(缝)直线度	3	3	3	3	用5m线,不足5m拉通线,用钢直尺检查
5	墙裙、勒脚上口直线度	3	3	—	—	用5m线,不足5m拉通线,用钢直尺检查

1)水磨石

水磨石多用于地面或墙裙。水磨石面层做法如下:

(1)分隔条镶嵌完成,并刮抹水泥素浆黏结层后,将具有设计色彩的水泥石子浆[水泥:石子=1:(1~2.5)]填入分格网中,抹平压实,厚度要比嵌条稍高1~2mm。为使水泥石子浆罩面平整密实,可均匀补撒一些小石子。

(2)水泥石子浆层收水后,用滚筒滚压,浇水养护。

(3)根据气温、水泥品种等情况,2~5d后开磨,以石子不松动、不脱落、表面不过硬为宜。水磨石要分三遍进行,采用磨石机洒水磨光。

2)水刷石

水刷石主要用于外墙装饰抹灰。水刷石面层做法如下:

(1)分隔条镶嵌完成,并刮抹水泥素浆黏结层后,抹压稠度为5~7cm、厚8~12mm的水泥石子浆[水泥:石子=1:(1.25~1.5)]面层。石子浆面层稍收水后,用铁抹子把面层浆满压一遍,把露出的石子棱尖轻轻拍平,然后用刷子蘸水刷一遍,再通压一遍。如此反复刷压不少于3遍,最后用铁抹子拍平,使表面石子大面朝外,排列紧密均匀。

(2)待面层石子浆刚开始初凝(手指按上去不显指痕,用刷子刷表面而石粒不掉)时进行冲刷,分两遍进行。第一遍用刷子蘸水自上而下刷掉面层水泥浆,使表面石子完全外露,注意勿将面层冲坏;第二遍为使表面洁净,可用喷雾器自上而下喷水冲洗。把表面水泥浆冲掉,石子外露约为 1/2 粒径,使石子清晰可见,均匀密布。

外观质量要求是水刷石表面应石粒清晰、分布均匀、紧密平整、色泽一致,应无掉粒和接槎痕迹。

3)干粘石

在水泥砂浆上面直接干粘石子的做法,称为干粘石。干粘石多用于外墙面。

干粘石面层做法如下:

(1)分隔条镶嵌完成,并刮抹水泥素浆黏结层后,抹压 6mm 厚、配比为 1:(2~2.5)的水泥砂浆层。

(2)抹压水泥砂浆层的同时,将配有不同颜色或同色的粒径 4~6mm 的石子甩在水泥砂浆层上,并拍平压实。拍时不得把砂浆拍出来,以免影响美观,要使石子嵌入深度不小于石子粒径的一半,待达到一定强度后洒水养护。同时,也可用喷枪将石子均匀有力地喷射于黏结层上,用铁抹子轻轻压一遍,使表面平整。

干粘石的质量要求是石粒黏结牢固、分布均匀、不掉石粒、不露浆、不漏粘、颜色一致、阳角处不得有明显黑边。

4)斩假石

斩假石又称剁假石、剁斧石,是在硬化后的水泥石子浆面层上用斩斧等工具斩琢,做出有规律的槽纹,做成像石砌成的墙面,要求面层斩纹或拉纹均匀,深浅一致,边缘留出宽窄一样,棱角不得有损坏,具有较好的装饰效果,但费工较多。斩假石面层做法如下:

(1)分隔条镶嵌完成,并刮抹水泥素浆黏结层后,随即抹压厚 10mm、配比为 1:1.25 的水泥石子浆罩面两遍,使与分格条齐平,并用刮尺赶平。

(2)水泥石子浆罩面层收水后,用木抹子打磨压实,并从上往下竖向顺势溜直。抹完面层后须采取防晒措施。

(3)洒水养护 3~5d 开始试剁,试剁后石子不脱落,即可用剁斧将面层剁毛。在墙角、柱子等边棱处,宜横向剁出边条或留出 15~20mm 的窄条不剁。待斩剁完毕后,拆除分格条、去边屑,即能显示出较强的琢石感。

斩假石质量要求:剁纹均匀顺直,深浅一致,不得有漏剁处,阳角处横剁和留出不剁的边条,应宽窄一致、棱角无损,最后洗刷掉面层上的石屑,不得蘸水刷浇。

斩假石剁、斩工作量很大,后来出现仿斩假石的新施工方法。其做法与斩假石基本相同,只是面层厚度减为 8mm,不同处是表面纹路不是剁出,而是用钢篦子拉出。钢篦子用一段锯条夹以木柄制成。待面层收水后,钢篦子沿导向的长木引条轻轻划纹,随划随移动引条。待面层终凝后,仍按原纹路自上而下拉刮几次,即形成与斩假石相似效果的外表。

5)拉毛灰和洒毛灰

拉毛灰是将底层用水湿透,抹上 1:0.5:1 的水泥石灰砂浆,随即用硬刷子或铁抹子进行拉毛。刷子拉毛时,用刷蘸砂浆往墙上连续垂直拍拉,拉出毛头。铁抹子拉毛时,则不蘸砂浆,只用抹子黏结在墙面随即抽回,要拉得快慢一致,均匀整齐,色彩一样,不露底,在一个平面上要一次成活,避免中断留槎。

洒毛灰(又称甩毛灰、撒云片)是用竹丝刷蘸 1:2 水泥砂浆或 1:1 水泥砂浆或石灰砂浆,由上往下洒在湿润的墙面底层上,洒出的云朵须错乱多变、大小相称、纵横相间、空隙均匀。也可在未干的底层上刷上颜色,然后不均匀地洒上罩面灰,并用抹子轻轻压平,使其部分露出带色的底子灰,则洒出的云朵具有浮动感。

6)喷涂、滚涂与弹涂

(1)喷涂饰面

喷涂饰面的做法是用挤压式灰浆泵或喷斗将聚合物水泥砂浆经喷枪均匀喷涂在墙面基层上。根据涂料的稠度和喷射压力的大小,以质感区分,可喷成砂浆饱满、呈波纹状的波面喷涂和表面布满点状颗粒的粒状喷涂。

喷涂前须在底层上喷或刷一道胶水溶液(108 胶:水 = 1∶3),使基层吸水率趋于一致,和喷涂层黏结牢固。喷涂层厚 3~4mm,粒状喷涂应连续三遍完成,波状喷涂必须连续操作,喷至全部泛出水泥浆但又不致流淌为好。

在大面积喷涂后,按分格位置用铁皮刮子沿靠尺刮出分格缝。喷涂层凝固后再喷罩面一层甲基硅酸钠疏水剂。

喷涂饰面质量要求表面平整,颜色一致,花纹均匀,不显接槎。

近年来还广泛采用塑料涂料(如水性或油性丙烯树脂、聚氨酯等)做喷涂的饰面材料。它具有防水、防潮、耐酸、耐碱的性能,面层色彩可任意选定,对气候的适应性强,施工方便,施工工期短。实践证明,外墙喷塑是今后建筑装饰的发展方向。

(2)滚涂饰面

滚涂饰面的做法是在底层上先抹一层厚 3mm 的聚合物砂浆,随后用带花纹的橡胶或塑料滚子滚出花纹,滚子表面花纹不同即可滚出多种图案,最后喷罩甲基硅酸钠疏水剂。

滚涂砂浆的配合比为水泥:集料(沙子、石屑或珍珠岩) = 1∶(0.5~1),再掺入占水泥20%量的 108 胶和 0.25% 的木钙减水剂。

滚涂饰面一般手工操作,滚涂分干滚和湿滚两种。干滚时滚子不蘸水,滚出的花纹较大,工效较高;湿滚时滚子反复蘸水,滚出花纹较小。滚涂工效比喷涂低,但便于小面积局部应用。滚涂操作应一次成活,多次滚涂易产生翻砂现象。

(3)弹涂饰面

弹涂饰面的做法是在底层上喷刷或涂刷一遍掺有 108 胶的聚合物水泥色浆涂层,然后用弹涂器分几遍将不同色彩的聚合物水泥浆弹在已涂刷的涂层上形成 1~3mm 大小的扁圆花点。通过不同的颜色组合和浆点所形成的质感,相互交错、互相衬托,有近似于干粘石的装饰效果;也有做成单色光面、细麻面、小拉毛拍平等多种花色。

分层弹涂顺序是先喷刷底色浆一道,弹分格线,贴分格条,弹头道色点,待稍干后即弹第二道色点,最后进行个别修弹,再进行喷射或涂刷树脂罩面层。弹涂器有手动和电动两种,后者工效高,适合大面积施工。

11.3 饰面工程

饰面工程就是将天然或人造石饰面板、饰面砖等安装或镶贴在基层上的一种装饰方法。饰面板(砖)的种类繁多,常用的饰面板有天然石饰面板、人造石饰面板、金属饰面板、塑料饰面板、有色有机玻璃饰面板、饰面混凝土墙板、饰面砖等。

随着建筑工业化的发展,墙板构件转向工厂生产、现场安装,一种将饰面与墙板制作相结合并一次成型的装饰墙板也日益得到广泛应用。此外,还有大块安装的玻璃幕墙等,进一步丰富和扩大了装饰工程的内容。

11.3.1　饰面材料的选用及质量要求

1)天然石饰面板

常见的天然石饰面板有大理石饰面板和花岗岩饰面板。

大理石饰面板用于高级装饰,如门头、柱面、墙面等。

质量要求:表面不得有隐伤、风化等缺陷,光洁度高,石质细密,无腐蚀斑点,色泽美丽,棱角齐全,底面平整。要轻拿轻放,保护好四角,切勿单角码放和码高,要覆盖好存放。

花岗石饰面板宜用于台阶、地面、勒脚、柱面和外墙等。

质量要求:要求棱角方正,颜色一致,不得有裂纹、砂眼、石核等隐伤现象,当板面颜色略有差异时,应注意颜色的和谐过渡,并按过渡顺序将饰面板排列放置。

2)人造石饰面板

人造石饰面板主要有人造大理石饰面板、预制水磨石饰面板、预制水刷石饰面板,用于室内外墙面、柱面等。

质量要求:要求表面平整,几何尺寸准确,面层石粒均匀、洁净,颜色一致。

3)金属饰面板

金属饰面板主要有铝合金、不锈钢、镀锌钢板、彩色压型钢板、塑铝板、铜板等。

金属饰面板典雅庄重,质感丰富,价格便宜,易于加工成形,便于运输和施工,强度高,质量小,经久耐用,表面光亮并可反射太阳光及防火、防潮、耐腐蚀等。表面经阳极氧化或喷漆处理后,可获得所需要的各种不同色彩,具有更好的装饰效果。尤其是铝合金板墙面,属于高档的建筑装饰,装饰效果独特,应用广泛。

4)塑料饰面板

常用的有聚氯乙烯塑料板(PVC)、三聚氰胺塑料板、塑料贴面复合板、有机玻璃饰面板等,塑料板饰面,新颖美观,品种繁多。

特点是:板面光滑、色彩鲜艳,有多种花纹图案,质轻、耐磨、防水、耐腐蚀,硬度大,吸水性小,应用范围广。

5)饰面墙板

随着建筑工业化的发展,结构与装饰合一是装饰工程的发展方向。饰面墙板就是将墙板制作与饰面相结合,一次成形,从而进一步扩大了装饰工程的内容,加快了施工进度。

饰面墙板按其生产方式有以下四种:

(1)露石混凝土饰面板

当墙板采用平模生产时,在混凝土浇筑后,尚未凝固前,采用水冲法或酸洗法除去表面的水泥浆,使集料外露形成饰面层。为了获得色彩丰富、多样化的饰面层,可选择具有不同颜色的集料,也可在未凝固的混凝土表面直接嵌卵石或用带色的石子嵌成各种花纹图案。

(2)正打印花或压花混凝土饰面板

墙板的正打印花饰面,是将带有图案的模型板铺在欲做的砂浆层上,然后用抹子拍打、抹压,使砂浆从模型板花饰的孔洞中挤出,抹光后揭模即成。

压花饰面,则是先在墙板铺上模型板,随即倒上砂浆,摊开抹匀,砂浆即从花孔处漏下,抹光揭去模型板即成。

(3)模塑混凝土饰面板

这是采取"反打"工艺的一种饰面做法,即将墙板的外表利用衬模塑造成平滑面、花纹面、浮雕面等质感很强的、具有不同图案的面层。

(4)饰面板(砖)预制墙板

墙板预制时,根据建筑装饰要求,将天然大理石、人造美术石、陶瓷锦砖、瓷板、面砖等饰面材料直接粘贴在混凝土墙板表面。

6)饰面砖

常用的饰面砖有釉面瓷砖、面砖、陶瓷锦砖等。

釉面瓷砖有白色、彩色、印花图案等多样品种,常用于卫生间、厨房、游泳池等饰面。

面砖有毛面和釉面两种,颜色有米黄、深黄、乳白、淡蓝等多种,广泛用于外墙、柱、窗间墙和门窗套等饰面。

质量要求:饰面砖的表面光洁、色泽一致,不得有暗痕和裂纹。釉面砖的吸水率不得大于10%。饰面砖粘贴的允许偏差和检验方法,见表11-6。

饰面砖粘贴的允许偏差和检验方法 表11-6

项次	项 目	允许偏差(mm)		检 验 方 法
		外墙面砖	内墙面砖	
1	立面垂直度	3	2	用2m垂直检测尺检查
2	表面平整度	4	3	用2m靠尺和塞尺检查
3	阴阳角方正	3	3	用直角检测尺检查
4	接缝直线度	3	2	拉5m线,不足5m拉通线,用钢直尺检查
5	接缝高低差	1	0.5	用钢直尺和塞尺检查
6	接缝宽度	1	1	用钢直尺检查

11.3.2 饰面板(砖)施工

饰面板(砖)可采用胶黏法施工和常规法施工,胶黏法施工是今后的发展方向。

1)胶黏法施工

饰面板(砖)的施工的胶黏剂固结技术,是利用胶黏剂将饰面板(砖)直接粘贴于基层上。该方法工艺简单、操作方便、黏结力强、耐久性好、施工速度快等,是实现装饰工程干法施工、加快施工进度的有效措施,也是饰面板(砖)施工今后的发展方向。

2)常规法施工

(1)安装法施工

大规格的饰面板(边长>400mm)或安装高度超过1m时,则多采用安装法施工。安装法施工的工艺有:湿法工艺、干法工艺和G·P·C工艺(G·P·C工艺是国外工艺的名称,是干挂法施工工艺的发展)。

湿法工艺的优点是对墙面要求简单,缺点是易产生回潮、返碱、返花等现象,影响美观。其要点包括以下几点:

①准备工作。检查基层平整情况,如凹凸过大,应先进行平整处理;墙面、柱面抄平;在抄平基层上分块弹出水平线和垂直线进行预排和编号,确保接缝均匀;在基层上绑扎钢筋网,与结构预埋件连接牢固;按设计要求在饰面板的四周侧面钻好绑扎钢丝或铁丝的圆孔。

②板块安装。用铜丝或不锈钢丝把板块与基层表面的钢筋骨架绑扎固定,如图11-5、图11-6所示。绑扎固定好的板块与墙面间留20~50mm的空隙,上下口的四角用石膏临时固定,确保板面平整。

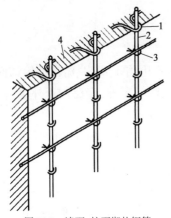

图11-5 墙面、柱面绑扎钢筋

1-墙、柱预埋件;2-绑扎立筋;3-绑扎水平筋;4-墙体或柱体丝或不锈钢丝绑牢

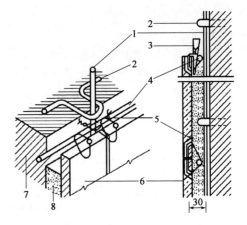

图11-6 大理石板安装固定示意图

1-立筋;2-铁环;3-定位木楔;4-横筋;5-铜丝或不锈钢铜丝;6-大理石板;7-墙体;8-水泥砂浆

③砂浆灌缝。用1:3的水泥砂浆(稠度80~120mm)分层灌缝,每层为100~200mm,待终凝后再继续灌浆,直到离板材水平接缝以下50~100mm为止。

板块安装时从中间开始往左右两边粘贴,或从一边依次拼贴,待安装好上一行板材后再继续灌缝处理,依次逐行往上操作。安装及灌缝完成后,接缝处用与饰面相同颜色的水泥浆或油腻子粉填抹,并将饰面板清理干净,如饰面层光泽度受到影响,可以重新打蜡出光。

干法工艺是直接在板上打孔,然后用不锈钢连接器与埋在混凝土墙体内的膨胀螺栓相连,板与墙体间形成80~90mm宽的空气层,如图11-7所示。干法工艺一般多用于30m以下的钢筋混凝土结构,不适用砖墙或加气混凝土基层。干法工艺可有效防止板面回潮、返碱、返花等现象,目前应用较多。

G·P·C工艺是干法工艺的发展,是以钢筋混凝土作衬板、饰面板作面板(两者用不锈钢连接环连接,并浇筑成整体)的复合板,再通过连接器具悬挂到钢筋混凝土结构或钢结构上的做法,如图11-8所示。衬板与结构连接的部位其厚度应加大。这种柔性节点可用于超高层建筑,以满足抗震要求。

(2)镶贴法施工

镶贴法施工一般适用于小规格的饰面板(边长<400mm)、面砖、釉面瓷砖及陶瓷锦砖等小型饰面板(砖)。

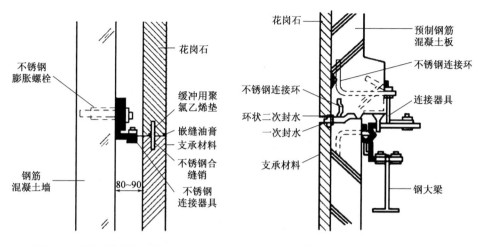

图 11-7 干法工艺(尺寸单位:mm)　　　　图 11-8 G·P·C工艺

镶贴法施工的主要工艺流程:基层处理、基体表面湿润→水泥砂浆打底→弹线分格→选板(砖)、预排→浸砖→镶贴饰面板(砖)→勾缝→清洁面层。基层应平整而粗糙,镶贴前应清理干净并加以湿润。打底砂浆层养护1~2d,方可进行镶贴。

11.4 幕墙工程

幕墙工程是一种饰面工程。幕墙是由金属构件与玻璃、铝板、石材等面板材料组成的建筑外围护结构。幕墙结构的主要部分如图 11-9 所示,由面板构成的幕墙构件连接在横梁上,横梁连接在立柱上,立柱悬挂在主体结构上。为了使立柱在温度变化和主体结构侧移时有变形的余地,立柱上下由活动接头连接,使立柱各段可以上下相对移动。

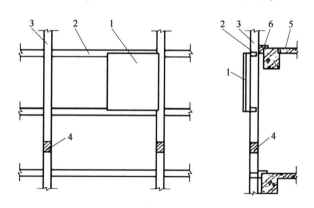

图 11-9 幕墙组成示意图

1-墙构件;2-梁;3-立柱;4-立柱活动接头;5-主体结构;6-立柱悬挂点

幕墙大片连续,不承受主体结构的荷载,装饰效果好、自重小、安装速度快,并能增强建筑物的艺术造型,改善其使用功能,是建筑外墙轻型化、装配化较为理想的形式,在现代建筑中应用广泛。

幕墙按面板材料可分为玻璃幕墙、铝合金板幕墙、石材幕墙、钢板幕墙、预制彩色混凝土板幕墙、塑料幕墙、建筑陶瓷幕墙和铜质面板幕墙等。建筑中常用玻璃幕墙、铝合金板玻璃幕墙和石材幕墙。

11.4.1 玻璃幕墙

玻璃幕墙常用于现代建筑的外墙面装饰。

1)玻璃幕墙分类

玻璃幕墙按构造可分为明框玻璃幕墙、全隐框玻璃幕墙、半隐框玻璃幕墙(竖隐横不隐或横隐竖不隐)、全玻璃幕墙和挂架式玻璃幕墙等。

(1)明框玻璃幕墙

明框玻璃幕墙的构造做法是玻璃板镶嵌在铝框内,形成四边都有铝框固定的幕墙构件。幕墙构件又连接在横梁上,形成横梁、立柱均外露,铝框分隔明显的立面。

明框玻璃幕墙是最传统的形式,工作性能可靠,相对于隐框玻璃幕墙更容易满足施工技术水平的要求,应用广泛。

(2)全隐框玻璃幕墙

这种玻璃幕墙的构造做法是在铝合金构件组成的框格上固定玻璃框,玻璃框的上框挂在铝合金整个框格体系的横梁上,其余三边分别用不同方法固定在立柱及横梁上。玻璃用结构胶预先粘贴在玻璃框上。玻璃框之间用结构密封胶密封。玻璃为各种颜色的镀膜镜面反射玻璃,玻璃框及铝合金框格体系均隐在玻璃后面,从外侧看不到铝合金框,形成一个大面积的有颜色的镜面反射屏幕幕墙。这种幕墙的全部荷载均由玻璃通过胶传给铝合金框架,因此,胶结强度成为制约全隐框玻璃幕墙安全性的关键因素。

(3)半隐框玻璃幕墙

①竖隐横不隐玻璃幕墙。这种玻璃幕墙的构造做法是玻璃安放在横梁的玻璃镶嵌槽内,镶嵌槽加盖铝合金压板,铝合金压板盖在玻璃外面,只有立柱隐在玻璃后面。施工时,一般在车间将玻璃粘贴在两竖边有安装沟槽的铝合金玻璃框上,将玻璃框竖边再固定在铝合金框格体系的立柱上;玻璃上、下两横边则固定在铝合金框格体系横梁的镶嵌槽中。由于玻璃与玻璃框的胶缝在车间内加工完成,材料粘贴表面洁净有保证,玻璃框是在结构胶完全固化后才运往施工现场安装的,故胶结强度能得到保证。

②横隐竖不隐玻璃幕墙。这种玻璃幕墙的构造做法是横向采用结构胶粘贴式玻璃的装配方法,在专门车间内制作,结构胶固化后运往施工现场;竖向采用玻璃嵌槽内固定。竖边用铝合金压板固定在立柱的玻璃镶嵌槽内,形成从上到下整片玻璃由立柱压板分隔成长条形的画面。

(4)全玻璃幕墙

全玻璃幕墙多用于建筑物的首层,它的骨架除主框架,次骨架是用玻璃制成的玻璃肋,上下左右用胶固定,且下端采用支点。幕墙的玻璃本身既是饰面材料,又是承受自重、风荷载、地震荷载的架构构件。

(5)挂架式玻璃幕墙

挂架式玻璃幕墙又称点支承式玻璃幕墙,采用四爪式不锈钢挂件与立柱相焊接,每块玻璃四角在厂家加工时钻 4 个 $\phi20$ 孔,挂件的每个爪与 1 块玻璃 1 个孔相连接,即 1 个挂件同时与

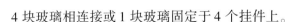

4 块玻璃相连接或 1 块玻璃固定于 4 个挂件上。

2)玻璃幕墙安装施工

玻璃幕墙现场安装施工有单元式和分件式两种方式。单元式施工是将立柱、横梁和玻璃板材在工厂先拼装成一个安装单元(一般为一层楼高度),然后在现场整体吊装就位。

分件式安装施工是最一般的方法,它将立柱、横梁、玻璃板材等材料分别运到工地,现场逐件进行安装。

分件式安装方法的主要工艺流程为:放线定位→预埋件检查→骨架安装施工→玻璃安装→密缝处理→清洁维护。

11.4.2 铝合金板玻璃幕墙

铝合金板玻璃幕墙主要由铝合金板(以下简称铝板)和骨架组成。承重骨架由立柱和横梁拼成,多为铝合金型材或型钢制作,通过连接件与主体结构固定。铝板与骨架用连接件连成整体。根据铝板的截面类型,连接件可以采用螺钉或特制的卡具。铝板可选用定型产品,也可要求厂家根据设计定做。

铝板幕墙的主要施工工艺流程为:放线定位→连接件安装→骨架安装→铝板安装→收口处理。

铝板幕墙安装时要控制好安装高度、铝板与墙面的距离、铝板表面垂直度等。施工后的幕墙表面应做到表面平整、连接可靠,无翘起、卷边等现象。

铝板幕墙的优点是:强度高、质量小;生产周期短、易于加工成形、加工精度高;防火防腐性能好;装饰效果典雅庄重、质感丰富,是一种高档次的建筑外墙装饰。其缺点是:铝板幕墙节点构造复杂、施工精度要求高,要求施工工具完备,并要求经过培训、有经验的工人进行操作,才能保证施工效果。

11.4.3 石材幕墙

石材幕墙多采用干挂法施工。干挂石材可以采用类似玻璃幕墙的干法工艺,放在钢型材或铝合金型材骨架的横梁和立柱上。在实体结构墙上(如钢筋混凝土墙),石材也可以直接通过金属件与结构墙体连接,每块石材单独受力,各自工作。干挂石材的板缝之间用密封胶嵌缝。

干挂石材一般采用在 1 m² 以内的小块板材,厚度为 20 ~ 30mm,常用 25mm。

石材为天然脆性材料,力学离散性大;石材本身会有很多微裂缝,随时间推移裂缝会继续发展;石材重量大,固定困难。因此,石材幕墙必须精心设计、精心施工,留足够的安全储备。

11.5 涂饰工程

涂饰工程包括油漆涂饰和涂料涂饰,是将涂饰胶体溶液涂敷于物体表面,使之与基层黏结,并形成一层完整而坚韧的薄膜,借以达到装饰、美观和保护基层免受外界侵蚀的目的。

涂饰工程施工简便、经济,易于维修,色彩丰富,质感多变,耐久性好,施工效率高,用途广泛。

11.5.1 油漆涂饰工程

油漆是一种胶结用的胶体溶液,主要由胶黏剂、溶剂(稀释剂)、颜料和其他填充料或辅助材料(如催干剂、增塑剂、固化剂)等组成。胶黏剂常用桐油、梓油和亚麻仁油及树脂等,是硬化后生成漆膜的主要成分。溶剂的作用是稀释油漆涂料,常用的有松香水、酒精及溶剂油(代松香水用),溶剂掺量过多,会使油漆的光泽不耐久。催干剂,如燥漆,可加速油漆的干燥速度,但掺量太多会使漆膜变黄、发软或破裂。颜料可使涂料具有丰富的色彩,并能起充填作用,提高漆膜的密实度,减小收缩,改善漆膜的耐水性和稳定性。

选择油漆应注意底漆、腻子、面漆和罩光漆相互之间的配套使用,否则会影响黏附力。

1)建筑工程常用的油漆涂料

(1)清油。多用于调配厚漆和红丹防锈漆,或单独涂刷于金属、木料表面或打底子及调配腻子,但漆膜柔软,易发黏。

(2)厚漆(又称铅油)用于各种涂层打底或单独做表面涂层,或用来调配色油和腻子。厚漆具有丰富的色彩,漆胶膜较软。使用时需加清油、松香水等稀释,与面漆黏结性好,但干燥快,光亮度、坚硬性较差。

(3)调和漆分为油性调和漆和瓷性调和漆两类。油性调和漆的漆膜附着力强,耐大气作用好,不易粉化、龟裂,但干燥时间长,漆膜较软,适用于室内外金属及木材、水泥表面层涂刷。瓷性调和漆漆膜较硬,光平滑,耐水洗,但耐候性差,易失光、龟裂和粉化,适宜于室内面层涂刷。

(4)红丹油性防锈漆和铁红油性防锈漆。用于各种金属表面防锈。

(5)清漆。分油质清漆(又称凡立水)和挥发性清漆(又称泡立水)两类。常用的油质清漆有酯胶清漆、酚醛清漆、醇酸清漆等,漆膜干燥快,光泽透明,适于木门窗、板壁及金属表面罩光。挥发性清漆干燥快、漆膜坚硬光亮、但耐水、耐热、耐大气作用差,易失光,多用于室内木质面层打底和家具罩面。

(6)聚醋酸乙烯乳胶漆。是一种性能良好的新型涂料和墙漆,以水做稀释剂,无毒且安全,适用于高级建筑室内抹面、木材面和混凝土的面层涂刷,或室外抹灰面。优点是漆膜坚硬平整,附着力强,干燥快,耐暴晒和水洗,墙面稍经干燥即可涂刷。

2)油漆涂饰施工

油漆涂饰施工的工艺流程为:基层准备→打底子→刮腻子→涂刷油漆等工序。

油漆时,待前遍油漆干燥后,后遍油漆尚可进行。每遍油漆都应涂刷均匀,层间必须结合牢固,干燥得当,以达到均匀而密实的效果。如果干燥不当,会造成涂层起皱、发黏、麻点、针孔、失光、泛白等。

一般油漆工程施工环境温度不宜低于10℃(适宜温度为10~35℃),相对湿度不宜大于60%,并应注意通风换气和防尘。当遇有大风、雨、雾天气时,不可施工。

11.5.2 涂料涂饰工程

涂料品种繁多,可以采用不同的方法进行分类。

按装饰部位不同可分为内墙涂料、外墙涂料、顶棚涂料、地面涂料及屋面防水涂料等。

按成膜物质不同可分为油性涂料(也称油漆)、有机高分子涂料、无机高分子涂料、有机无机复合涂料。

按分散介质的不同可分为溶剂型涂料、水溶性涂料和水乳型涂料。传统的油漆就属于溶剂型涂料;水溶性涂料是以水为分散介质,以水溶性高聚物作为成膜物质(如聚乙烯醇水玻璃涂料,即106涂料)的涂料,涂料耐水性差;水乳型涂料是以水为介质,以各种不饱和单体悬浮液聚合得到的乳液为基础,添加各种颜色填料和助剂后而成。

按成膜质感可分为薄质涂料(一般用刷涂法施工),厚质涂料(一般用滚涂、喷涂、刷涂法施工)及复层建筑涂料(一般用分层喷塑法施工,包括封底涂料、主层涂料、罩面涂料)。

按涂料功能分类可分为装饰涂料、防火涂料、防水涂料、防腐涂料、防霉涂料及防结露涂料等。

11.6　刷浆工程

刷浆工程是将石灰浆、大白浆、可赛银浆、聚合物水泥浆等刷涂或喷涂在抹灰层或结构的表面上,以起到保护和美化装饰的效果。刷浆工程分为室内刷浆和室外刷浆,也包括顶棚等涂料的涂刷。

11.6.1　常用刷浆材料及其配制

1)石灰浆

石灰浆是用块状生石灰或石灰膏加水搅拌过滤而成的,在其中加入石灰用量5%的食盐或明矾可防止脱粉,加入耐碱性颜料可配成色浆。在浆中掺入108胶或聚醋酸乙烯类乳液,可增强灰浆与基层的黏结力。石灰浆耐久性、耐水性、耐污染性较差,属低档饰面材料,仅用于室内普通墙面及顶棚刷浆工程。

2)白水泥石灰浆

白水泥石灰浆是在石灰中掺入白水泥、食盐和光油,加水调制而成。配制按白水泥:石灰:食盐:光油 = 100:250:25:25。适用于外墙涂刷。

3)聚合物水泥浆

聚合物水泥浆是在水泥中掺入有机聚合物(如108胶、白乳胶、二元乳胶)和水调制而成的。可提高水泥浆的弹性、塑性和黏结性,一般刷后再罩一遍有机硅防水剂,以增强浆面防水、防污染和防风化的效果,用于外墙刷浆。

4)大白浆

大白浆是由滑石、青石等精研成粉,加水过淋而成的碳酸钙粉末。大白粉加水再加胶合料即调制成大白粉浆,掺入颜料则成各种色浆。大白粉本身没有强度和黏结性,在配制时必须掺入胶黏剂。

常见大白浆的配合比为:龙须菜大白浆-大白粉:龙须菜:动物胶:清水 = 100:(3~4):(1~2):(150~180);火碱大白浆-大白粉:面粉:火碱:清水 = 100:(2.5~3):1:(150~180);乳胶大白浆-大白粉:聚醋酸乙烯乳胶(白乳胶):六偏磷酸钠:六甲基纤维素 = 100:(8~12):(0.05~0.5):(0.1~0.2)。大白粉浆应随配随用,适用于标准较高的室内墙面及顶棚刷浆。

5）可赛银浆

可赛银浆粉由碳酸钙、滑石粉颜料研磨后加入胶而成。颜色有粉红、中青、杏黄、米黄、浅蓝、深绿、蛋青、天蓝、深黄等。配制时先掺可赛银重量70%的温水，拌成奶浆，待胶溶化后，再加入30%～40%的水拌成稀浆，过筛后再注入水调成适用浓度使用。可赛银浆膜的附着力、耐水性、耐磨性均比大白浆好。适用于室内墙面及顶棚刷浆。

6）干墙粉

干墙粉是一种含有胶料的高级刷墙粉，具有各种颜色，色粉浆色彩鲜明，黏结性好，不脱皮褪色。配制时，按1∶1加温水拌成奶浆，待胶溶化后再加适量水调成适当浓度，过筛1～2次即可使用。适用于墙面及顶棚粉刷。

11.6.2　刷浆施工

刷浆前，基层表面必须干净、平整。表面缝隙、孔眼应用腻子填平，并用砂纸磨平磨光，局部湿度过大部位应烘干。刷涂时，浆液的稠度宜小些；喷涂时，宜大些。

小面积刷浆采用扁刷、圆刷或排笔刷涂；大面积刷浆宜用手压或电动喷浆机进行喷涂。采用机械喷浆时，所有门窗、玻璃等不刷浆的部位应遮严，以防沾污。刷浆次序先顶棚，后由上而下刷（喷）四面墙壁，每间房屋要一次做完，刷色浆应一次配足，以保证颜色一致。室外刷浆，如分段进行时，应以分格缝、墙面的阳角处或水落管处等为分界线。同一墙面应用相同的材料和配合比，涂料必须搅拌均匀，要做到颜色均匀、分色整齐、不漏刷、不透底，最后一遍刷浆或喷浆完毕后，应加以保护，不得损伤。

11.7　裱糊工程

11.7.1　常用材料

裱糊就是将壁纸、墙布用胶黏剂裱糊在基体表面上。壁纸是室内装饰中常用的一种装饰材料，广泛用于墙面、柱面及顶棚的裱糊装饰。裱糊工程常用的材料有塑料壁纸、墙布、金属壁纸、席壁纸和胶黏剂等。

塑料壁纸是目前应用较为广泛的壁纸，主要以聚氯乙烯（PVC）为原料生产。塑料壁纸大致可分为3类，即普通壁纸、发泡壁纸及特种壁纸。

11.7.2　质量要求

壁纸应整洁、图案清晰。印花壁纸的套色偏差不大于1mm，且无漏印。压花壁纸的压花深浅一致，不允许出现光面。此外，其褪色性、耐磨性、湿强度、施工性均应符合现行材料标准的有关规定。

运输和储存时，所有壁纸均不得日晒雨淋，压延壁纸应平放，发泡壁纸和复合壁纸则应竖放。胶黏剂应根据壁纸的品种选用。材料进场后经检验合格方可使用。

11.7.3 塑料壁纸的裱糊施工

1）基层处理

基层处理的好坏对整个壁纸粘贴质量有很大的影响。各种墙面抹灰层只要具有一定强度，表面平整光洁，不疏松掉面都可直接粘贴塑料壁纸。

对基层总的要求是表面坚实、平滑、基本干燥，无毛刺、砂粒、凸起物、剥落、起鼓和大的裂缝，否则应做适当的基层处理。

为防止基层吸水过快，引起胶黏剂脱水而影响壁纸黏结，可在基层表面刷一道用水稀释的108 胶作为底胶进行封闭处理。刷底胶时，应做到均匀、稀薄、不留刷痕。

2）粘贴施工工艺

（1）弹垂直线。在底胶干后，应根据房间大小，对门窗位置、壁纸宽度和花纹图案进行弹线，从墙的阴角开始，以壁纸宽度弹垂直线，作为裱糊时的操作准线。

（2）裁纸。裱糊壁纸时，纸幅必须垂直，才能保证壁纸之间花纹、图案纵横连贯一致。分幅拼花裁切时，要照顾主要墙面花纹的对称完整。对缝和搭缝应按实际弹线尺寸统筹规划，纸幅要编号，并按顺序粘贴。裁切的一边只能搭缝，不能对缝。裁边应平直整齐，不得有纸毛、飞刺等。

（3）湿润。以纸为底层的壁纸遇水会受潮膨胀，等 5 ~ 10min 后胀足，干燥后又会收缩。施工前，壁纸应浸水湿润，充分膨胀后粘贴上墙，可以使壁纸贴得平整。

（4）刷胶。胶黏剂要求涂刷均匀、不漏刷。在基层表面涂刷胶黏剂应比壁纸刷宽 20 ~ 30mm，涂刷一段，裱糊一张。如用背面带胶的壁纸，则只需在基层表面涂刷胶黏剂。裱糊顶棚时，基层和壁纸背面均应涂刷胶黏剂。

（5）裱糊。裱糊施工时，应先贴长墙面，后贴短墙面，每个墙面从显眼的墙角以整幅纸开始，将窄条纸的现场裁切边留在不显眼的阴角处。裱糊第一幅壁纸前，应弹垂直线，作为裱糊时的准线。第二幅开始，先上后下对缝裱糊。对缝必须严密，不显接槎，花纹图案的对缝必须端正吻合，拼缝对齐后，再用刮板由上向下赶平压实。挤出的多余胶黏剂用湿棉丝及时揩擦干净，不得有气泡和斑污，上下边多出的壁纸用刀切齐。每次裱糊 2 ~ 3 幅后，要吊线检查垂直度，以免造成累积误差。阳角转角处不得留拼缝，基层阴角若不垂直，一般不做对接缝，改为搭缝。裱糊过程中和干燥前，应防止穿堂风劲吹和温度的突然变化。冬期施工，应在采暖条件下进行。

（6）清理修整。整个房间贴好后，应进行全面细致的检查，对未贴好的局部进行清理修整，要求修整后不留痕迹。

📖 思考题

1. 装饰工程的作用和特点是什么？

2. 一般抹灰的分类、抹灰层的组成以及各层的作用是什么？

3. 抹灰工程的一般要求是什么？

4. 一般抹灰的施工顺序是什么？

5. 一般抹灰的施工工艺是什么？

6. 灰饼和标筋的作用是什么？

7. 如何进行一般抹灰的质量控制？

8. 常见的装饰抹灰有哪几类？如何施工？

9. 简述机械喷涂抹灰的优点和工艺流程。

10. 饰面板施工的方法有哪些？各自的施工工艺如何？

11. 幕墙有哪些类别？各有何特点？

12. 简述玻璃幕墙的施工工艺。

13. 玻璃幕墙主要的施工工序有哪些？

14. 涂饰工程的分类，各有何特点？

15. 涂料涂饰工程有哪些分类？

16. 常用的刷浆涂料有哪些？怎样施工？

17. 裱糊工程常用的材料有哪些？有什么质量要求？

18. 塑料壁纸的裱糊施工需注意哪些问题？

第 12 章　流水施工原理

12.1　施工组织方式

12.1.1　施工组织方式的含义

施工组织方式就是对多个并列施工对象施工程序的安排方式。施工中一般采用依次施工、平行施工和流水施工三种不同的施工组织方式。

依次施工是多个并列施工对象依次开工,依次完成的一种施工组织方式。

平行施工是多个并列施工对象同时开工,同时完成的一种施工组织方式。

流水施工是多个并列施工对象按一定的时间间隔依次投入施工,各个施工过程陆续开工、陆续完工。

12.1.2　施工组织方式的特征

依次施工的优点是每天投入的劳动力较少,机具使用不很集中,材料供应较单一,便于组织和安排,施工现场管理比较简单。依次施工的缺点是由于没有充分地利用工作面去争取时间,导致工期长;各队组施工及材料供应无法保持连续和均衡,有窝工的情况;由于不连续,所以不利于改进工人的操作方法和施工机具,不利于提高工程质量和劳动生产率;按施工过程依次施工时,各施工队组虽能连续施工,但不能及时为上部结构提供工作面。当工程规模比较小,施工工作面又有限时,依次施工是常用的。

平行施工的优点是充分利用了工作面,完成工程任务的时间最短;平行施工的缺点是施工队组数成倍增加,机具设备也相应增加,材料供应集中。临时设施仓库和堆场面积也要增加,从而造成组织安排和施工管理困难,增加施工管理费用。当工期要求紧,大规模的建筑群分批分期组织施工时,平行施工是常用的。

流水施工的特点是比较充分地利用了施工工作面,流水施工所需的时间比依次施工短;各施工过程投入的劳动力比平行施工少,机具、设备、临时设施等比平行施工少,节约施工费用支出;各施工队组的施工和物资的消耗具有连续性和均衡性,材料等组织供应均匀。流水施工是应用最广泛的施工组织方式。

12.1.3　施工组织方式的比较

施工组织方式的比较见表 12-1。

施工组织方式比较 　　　　　　　　　　表 12-1

方　式	工　期	资源投入	评　　价	适用范围
依次施工	最长	投入强度低	劳动力投入少,资源投入不集中,有利于组织工作。现场管理工作简单,可能会产生窝工现象	规模较小,工作面有限的工程
平行施工	最短	投入强度最大	资源投入集中,现场组织管理复杂,不能实现专业化生产	工期紧迫,资源有充分的保证及工作面允许情况下
流水施工	较短,介于顺序施工与平行施工之间	投入连续均衡	结合了顺序施工与平行施工的优点,作业队伍连续,充分利用工作面,是较理想的组织施工方式	一般项目均可适用

12.2　流水施工应用

12.2.1　流水施工的应用方式

为了适应不同施工项目的具体情况和进度计划安排的具体要求,应采取相应方式的流水作业,以便取得预期的技术经济效果。

应用流水施工方式组织施工时,一般根据施工过程的分解深度和流水施工对象的范围大小来加以考量。

根据施工项目的具体情况和进度计划安排的具体要求,可以将施工过程分解得细些,也可以将施工过程分解得粗些。将施工过程分解得细些,应采取彻底分解流水;将施工过程分解得粗些,应采取局部分解流水。

采取彻底分解流水时,经过分解后的所有施工过程都是属于单一工种就可以完成的。为完成该施工过程,所组织的工作队就应该是由单一工种的工人(或机械)组成的专业班组。

采取局部分解流水时,在进行施工过程的分解时,将一部分施工工作适当合并在一起形成多工种协作的综合性施工过程。为完成该综合性施工过程,所组织的工作队就应该是由多工种(或机械)协作组成的混合班组。例如,将钢筋混凝土地梁作为一个施工过程,实际包含了支模板、绑扎钢筋和浇筑混凝土浇筑这几项工作。该施工过程是由木工、钢筋工、混凝土工组成的混合班组负责施工。

根据施工项目的具体情况和进度计划安排的具体要求,可以将流水施工对象范围定得大些,也可以定得小些分解。依据建设项目划分规定,建设项目划分为单项工程、单位工程、分部工程、分项工程,所以流水施工方式可以是建筑群流水、单位工程流水、分部工程流水、分项工程流水。

分项工程流水也称为细部流水,指一个专业班组使用同一生产工具,依次连续不断地在各施工段中完成同一施工过程的工作流水。例如,几幢混合结构房屋的砖基础工程,可以组织基槽挖土、混凝土垫层、砌砖基础、回填土专业班组的细部流水。

分部工程流水也称为专业流水。把若干个工艺上密切联系的细部流水组合起来，就形成了专业流水，它是各相关专业队共同围绕完成一个分部工程的流水。如某现浇钢筋混凝土工程是由安装模板、绑扎钢筋和浇筑混凝土三个细部流水组成的。

单位工程流水也称为工程项目流水，把构成单位工程的分部工程的专业流水组合起来，就形成了工程项目流水，它是为完成一单位工程而组织起来的全部专业流水的总和。例如，多层框架结构房屋，是由基础分部工程流水、主体分部工程流水、装饰分部工程流水等组成的。

建筑群流水也称为综合流水，是为完成建筑群而组织起来的全部工程项目流水的总和。例如，某住宅小区由 6 幢小高层建筑组成，可以组织 6 幢小高层建筑的流水施工。

12.2.2 流水施工应用的技术经济效果

流水施工成为应用最广泛的施工组织方式，是由于流水施工方式具有明显的技术经济效果。

(1)可以缩短工期。流水施工使各施工过程在保证连续施工的条件下最大限度地实现了衔接和搭接施工，从而减少了因组织不善而造成的停工、窝工损失，合理地利用了施工的时间和空间，有效地缩短了施工工期。

(2)可以实现均衡、有节奏地施工。"均衡"是指不同时间段的资源数量变化相对较小，"有节奏"是指工人作业时间有一定的规律性。使劳动消耗、物资供应、机械设备利用等处于相对平稳状态的"均衡"，可以充分发挥管理水平，节约使用资源，降低工程成本。班组人员按一定的时间要求投入作业，在每段的工作时间安排上尽量有规律，可以带来良好的施工秩序、和谐的施工气氛、可观的经济效果。

(3)可以提高劳动生产率，保证工程质量。按专业工种建立劳动组织，实行生产专业化，有利于发挥工人的技术特长，有利于提高工人的劳动熟练程度，有利于改进操作方法和施工工具，结果是有利于提高劳动生产率，有利于保证施工质量。

12.3 流水施工参数

12.3.1 流水施工参数构成

在组织流水施工时，用以表达流水施工在工艺流程、空间布置、时间安排等方面的特征和各种数量关系的参数，称为流水施工参数。

流水施工参数按性质划分为工艺参数、空间参数、时间参数三类。只有对这些参数进行认真的、有预见的研究和计算，才可能成功地组织流水施工。

12.3.2 工艺参数

工艺参数是指在组织流水施工时，用来表达施工工艺开展顺序及其特征的参数，包括施工过程数和流水强度两个参数。

施工过程数(n)是指一组流水中施工过程的个数。在组织流水施工时，表达流水施工在工艺上开展层次的过程，称为施工过程。施工过程数目要适当，以便于组织施工。若施工过程数过小,则达不到好的流水效果;若施工过程数过大,则需要的专业工作队组就多,相应地,需要划分的流水段也多,也达不到好的流水效果。

施工中,有时由几个专业队负责完成一个施工过程或一个专业队完成几个施工过程,于是施工过程数(n)与专业队数(N)便不相符。组织流水的施工过程如果各由一个工作队施工,则 n 与 N 相同。

在划分施工过程时,只有那些对工程施工具有直接影响的施工内容才组织在流水中。对于预先加工和制造的建筑半成品、构配件的制备类施工过程(如混凝土的配制、钢筋的制作),对于运输类施工过程(如将构配件运至工地),当其不占用施工对象的空间、不影响总工期时,不列入施工进度计划表中。对于在施工对象上直接进行加工而形成建筑产品的建造类施工过程(如构件安装),由于占用施工对象的空间,而且影响总工期,所以主要按建造类划分施工过程。

施工过程可以根据施工进度计划的需要,在分项工程、分部工程、单位工程、单项工程中选择。施工过程数与工程项目的规模大小、复杂程度、结构类型、施工方法等有关。对复杂的施工内容应分得细些,简单的施工内容分得粗些。对工期影响较大的,或对整个流水施工起决定性作用的主导施工过程,应首先找出,以便抓住流水施工的关键环节。

流水强度(n)指某施工过程在单位时间内能够完成的工程量,它取决于该施工过程投入的工人数和机械台数及劳动定额。

机械施工过程的流水强度按下式计算,即

$$V_i = \sum_{i=1}^{x} R_i S_i \tag{12-1}$$

式中:R_i——投入施工过程 i 的某种施工机械台数;

$\quad S_i$——投入施工过程 i 的某种施工机械产量定额;

$\quad x$——投入施工过程 i 的施工机械种类数。

人工施工过程的流水强度按下式计算,即:

$$V_i = R_i S_i$$

式中:R_i——投入施工过程 i 的工作队人数;

$\quad S_i$——投入施工过程 i 的工作队平均产量定额。

12.3.3 空间参数

空间参数是用来表达流水施工在空间布置上所处状态的参数,包括工作面和施工段数两个参数。

工作面是在组织施工时,某专业工种所必须具备的活动空间。它的大小是根据相应工种单位时间内的产量定额、建筑安装工程操作规范和安全规程等的要求确定的。确定工人班组人数必须考虑工作面的大小,否则会影响到专业工种工人的劳动生产效率。

施工段数(m)是指为了有效地组织流水施工,将施工对象在平面空间上划分为若干个劳动量大致相等、可供工作队组转移施工的段落。划分施工段的目的在于能使不同工种的专业工作队同时在工程对象的不同工作面上进行作业,以充分利用空间。通常一个施工段上在同一时间内只有一个专业工作队施工,必要的话也可以两个工作队在同一施工段上穿插或搭接施工。

划分施工段应遵循的原则有:①尽量使各段的工程量大致相等(相差宜在15%以内),以便组织节奏流水,使施工连续、均衡;②有利于保证结构整体性,尽量利用结构缝及在平面上有变化处;③段数的多少应与主导施工过程相协调,以主导施工过程为主形成工艺组合;④分段大小应与劳动组织相适应,有足够的工作面。

划分的施工段数不宜过少,否则流水效果不显著,甚至可能无法流水,使劳动力或机械设备窝工;划分的施工段数也不宜过多,否则可能使施工面狭窄,投入施工的资源量减少,反而延长了工期。

12.3.4 时间参数

时间参数是指用来表达组织流水施工时,施工过程在时间排列上所处状态的参数,包括流水节拍、流水步距、平行搭接时间、间歇时间、流水施工工期5个参数。

流水节拍(t)是指某个专业队在某一施工段上的施工作业时间,是反映施工速度快慢的参数。

流水节拍的确定方法主要有定额计算法、经验估计法及按工期倒排法三种。

流水节拍应根据以下几点综合考虑确定:①施工队组人数应符合该施工过程最小劳动组合人数的要求,尽可能不过多地改变原来的劳动组织状况;②要考虑工作面的大小或某种条件的限制,专业队必须有足够的施工操作空间;③要考虑各种机械台班的效率或机械台班产量的大小,同时也要考虑机械设备操作场所安全和质量的要求;④要考虑各种材料、构配件各施工现场堆放量、供应能力及其他有关条件的制约;⑤要考虑施工及技术条件的要求,如受交通条件影响的道路改造工程,对作业时间长度和连续性都有限制或要求,在安排其流水节拍时应当予以满足;⑥确定一个分部工程各施工过程的流水节拍时,首先应考虑主要的、工程量大的施工过程的节拍,其次确定其他施工过程的节拍值;⑦节拍值一般取整数,必要时可保留0.5d(台班)的小数值。

流水步距(k)指两个相邻的工作队相继投入流水作业的最小时间间隔。流水步距的数目比参加流水施工的施工过程(队组)数少1个。

流水步距的长度要根据需要及流水方式的类型,通过分析计算确定。确定时应考虑的因素有:①每个专业队连续施工的需要,必须使专业队进场后不发生停工、窝工现象;②技术间歇的需要,有些施工过程完成后,后续施工过程不能立即投入施工,必须有一定的时间"间歇",这个间歇时间应尽量安排在专业队进场之前,不然便不能保证专业队工作的连续;③流水步距的长度应保证各个施工段的施工作业程序不乱,即不发生前一施工过程尚未全部完成,而后一施工过程便开始施工的现象,有时为了缩短时间,某些次要的专业队可以提前穿插进去,但必须在技术上可行,而且不影响前一专业队的正常工作;④要满足保证工程质量,满足安全生产、成品保护的需要。

平行搭接时间是在组织流水施工时,有时为了缩短工期,在工作面允许的条件下,如果前一个施工队组完成部分施工任务后,能够提前为后一个施工队组提供工作面,使后者提前进入前一个施工段,两者在同一施工段上平行搭接施工的时间。

间歇时间(Z)是指由建筑材料或现浇构件工艺性质决定的和由施工组织原因造成的施工

停顿时间。由建筑材料或现浇构件工艺性质决定的施工停顿时间称为技术间歇时间(Q),由施工组织原因造成的施工停顿时间称为组织间歇时间(R)。

流水施工工期(T)是指从第一个专业队投入流水作业开始,到最后一个专业队完成最后一个施工过程的最后一段工作为止的整个持续时间。

在安排流水施工之前,应有一个基本的流水施工工期目标,以在总体上约束具体的流水作业组织。在进行流水作业安排以后,可以通过计算确定工期,并与目标工期比较,流水施工工期应小于或等于目标工期。

12.4 流水施工组织方式

12.4.1 流水施工组织方式的类型

流水施工组织方式的类型如图 12-1 所示。

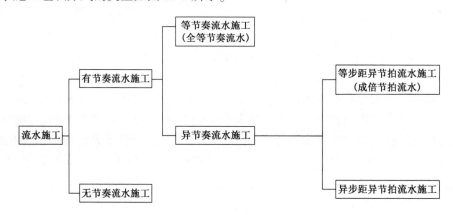

图 12-1 流水施工组织方式分类图

12.4.2 全等节拍流水

全等节拍流水是指同一施工过程在各施工段上的流水节拍都相等,并且不同施工过程之间的流水节拍也相等的一种流水施工方式,即各施工过程的流水节拍均为常数,流水速度相等。这是最理想的组织流水方式,在可能的情况下,应尽量采用这种流水方式。全等节拍流水的基本特征是:①施工过程本身在各施工段上的流水节拍相等;②施工过程的流水节拍彼此都相等;③当没有平行搭接和间歇时,流水步距等于流水节拍;④各专业工作队在各施工段上能够连续作业,施工段之间没有空闲时间;⑤专业队数 N 等于施工过程数。

全等节拍流水施工段数 m 的确定方法:无层间关系时,施工段数 m 按划分施工段的基本要求确定即可;有层间关系时,按下式计算:

$$m = n + \frac{\sum t_x}{k} + \frac{Z_2}{k} \tag{12-2}$$

式中:m——施工段数;

n——施工过程数;

$\sum t_x$——每个楼层内各施工过程间歇时间;

Z_2——楼层间间歇时间;

k——流水步距。

全等节拍流水施工工期的计算公式:

$$T = (m + n - 1)t + \sum t_x - \sum t_d \tag{12-3}$$

式中:T——流水施工工期;

m——施工段数;

n——施工过程数;

t——流水节拍;

$\sum t_x$——施工过程之间的间歇时间;

$\sum t_d$——施工过程之间的平行搭接时间。

12.4.3　成倍节拍流水

成倍节拍流水是当同一施工过程在各施工段上的流水节拍都相等,不同施工过程之间的流水节拍互为倍数时的一种流水施工方式。成倍节拍流水的组织方式是在资源供应能够满足的前提下,对流水节拍长的施工过程组织几个专业队去完成不同施工段上的任务,各专业队以各流水节拍的最大公约数成倍节拍流水为步距依次投入施工,以加速流水施工速度,缩短工期。成倍节拍流水是异节奏流水的一种特殊情况。

成倍节拍流水的基本特征是:施工过程本身在各施工段上的流水节拍相等;不同施工过程流水节拍等于其中最小流水节拍的整数倍;流水步距彼此相等,且等于最小流水节拍值;施工队组数(N)大于施工过程数(n)。

成倍节拍流水施工工期的计算公式为:

$$T = (m + N - 1)t + \sum t_x - \sum t_d \tag{12-4}$$

式中:T——流水施工工期;

m——施工段数;

N——施工队组数;

t——流水节拍;

$\sum t_x$——施工过程之间的间歇时间;

$\sum t_d$——施工过程之间的平行搭接时间。

12.4.4　异节奏流水

异节奏流水是指当同一施工过程在各施工段上的流水节拍都相等,不同施工过程之间的流水节拍不相等时的一种流水施工方式。同一施工过程在各施工段上的流水节拍都相等,不同施工过程之间的流水节拍不相等但互为倍数时的成倍节拍流水,属于特殊的异节奏流水,已经在前面介绍。异节奏流水的各施工过程的流水节拍互为异数,流水速度不相等。

异节奏流水的基本特征是:施工过程本身在各施工段上的流水节拍相等;不同施工过程流水节拍不相等;流水步距彼此不相等;施工队组数(N)等于施工过程数(n)。

异节奏流水步距的确定:

$$K_{i,(i+1)} = t_i \quad (\text{当} t_i \leqslant t_{i+1} \text{时}) \tag{12-5}$$

$$K_{i,(i+1)} = m t_i - (m-1) t_{i+1} \quad (\text{当} t_i > t_{i+1} \text{时}) \tag{12-6}$$

式中：t_i——第 i 个施工过程的流水节拍；

$\quad t_{i+1}$——第 $i+1$ 个施工过程的流水节拍。

异节奏流水施工工期的计算公式为：

$$T = \sum k + m \times t_\mathrm{n} + \sum t_\mathrm{x} - \sum t_\mathrm{d} \tag{12-7}$$

式中：T——流水施工工期；

$\quad m$——施工段数；

$\quad \sum k$——流水步距之和；

$\quad t_\mathrm{n}$——最后一个施工过程的流水节拍；

$\quad \sum t_\mathrm{x}$——施工过程之间的间歇时间；

12.4.5　无节奏流水

无节奏流水施工是指同一施工过程在各个施工段上流水节拍不完全相等的一种流水施工方式。在组织流水施工时，如果每个施工过程在各个施工段上的工程量彼此不相等，或者各个专业工作队生产效率相差悬殊，造成多数流水节拍不相等，这时只能按照施工顺序要求，使相邻两个专业工作队最大限度地搭接起来，组织成能够连续作业的无节奏流水施工。大多数流水节拍不能相等这是流水施工的普遍情况，所以实际工程组织施工中，无节奏流水施工是最常见的。

无节奏流水的基本特征是：每个施工过程在各个施工段上的流水节拍不尽相等；各个施工过程之间的流水步距不完全相等且差异较大；各施工作业队能够在施工段上连续作业，但有的施工段之间可能有空闲时间；施工队组数 N 等于施工过程数 n。

无节奏流水的流水步距，采用"累加数列法"确定。累加数列法的基本要点是：累加数列，错位相减，取其大差。累加数列法的数学公式为：

$$K_{j,j+1} = \max\left\{ k_i^{j,j+1} = \sum_{i=1}^{i} \Delta t_i^{j,j+1} + t_i^{j+1} \right\} \quad (1 \leqslant j \leqslant N-1; 1 \leqslant i \leqslant m) \tag{12-8}$$

式中：$K_{j,j+1}$——专业工作队，与 $j+1$ 之间的流水步距；

$\quad k_i^{j,j+1}$——专业工作队 j 与 $j+1$ 在各个施工段上的"假定段步距"；

$\quad \displaystyle\sum_{i=1}^{i}$——由施工段 1 至 i，依次累加求和；

$$\Delta t_i^{j,j+1} - \Delta t_i^{j,j+1} = t_i - t_i^{j+1}$$

$\quad t_i^{j}$——专业工作队 j 在施工段 i 的流水节拍；

$\quad t_i^{j+1}$——专业工作队 $j+1$ 在施工段 α 的流水节拍；

$\quad i$——施工段编号，$1 \leqslant i \leqslant m$；

$\quad j$——专业工作队编号，$1 \leqslant j \leqslant N-1$；

$\quad N$——专业工作队数目，此时 $N = n_0$。

无节奏流水施工工期公式为：

$$T = \sum K_{i,i+1} + \sum t_\mathrm{n} + \sum Z_{i,i+1} - \sum C_{i,i+1} \tag{12-9}$$

式中：$\sum K_{i,i+1}$——流水步距之和；

　　　$\sum t_n$——最后一个施工过程的流水节拍之和。

思考题

1. 施工组织方式有依次施工、平行施工和流水施工三种，为什么流水施工使用频率高？

2. 在选择流水施工组织方式时，应注意哪些问题？

3. 在组织分节奏流水时的工作步骤有哪些？

4. 设想安排你熟悉或身边建设工程的施工过程。

第13章　网络计划技术

13.1　网络计划技术类型

13.1.1　网络计划技术的含义

网络计划技术是以规定的网络符号及其图形表达计划中工作之间的相互制约和依赖关系,并分析其内在规律,从而寻求最优方案的计划管理方法。

网络计划技术的基本原理是:①把一项工程全部建造过程分解成若干项工作,并按各项工作开展顺序和相互制约关系,绘制成网络图;②通过网络图各项时间参数计算,找出关键工作和关键线路;③利用最优化原理,不断改进网络计划初始方案,并寻求其最优方案;④在网络计划执行过程中,对其进行有效的监督和控制,以最少的资源消耗获得最大的经济效益。

网络计划技术是在 20 世纪 50 年代后期发展起来的一种科学计划管理方法,是一种有效的系统分析和优化技术。它来源于工程技术和管理实践,又广泛地应用于军事、航天和工程管理、科学研究、技术发展、市场分析和投资决策等各个领域,并在诸如保证和缩短时间、降低成本、提高效率、节约资源等方面取得了显著的成效。目前它已形成关键线路法(CPM)、计划评审技术(PERT)和图示评审技术(GERT)等分支系统。我国引进和应用网络计划技术,除国防科研领域外,以土木建筑工程建设领域最早,并且在有组织地推广、总结和研究这一理论方面的历史也最长。

13.1.2　网络计划技术的分类

网络计划技术的应用成果是网络计划,网络计划的表达形式是网络图。所谓网络图是指由箭线和节点组成的、用来表示工作流程的有向、有序的网状图形。

网络图中,按节点和箭线所代表的含义不同,可分为双代号网络图和单代号网络图两大类。按是否有时间坐标划分,可分为有时标网络图和非时标网络图两大类。

双代号网络图是以双代号表示法绘制的网络图。它是采用两个带有编号的圆圈和一个中间箭线表示一项工作,如图 13-1 所示。

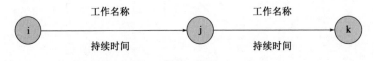

图 13-1　双代号网络图

单代号网络图是以单代号表示法绘制的网络图。它是采用一个大方框或圆圈表示一项工作,工作之间相互关系以箭线表达,如图 13-2 所示。

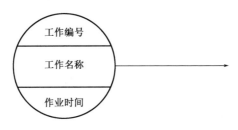

图 13-2 单代号网络图

时标网络图是指工作持续时间受时间标尺制约的网络图。一般针对双代号网络图绘制时标网络图,所以双代号时标网络图在我国的工程项目管理中习惯使用,如图 13-3 所示。

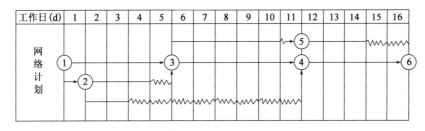

图 13-3 时标网络图

13.2 双代号网络图

13.2.1 双代号网络图的组成

双代号网络图由工作、节点、线路三个基本要素组成。

(1)工作。一条箭线与其两端的节点表示一项工作(或称作业、活动等)。工作的名称写在箭线的上面,工作的持续时间(或称作业时间)写在箭线的下面,箭线所指的方向表示工作进行的方向,箭尾表示工作的开始,箭头表示工作的结束,箭线可以是水平直线,也可以是折线或斜线,但不得中断。工作可根据工程规模大小、复杂程度,结合需要进行项目分解,可以是一个分项工程,也可以是一个分部工程,甚至一个单位工程或单项工程。

就某项工作而言,该工作本身称为本工作,紧靠其前面的工作称为紧前工作,紧靠其后面的工作称为紧后工作,与之同时开始和结束的工作称为平行工作。一项工作要占用一定的时间,多数情况要消耗一定的资源,因此,凡是占用一定时间的施工过程都应作为一项工作看待。

在双代号网络图中,还有一种一端带箭头的虚线,称为虚箭线。它表示一项虚工作,虚工作是虚拟的,工程中实际并不存在,因此它没有工作名称,不占用时间,也不消耗资源。其作用是在双代号网络图中解决工作之间的逻辑关系问题。虚箭线是双代号网络图所特有的。

(2)节点。双代号网络图中用圆圈表示的箭线之间的连接点称为节点。节点标志工作开始和结束的"瞬间",具有承上启下的作用。双代号网络图的各项工作都有一个开始节点、一个结束节点。对一个节点来讲,通向节点的箭线称为"内向箭线",从此节点发出的箭线称为

"外向箭线"。双代号网络图中第一个节点称为起点节点，它表示一项工程或任务的开始，它只有外向箭线。双代号网络图中最后一个节点称为终点节点，它表示一项工程或任务的完成，它只有内向箭线。双代号网络图中的其他节点称为中间节点，它既有内向箭线，又有外向箭线。

为了使双代号网络图便于检查和计算，所有节点均应统一编号。编号应从起点节点沿箭线方向，从小到大，直到终点节点，不能重号，并且箭尾节点的编号应小于箭头节点的编号。考虑到以后会增添或改动某些工作，可以利用不连续编号的方法，预留备用节点。

（3）线路。可以网络图中从起点节点出发，沿箭头方向经由一系列箭线和节点，直至终点节点的通路称为线路。每一条线路上各项工作持续时间的总和称为该线路长度。最长的线路称为关键线路。关键线路上的工作称为关键工作。其他工作称为非关键工作。在网络图中，可能同时存在若干条关键线路。关键线路与非关键线路在一定条件下可以相互转化。

13.2.2　双代号网络图的绘制

双代号网络图各种逻辑关系的表示方法见表13-1。

双代号网络图各种逻辑关系的表示方法　　表13-1

序号	工作间逻辑关系	表示方法
1	A、B、C 无紧前工作，即工作 A、B、C 均为计划的第一项工作，且平行进行	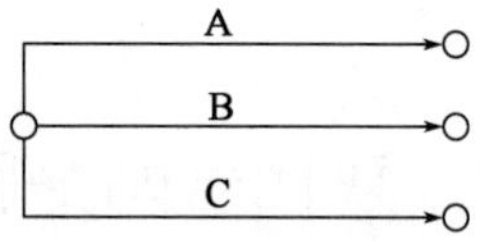
2	A 完成后，B、C、D 才能开始	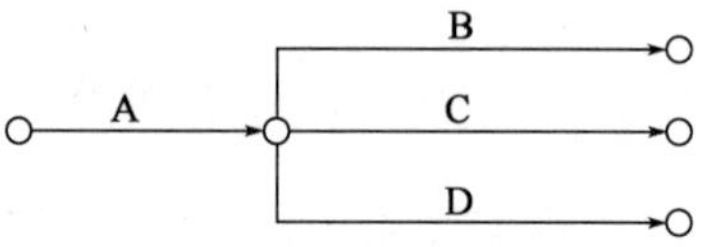
3	A、B、C 均完成后，D 才能开始	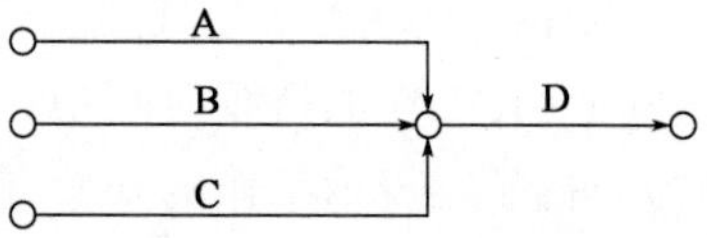
4	A、B 均完成后，C、D 才能开始	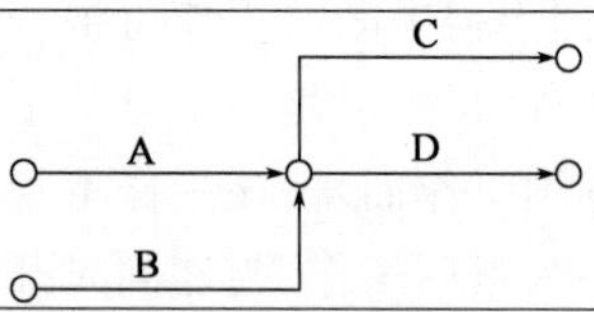
5	A 完成后，D 才能开始；A、B 均完成后 E 才能开始；A、B、C 均完成后，F 才能开始	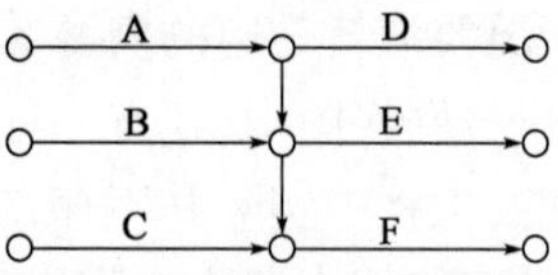
6	A 与 D 同时开始，B 为 A 的紧后工作，C 为 B、D 的紧后工作	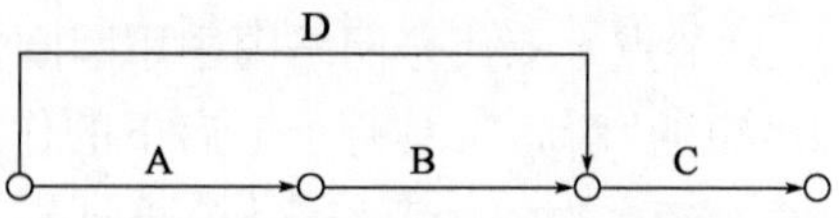

续上表

序号	工作间逻辑关系	表 示 方 法
7	A、B均完成后，D才开始；A、B、C均完成后，E才开始；D、E完成后，F才能开始	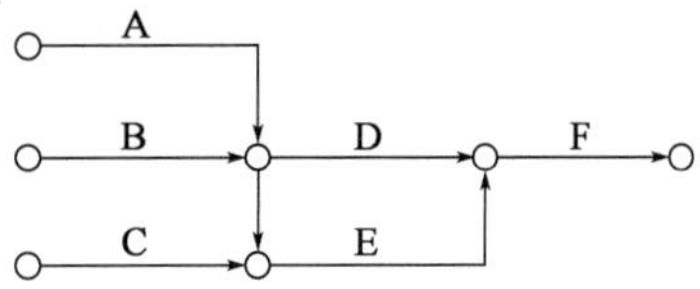
8	A完成后，B、C、D才开始；B、C、D完成后，E才开始	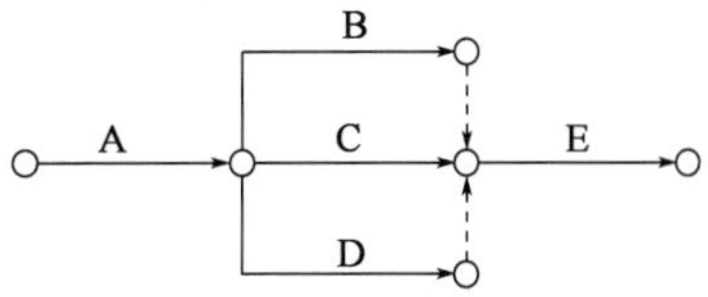
9	A、B完成后，D才能开始；B、C完成后，E才能开始	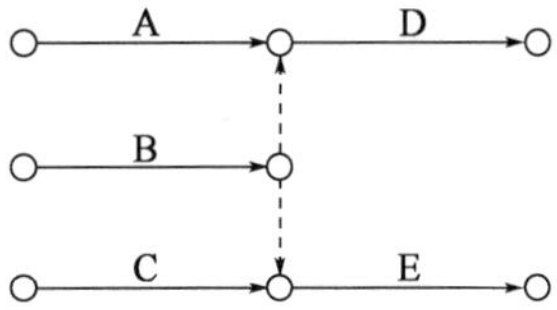
10	工作A、B分为三个施工阶段，分段流水施工，a_1完成后进行a_2、b_1；a_2完成后进行a_3；a_2、b_1完成后进行b_2；a_3、b_2完成后进行b_3	第一种表示法 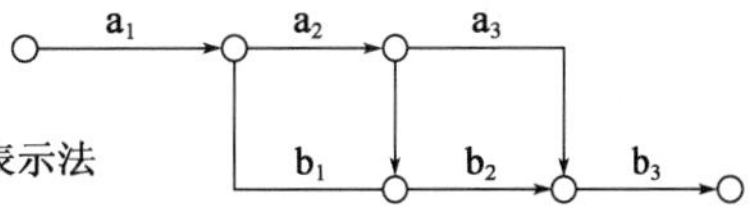 第二种表示法 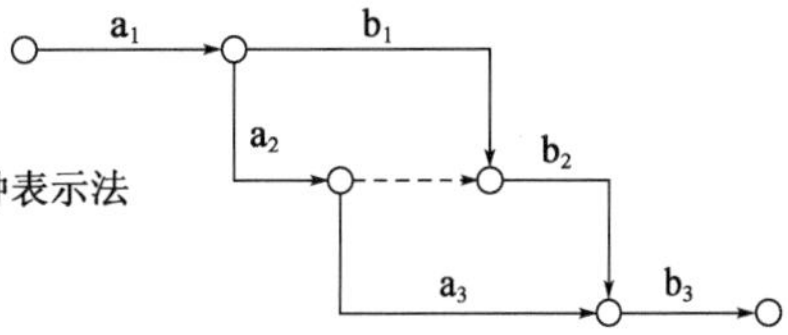
11	A、B均完成后，C才能开始；A、B、C分别分为a_1、a_2、a_3和b_1、b_2、b_3以及c_1、c_2、c_3这三个施工段，A、B、C分三段作业交叉进行	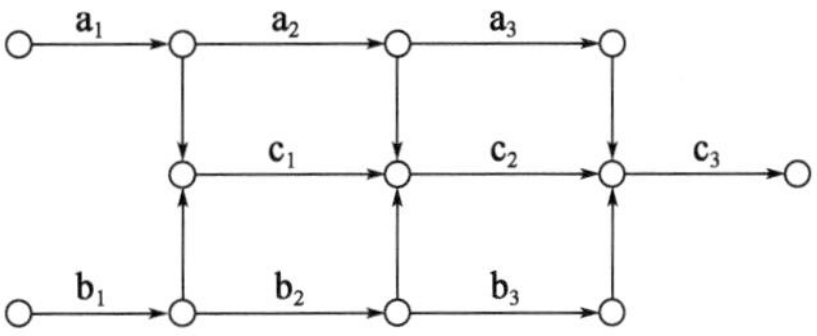
12	A、B、C为最后三项工作，即A、B、C无紧后工作	有三种可能情况 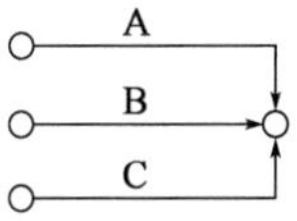 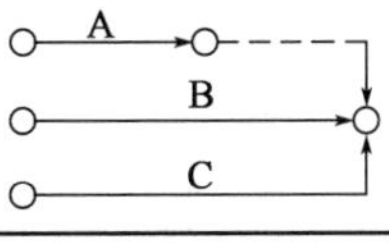 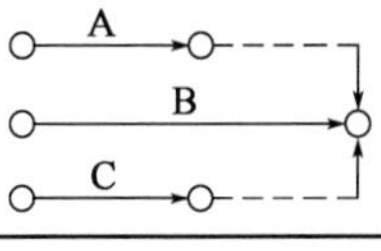

绘制双代号网络图的基本规则包括：

（1）双代号网络图必须正确反映工作之间的逻辑关系。要正确确定工作顺序，根据工作的先后顺序从左到右逐步把代表各项工作的箭线连接起来，绘制出双代号网络图。

（2）双代号网络图中，严禁出现循环回路。循环回路所表示的逻辑关系是错误的，在工艺顺序上是相互矛盾的，如图13-4所示。

（3）双代号网络图中，在节点之间严禁出现带双向箭头或无箭头的箭线，如图13-5所示。

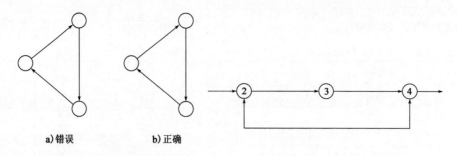

a)错误	b)正确

图13-4　循环回路示意图　　　　　图13-5　错误的箭线画法

（4）双代号网络图中严禁出现箭尾或箭头没有节点，如图13-5所示。

（5）严禁在箭线中间引入或引出箭线。当网络图的起点节点有多条外向箭线，或终点节点有多条内向箭线时，可用母线法绘制，如图13-6和图13-7所示。

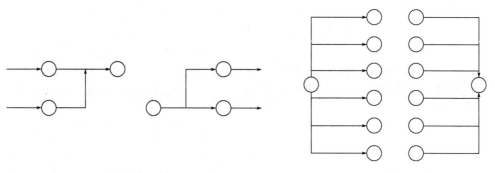

图13-6　引入或引出箭线的错误画法　　　　图13-7　母线法绘图

（6）绘制网络图时，箭线不宜交叉，不可避免交叉时，可用过桥法或指向法，如图13-8所示。

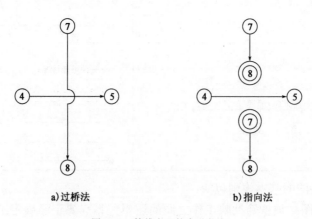

a)过桥法	b)指向法

图13-8　箭线交叉的表示方法

（7）双代号网络图中应只有一个起点节点,在不分期完成任务的单目标网络图中,应只有一个终点节点,如图13-9所示。

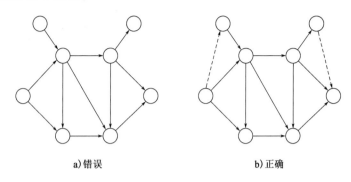

a)错误　　　　　　　　　　　　　　　b)正确

图13-9　起点终点的箭线画法

（8）双代号网络图中的平行搭接工作应分段表达,如图13-10所示。

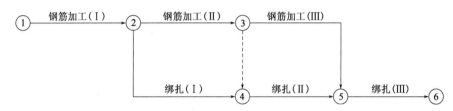

图13-10　分3段进行的钢筋加工和绑扎的箭线画法

在清楚双代号网络图各种逻辑关系的表示方法和绘制规则后,可以根据紧前工作和紧后工作的任何一种关系进行绘制。根据紧前工作关系绘制双代号网络图时的要点是:

①当所绘制的工作只有一个紧前工作时,则将该工作的箭线直接画在其紧前工作的完成节点之后即可。

②当所绘制的工作有多个紧前工作时,应按以下四种情况分别考虑:

a.如果在其紧前工作中存在一项只作为本工作紧前工作的工作(即在紧前工作栏目中,该紧前工作只出现一次),则应将本工作队箭线直接画在该紧前工作完成节点之后,然后用虚箭线分别将其他紧前工作的完成节点与本工作的开始节点相连,以表达它们之间的逻辑关系。

b.如果在紧前工作中存在多项只作为本工作紧前工作的工作,应先将这些紧前工作的完成节点合并(利用虚工作或直接合并),再从合并后的节点开始,画出本工作箭线,最后用虚箭线将其他紧前工作的箭头节点分别与工作开始节点相连,以表达它们之间的逻辑关系。

c.如果不存在情况a、b,应判断本工作的所有紧前工作是否都同时作为其他工作的紧前工作(即紧前工作栏目中,这几项紧前工作是否均同时出现若干次),如果这样,应先将它们完成节点合并后,再从合并后的节点开始画出本工作箭线。

d.如果不存在情况a、b、c,则应将本工作箭线单独画在其紧前工作箭线之后的中部,然后用虚工作将紧前工作与本工作相连,表达逻辑关系。

③合并没有紧后工作的箭线,即终点节点。

④确认无误,进行节点编号。通常是使用一种关系绘完图后,可利用另一种关系检查,无误后再自左向右编号,依次绘制其他各项工作。

13.2.3 双代号网络图时间参数

双代号网络图时间参数包括:工作持续时间、事件时间参数、工作时间参数和线路时间参数四类。

1)工作持续时间

单一时间可由下式确定:

$$D_{i,j} = \frac{Q_{i,j}}{S_{i,j}R_{i,j}N_{i,j}} \tag{13-1}$$

式中:$D_{i,j}$——工作 i,j 的持续时间;

$\quad Q_{i,j}$——工作 i,j 的工程量;

$\quad S_{i,j}$——工作 i,j 的计划产量定额;

$\quad R_{i,j}$——工作 i,j 的工人数或机械台班。

三种时间可由下式确定:

$$D_{i,j}^{e} = \frac{a_{i,j} + 4\,m_{i,j} + b_{i,j}}{6} \tag{13-2}$$

式中:$D_{i,j}^{e}$——工作 i,j 的概率期望持续时间;

$\quad a_{i,j}$——工作 i,j 最乐观的持续时间;

$\quad m_{i,j}$——工作 i,j 最可能的持续时间;

$\quad b_{i,j}$——工作 i,j 最悲观的持续时间。

2)事件时间参数

事件最早时间可由下式确定:

$$\text{ET}_j = \max\{\text{ET}_i + D_{i,j}\} \tag{13-3}$$

式中:i——$i < j$;

$\quad j$——$2 \leqslant j \leqslant n$;

$\quad \text{ET}_i$——事件 i 的最早时间;

$\quad \text{ET}_j$——前导工作 i,j 起点事件 i 的最早时间;

$\quad D_{i,j}$——前导工作 i,j 的持续时间;

$\quad \text{max}$——取各自计算结果的最大值。它是从原始事件开始,并假定其开始时间为零,然后按照事件编号递增顺序直到结束事件为止,当遇到两个以上前导工作时,应取其相应计算结果的最大值。

事件最迟时间可由下式确定:

$$\text{LT}_i = \min\{\text{LT}_j - D_{i,j}\} \tag{13-4}$$

式中:i——$i < j$;

$\quad j$——$2 \leqslant j \leqslant n$;

$\quad \text{LT}_i$——事件 i 的最迟时间;

$\quad \text{LT}_j$——后续工作 i,j 终点事件 j 的最迟时间;

$D_{i,j}$——后续工作 i,j 的持续时间；

min——取各自计算结果的最小值。它是从结束事件开始,通常假定结束事件最迟时间等于其最早时间,然后按照事件编号递减顺序直到原始事件为止;当遇到两个以上后续工作时,应取其相应计算结果的最小值。

3）工作时间参数

工作时间参数包括各项工作的最早开始时间、最早结束时间、最迟开始时间、最迟结束时间、总时差、自由时差六种。某项工作的最早开始时间是该工作最早可能开始时间,之前不具备开工条件。某项工作的最早结束时间是该工作最早可能完成时间。某项工作的最迟开始时间是该工作最迟必须开始的时间;否则,不能在规定时间内完成该项工作。某项工作的最迟结束时间是该工作最迟必须完成的时间;否则,将影响整个施工计划的按时完成。总时差就是工作在最早开始时间至最迟结束时间之间所具有的机动时间,也可以说是在不影响计划总工期的条件下,各工作所具有机动时间。自由时差就是在不影响后续工作按最早可能开始时间开始的范围内,该工作可能利用的机动时间。

工作最早开始时间由公式 $ES_{i,j} = ET_i$ 确定,工作最早结束时间由公式 $EF_{i,j} = ES_{i,j} + D_{i,j}$ 确定。工作最迟开始时间由公式 $LS_{i,j} = LF_{i,j} - D_{i,j}$ 确定,工作最迟结束时间由公式 $LF_{i,j} = LT_j$ 确定。总时差由公式 $TF_{i,j} = LT_j - ET_i - D_{i,j} = LF_{i,j} - EF_{i,j} = LS_{i,j} - ES_{i,j}$ 确定,自由时差由公式 $FF_{i,j} = ET_j - ET_i - D_{i,j} = ET_j - EF_{i,j}$ 确定。

4）线路时间参数

线路时间参数包括线路时间和线路时差。

线路时间由公式 $T_s = \sum D_{i,j}$ 确定,线路时差由公式 $L_s = T_n - T_s$ 确定。式中, T_n 是该网络图的计算总工期,即正常总工期。

13.2.4 双代号网络图时间参数的计算

双代号网络图时间参数的计算方法很多,应用最多的是分析计算法和图上计算法。分析计算法是通过各项时间参数的相应计算公式,列式进行时间参数计算的方法。图上计算法是根据分析计算法的相应计算公式,直接在网络图上进行各项时间参数计算的方法。

[例 13-1] 某工程由挖基槽、砌基础及回填土三个分项工程组成;它在平面上划分为 Ⅰ、Ⅱ、Ⅲ 这三个施工段;各分项工程在各个施工段的持续时间,如图 13-11 所示。试计算该网络图的各项时间参数。

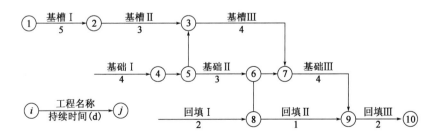

图 13-11 某工程双代号网络图

解：

（1）事件时间参数计算。

①事件最早时间计算：

$ET_1 = 0$

$ET_2 = ET_1 + D_{1,2} = 0 + 5 = 5$

$ET_3 = ET_2 + D_{2,3} = 5 + 3 = 8$

$ET_4 = ET_2 + D_{2,4} = 5 + 4 = 9$

$$ET_5 = \max \left\{ \begin{array}{l} ET_3 + D_{3,5} = 8 + 0 = 8 \\ ET_4 + D_{4,5} = 9 + 0 = 9 \end{array} \right\} = 9$$

$$\vdots \qquad \vdots \qquad \vdots$$

$$ET_9 = \max \left\{ \begin{array}{l} ET_7 + D_{7,9} = 12 + 4 = 16 \\ ET_8 + D_{8,9} = 12 + 1 = 13 \end{array} \right\} = 16$$

$ET_{10} = ET_9 + D_{9,10} = 16 + 2 = 18$

②事件最迟时间计算：

$LT_{10} = 18$

$LT_2 = LT_{10} + D_{9,10} = 18 - 2 = 16$

$LT_8 = LT_9 + D_{8,9} = 16 - 1 = 15$

$LT_7 = LT_9 + D_{7,9} = 16 - 4 = 12$

$$LT_6 = \min \left\{ \begin{array}{l} LT_7 + D_{6,7} = 12 - 0 = 12 \\ LT_8 + D_{6,8} = 15 - 0 = 15 \end{array} \right\} = 12$$

$$\vdots \qquad \vdots \qquad \vdots$$

$$LT_2 = \min \left\{ \begin{array}{l} LT_3 + D_{2,3} = 8 - 3 = 5 \\ LT_4 + D_{2,4} = 9 - 4 = 5 \end{array} \right\} = 5$$

$LT_1 = LT_2 + D_{1,2} = 5 - 5 = 0$

（2）工作时间参数计算。

$ES_{1,2} = ET_1 = 0$

$EF_{1,2} = ES_{1,2} + D_{1,2} = 0 + 5 = 5$

$LF_{1,2} = LT_2 = 5$

$LS_{1,2} = LF_{1,2} - D_{1,2} = 5 - 5 = 0$

$$\vdots \qquad \vdots \qquad \vdots$$

$ES_{9,10} = ET_9 = 16$

$EF_{9,10} = ES_{9,10} + D_{9,10} = 16 + 2 = 18$

$LF_{9,10} = LT_{10} = 18$

$LS_{9,10} = LF_{9,10} - D_{9,10} = 18 - 2 = 16$

（3）工作时差计算。

$TF_{1,2} = LF_{1,2} - EF_{1,2} = 5 - 5 = 0$

$FF_{1,2} = ET_2 - EF_{1,2} = 5 - 5 = 0$

$$\vdots \qquad \vdots \qquad \vdots$$

$$TF_{4,8} = LS_{4,8} - ES_{4,8} = 13 - 9 = 4$$

$$FF_{4,8} = ET_8 - EF_{4,8} = 12 - 11 = 1$$

$$\vdots \qquad \vdots \qquad \vdots$$

$$TF_{9,10} = LF_{9,10} - EF_{9,10} = 18 - 18 = 0$$

$$FF_{9,10} = ET_{10} - EF_{9,10} = 18 - 18 = 0$$

（4）图上计算法,如图 13-12 所示。

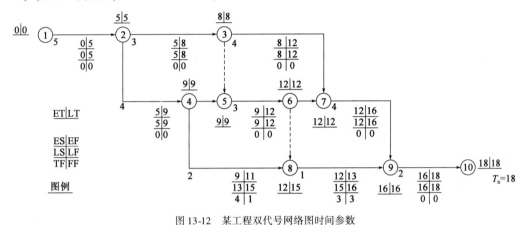

图 13-12 某工程双代号网络图时间参数

13.2.5 双代号网络图关键线路

双代号网络图的关键线路就是由总时差为 0 的工作所组成的、各工作总的持续时间最长的线路。[例 13-1]中,总时差为零的关键工作有:1-2、2-3、2-4、3-5、3-7、4-5、5-6、6-7、7-9 和 9-10 等 10 项工作。6 条线路中有两条关键线路,1-2-3- 7-9-10 线路和 1-2-4-5-6-7-9-10 线路,关键线路长度 18d。

双代号网络图关键线路的特点:关键线路上的工作,各类时差 TF,FF 均等于 0;关键线路是从网络计划开始点到结束点之间持续时间最长的线路;关键线路在双代号网络图计划中不一定只有一条,有时存在两条以上;关键线路以外的非关键工作使用了总时差,就转化为关键工作;非关键线路延长的时间超过它的总时差,非关键线路就变成关键线路。

关键线路决定着完成计划所需的总持续时间即总工期。华罗庚教授指出,在应用网络计划技术时,向关键线路要时间,向非关键线路要节约。这就是说,在工程进度管理中,应把关键工作作为重点来抓,以保证各项工作和整个计划如期完成;同时还要注意挖掘非关键工作的潜力,以节省工程费用。

13.2.6 双代号网络图工期

双代号网络图计划有计算工期与计划工期之分。

网络计划计算工期(T_c)指根据时间参数得到的工期,应按 $T_c = \max\{EF_{i-n}\}$ 计算,式中 EF_{i-n} 为以终点节点($j = n$)为结束节点的工作的最早完成时间。

网络计划的计划工期(T_p)指按要求工期(如项目责任工期,合同工期)和计算工期确定的作为实施目标的工期。当已规定了要求工期 T_r 时,$T_p \leqslant T_r$;当未规定要求工期时,$T_p = T_c$。

13.3 单代号网络图

13.3.1 单代号网络图的组成

单代号网络图是由工作和线路两个基本要素组成。

图 13-13 单代号工作示意图

(1)工作。在单代号网络图中,工作由节点及其关联箭线组成。通常将节点画成一个大圆圈或方框形式,其内标注工作编号、名称和持续时间。关联箭线表示该工作开始前和结束后的环境关系,如图 13-13 所示。

(2)线路。在单代号网络图中,线路概念、种类和性质与双代号网络图基本类似,从略。

13.3.2 单代号网络图的绘制

单代号网络图绘制基本规则包括:

(1)必须正确地表达各项工作之间相互制约和相互依赖关系。

(2)在单代号网络图中,只允许有 1 个原始节点;当有两个以上首先开始的工作时,要设置一个虚拟的原始节点,并在其内标注"开始"二字。

(3)在单代号单目标网络图中,只允许有 1 个结束节点;当有两个以上最后结束的工作时,要设置一个虚拟的结束节点,并在其内标注"结束"二字。

(4)在单代号网络图中,不允许出现闭合回路,不允许出现重复编号的工作。

(5)在单代号网络图中,不允许出现双向箭线,不允许出现没有箭头的箭线。

(6)单代号网络图绘图基本方法:①在保证网络逻辑关系正确的前提下,图面布局要合理,层次要清晰,重点要突出;②密切相关的工作尽可能相邻布置,以便减少箭线交叉;在无法避免箭线交叉时,可采用暗桥法表示;③单代号网络图的分解方法和排列方法,与双代号网络图相应部分类似,从略。

单代号网络图绘制与双代号网络图绘制的比较见表 13-2。

单代号网络图绘制与双代号网络图绘制的比较 表 13-2

序号	工序逻辑		双代号网络图	单代号网络图
	紧前	紧后		
1	A	B	①→A→②→B→③→C→④	Ⓐ→Ⓑ→Ⓒ
	B	C		
2	A	C	①→A→②（→B→③，→C→④）	Ⓐ→Ⓑ，Ⓐ→Ⓒ
		B		
3	A	C	③→A，④→B→⑤→C→⑥	Ⓐ→Ⓒ，Ⓑ→Ⓒ
	B			

序号	工序逻辑		双代号网络图	单代号网络图
	紧前	紧后		
4	—	A,B		
	A	C		
	B	D		
5	A	C,D		
	B	D		
6	A	B,C		
	B,C	D		
7	A,B	C,D		
8	A	B,C		
	B	D,E		
	C	E		
	D,E	F		
9	A	B,C		
	B	E,F		
	C	D,E		
	D	G		
	E	G,H		
	F	H		
	G,H	I		
10	A,B,C	D,E,F		
11	A_1	A_2,B_1		
	A_2	A_3,B_2		
	A_3	B_3		
	B_1	B_2,C_1		
	B_2	B_3,C_2		
	B_3	C_3		
	C_1	C_2		
	C_2	C_3		

13.3.3 单代号网络图时间参数

在单代号网络图中,除标注出各个工作的 6 个主要时间参数外,还应在箭线上方标注出相邻两工作之间的时间间隔。时间间隔就是一项工作的最早完成时间与其紧后工作最早开始时间之间可能存在的差值。工作 i 与其紧后工作 j 之间的时间间隔用 $\text{LAG}_{i,j}$ 表示,如图 13-14 所示。

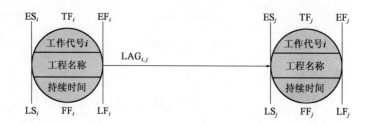

图 13-14　单代号工作示意图

当计划工期等于计算工期时,单代号网络计划的六个主要时间参数及相邻两工作之间的时间间隔的计算如下:

(1)早开始时间和最早完成时间。

网络计划中各项工作的最早开始时间和最早完成时间的计算是从网络计划的起点节点开始,顺着箭线方向按工作编号从小到大的顺序逐个计算。网络计划的起点节点的最早开始时间为零。工作的最早完成时间等于该工作的最早开始时间加该工作的持续时间。工作的最早开始时间等于该工作的各个紧前工作的最早完成时间的最大值。

(2)相邻两项工作之间的时间间隔工作,与其紧后工作 j 之间的时间间隔 $\text{LAG}_{i,j}$ 用下式计算:

$$\text{LAG}_{i,j} = \text{ES}_j - \text{EF}_i \tag{13-5}$$

(3)最迟开始时间和最迟完成时间。

网络计划中各项工作的最迟开始时间和最迟完成时间的计算是从网络计划的终点节点开始,逆着箭线方向按工作编号从大到小的顺序逐个计算。网络计划的终点节点的最迟完成时间由公式 $\text{LF}_{i,j} = \text{LT}_j$ 确定。最迟开始时间由公式 $\text{LS}_{i,j} = \text{LF}_{i,j} - D_{i,j}$ 确定。

(4)总时差和自由时差。

总时差由公式 $\text{TF}_{i,j} = \text{LT}_j - \text{ET}_i - D_{i,j} = \text{LF}_{i,j} - \text{EF}_{i,j} = \text{LS}_{i,j} - \text{ES}_{i,j}$ 确定,自由时差由公式 $\text{FF}_{i,j} = \text{ET}_j - \text{ET}_i - D_{i,j} = \text{ET}_j - \text{EF}_{i,j}$ 确定。

13.4　时标网络图

13.4.1　双代号时标网络图的绘制

双代号时标网络图的绘图要求有以下几点:时间长度以所有符号在时标表上的水平投影长度表示;节点的中心必须对准时标的刻度线;虚工作必须以垂直方向的虚箭线表示,有时差时加波形线表示;双代号时标网络图宜按最早时间编制,不宜按最迟时间编制;双代号时标网络图绘制前,必须先绘制无时标网络图。

双代号时标网络图的绘制方法有间接绘制法和直接绘制法两种。

1)间接绘制法

间接绘制法就是先计算无时标网络图的时间参数,再按该网络图在时标表上进行绘制。

具体绘制步骤为:绘制时标计划表;计算各项工作的最早开始时间和最早完成时间;将每项工作的箭尾节点按最早开始时间定位在时标计划表上,布局应与不带时标的网络计划基本相当,然后编号;用实线绘制出工作持续时间,用虚线绘制无时差的虚工作,用波形线绘制工作和虚工作的自由时差。间接绘制法如图13-15所示。

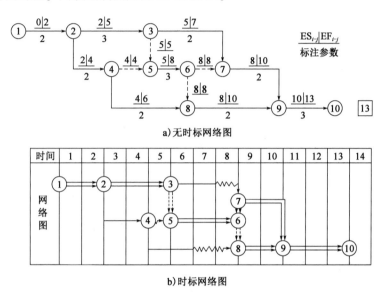

a)无时标网络图

b)时标网络图

图13-15 某工程网络图

2)直接绘制法

直接绘制法就是不计算时间参数,直接根据无时标网络图在时标表上进行绘制。绘制步骤为:绘制时标计划表;将起点节点定位在时标计划表的起始刻度线上;按工作持续时间在时标表上绘制起点节点的外向箭线;工作的箭头节点,必须在其所有内向箭线绘出以后,定位在这些内向箭线中最晚完成的实箭线箭头处;某些内向实箭线长度不足以达到该箭头节点时,用波形线补足;如果虚箭线的开始节点和结束节点之间有水平距离时,以波形线补足;自左向右依次确定其他节点的位置,直至终点节点定位完成,然后编号。

双代号时标网络图在确定节点的位置时,尽量保持无时标网络图的布局不变。

13.4.2 双代号时标网络图时间参数的计算

工作最早时间的确定:每条箭线尾节点所对应的时标值,代表工作的最早开始时间。实箭线实线部分右端(有波形线时)或箭头节点中心(无波形线时)所对应的时标值代表工作的最早完成时间。虚箭线的最早完成时间与最早开始时间相等。

工作自由时差的确定:工作自由时差值等于其波形线在时标上水平投影的长度。

工作总时差的确定:工作总时差应自右向左进行依次逐项计算。工作总时差值等于其他紧后工作总时差值的最小值与本工作自由时差之和。以终点节点$(j=n)$为箭头节点的工作的总时差按$TF_i-n = T_p-EF_i-n$计算;其他工作的总时差按$TF_{i-j} = \min\{TF_j-k\} + FF_{i-j}$计算。

工作最迟时间的计算:由于知道最早开始和最早结束时间,当计算出总时差后,工作最迟时间用$LF_{i,j} = LT_j$和$LS_{i,j} = ES_{i,j} + TS_{i,j}$计算。

如图 13-20 所示的双代号时标网络时间参数的计算如下:

$TF_{9-10} = 13-13 = 0$

$TF_{8-9} = 0+0 = 0$

$TF_{7-9} = 0+0 = 0$

$TF_{6-8} = 0+0 = 0$

$TF_{4-8} = 0+2 = 2$

$TF_{6-7} = 0+0 = 0$

$TF_{3-7} = 0+1 = 1$

$TF_{5-6} = \min\{0,0\} + 0 = 0+0 = 0$

$TF_{4-5} = 0+1 = 1$

$TF_{3-5} = 0+0 = 0$

$TF_{2-3} = \min\{0,1\} + 0 = 0+0 = 0$

$TF_{2-4} = \min\{1,2\} + 0 = 1+0 = 1$

$TF_{1-2} = \min\{0,1\} + 0 = 0+0 = 0$

如果有必要,可将工作总时差值标注在相应的实箭线或波形线之上。

13.4.3　双代号时标网络图关键线路

自终点节点逆箭线方向朝起点节点依次观察,自终点节点至起点节点都不出现波形线的线路称为关键线路。

13.5　网络计划优化

13.5.1　网络计划优化的类型

网络计划的优化就是在满足既定约束条件下,按某明确目标,对初始网络计划进行改进,寻求最优计划方案的过程。

网络计划的优化的原理:一是利用时间差,即适当改变具有总时差工作地最早开始时间,实现调整资源参数的目的;二是利用关键线路,即适当增加资源来缩短关键工作持续时间,实现缩短工期的目的。

网络计划的优化,一般有工期优化、费用优化、资源优化三类。

13.5.2　网络计划的工期优化

当计算工期大于要求工期($T_c > T_r$)时,可通过压缩关键工作的持续时间,以满足要求工期的目标。

工期优化步骤如下：

（1）计算网络计划的计算工期并找出关键线路。

（2）确定应压缩的工期 $T = T_c - T_r$。

（3）将应优化缩短的关键工作压至最短持续时间，并找出关键线路，若被压缩的工作变成了非关键工作，则减少压缩幅度，使之仍保持为关键工作。缩短关键工作持续时间时，优先考虑缩短其持续时间对质量、安全影响小，或有充足备用资源，或造成的费用增加最少的工作。

（4）若计算工期仍超过要求工期，则重复步骤（3），直到满足工期要求或工期已不能再缩短为止。若所有关键工作的持续时间都已达到最短持续时间而工期仍不能满足要求时，应对计划的技术方案、组织方案进行修改，以调整原计划的工作逻辑关系，或重新审定要求工期。

13.5.3 网络计划的费用优化

费用优化就是寻求最低成本对应的工期安排，也称工期-成本优化。

工程总成本费用由直接费用和间接费用组成。随工期延长工程直接费用（C_1）支出减少而间接费用（C_2）支出增加；反之则直接费用增加而间接费用减少，总成本（C）存在最小值。费用优化的开展是按照直接费用增加代价小则优先压缩的原则，通过依次选择并压缩初始网络计划关键线路及后来出现的新关键线路上各项关键工作的持续时间，保证关键工作持续时间压缩后原关键线路不变成非关键线路，在此过程中观察总成本随工期改变而相应变化情况，最终找到总成本最小的适当工期。工期-成本关系如图13-16所示。

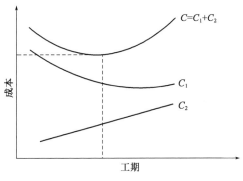

图13-16　工期-成本关系图

13.5.4 网络计划的资源优化

施工过程就是消耗人力、材料、机械和资金等建设资源的过程，为保证工程项目的顺利完成，并取得良好的经济效果，应在编制网络计划时解决资源供求矛盾，实现资源的均衡利用，即需要进行网络计划的资源优化。资源优化有两种不同的目标：资源有限，工期最短；工期一定，资源均衡。

1）资源有限，工期最短的优化

资源有限，工期最短优化的实质就是利用各工作所具有的时差，以资源限制为约束条件，以工期延长幅度最小甚至不延长为目标，改变网络计划的进度安排。

资源有限，工期最短优化步骤是：将初始网络计划绘成时标网络图，计算并绘出资源需要量曲线；从左到右检查资源动态曲线的各个时段，如遇某时段所需资源超过限制数量，就对与此时段有关的工作排队编号，并按排队编号的顺序依次给各工作分配所需的资源数。对于编号排队靠后、分不到资源的工作，就顺推到此刻时段后面开始。

资源有限，工期最短优化时的工作排队规则是：在本时段之前已经开始作业的工作应保证其资源供应，使之能够连续作业；在本时段内开始的关键工作应优先满足其资源需要；当关键工作有多项时,每天所需资源数量大的排前、小的排后;本时段内开始的非关键工作,当有多项时,总时差小的排前、大的排后;若遇非关键工作总时差相等时,则每天所需资源量大的排前、小的排后。

2)工期固定,资源均衡的优化

均衡施工是指在整个施工过程中,对资源的需要量不出现短时期的高峰和低谷。资源消耗均衡可以减小现场各种加工场(站)、生活和办公用房等临时设施的规模,有利于节约施工费用。工期固定,资源均衡优化就是在工期不变的情况下,利用时差对网络计划做一些调整,使每天的资源需要量尽可能地接近于平均。

工期固定,资源均衡的优化步骤是:调整应自网络计划终点节点开始,从右向左逐项进行。按工作的结束节点的编号值从大到小的顺序进行调整。同一个结束节点的工作则由开始时间较迟的工作先调整。在所有工作都按上述原理方法自右向左进行了一次调整之后,为使方差值进一步减少,需要自右向左再次进行调整,甚至多次调整,直到所有工作的位置都不能再移动为止。

思考题

1. 什么是网络图? 什么是网络计划技术? 什么是网络计划?
2. 单代号网络图和双代号网络图的相同点和不同点有哪些?
3. 虚工作有哪些作用? 举例说明。
4. 时标网络图的优缺点是什么?
5. 网络图时间参数的作用是什么?
6. 网络计划优化的作用与运用是什么?

第14章 施工组织设计与管理

14.1 组织施工原则

组织施工就是根据拟建工程建筑施工的技术经济特点、国家的建设法规、业主的合同要求,对耗用的人力、材料、机具、资金和施工方法等进行合理的安排,协调各种关系,实现一定的时间和空间内有组织、有计划、有秩序的施工,以期整个工程施工达到最优效果,即进度快、质量好、成本低,或者说高效、优质、低耗。所以,组织施工是一项非常重要的工作,根据以往的实践经验,在组织施工时,应遵循以下基本原则:

(1)认真贯彻执行国家工程建设的法规,严格执行现行的建设程序。国家工程建设的各项法规和现行的建设程序,都是我国工程建设的经验总结,具有特殊必要性,在组织施工时,必须首先遵守。

(2)进行项目排队,保证重点。统筹安排施工任务有轻重缓急,组织施工时,必须根据施工条件落实情况和施工任务轻重缓急程度,对工程项目进行排队,把有限的资源优先用于"重""急"工程上,使其早日完工。同时照顾一般工程项目,把两者有机结合起来,避免资源过度集中投入。注意辅助项目与主要项目的有机联系,注意主体工程与附属工程的相互关系,重视准备项目、施工项目、收尾项目、竣工投产项目之间的关系,做到协调一致,配套建设。总之,要在时间上分期,在项目上分批,保证重点,统筹安排。

(3)合理安排施工顺序。

土木工程施工作业的顺序进行,反映的是工艺要求;土木工程施工作业的交叉进行,反映的是配合要求;土木工程施工作业的平行进行,反应的是争取时间的主观要求。施工顺序的科学合理,能够使施工现场的时间资源和空间资源得到合理利用。比如,要"先准备,后施工"。施工准备工作应满足开工条件,并且满足开工后能连续施工的要求。整个建设项目开工前,应完成全场性的准备工作,如平整场地、路通、水通、电通等。单位工程和各分部分项工程开工前,也必须首先完成其相应的准备工作。施工准备工作实际上贯穿施工全过程。再比如,在处理地下工程与地上工程关系时,应遵循"先地下,后地上"和"先深后浅"的原则。

(4)保证工程质量。

工程的质量优劣直接影响建筑物的寿命和使用效果,也关系到建筑企业的信誉,应严格按设计要求组织施工,严格按施工规范规程进行操作,确保工程质量。上道工序不合格,不得进行下道工序。

(5)注意施工安全。

安全是顺利开展工程建设的保障,只有不造成劳动者的伤亡和不危害劳动者的身体健康,才是"以人为本",才有进度的保证,也才不会造成财产损失。"安全为先"是组织施工的最重要观念,应严格按安全施工规范进行作业,确保施工安全。

(6)运用组织施工的科学方法。

使用流水施工组织方法,提高施工的连续性和均衡性,不断提高施工机械化水平,减轻劳动强度。认真贯彻建筑工业化方针,扩大预制范围,提高预制装配程度,工厂预制和现场预制相结合,提高劳动生产率。

(7)采用适用施工技术,降低施工成本。

科学技术是第一生产力,应积极采用新材料、新工艺、新设备。技术运用要结合工程特点和施工条件,使技术的先进性、适用性和经济性相结合起来,即在保证质量前提下,优先选用成熟的先进施工技术,在优先选用的成熟先进施工技术中,优先选用施工成本低的适用技术。

(8)精心设计施工平面图。

尽量利用正式工程、原有或就近已有设施,以减少各种暂设的工程;尽量利用当地的资源,减少物资运输量;合理安排进行运输、装卸以及储存作业,避免二次搬运;在保证正常供应的前提下,储备物资数额要尽可能减少,以减少仓库与堆场的面积;精心规划布置场地,节约施工用地,做到文明施工,保护环境。

(9)恰当地安排季节施工。

由于建筑产品露天作业的特点,施工必然受气候和季节的影响。冬季的严寒和夏季的多雨,都不利于建筑施工的正常进行,应恰当安排冬季、雨季施工的任务。对于那些进入冬季、雨季施工的工程,应落实季节性施工措施。只有这样,才可以增加全年的施工天数,提高施工的连续性和均衡性,保证施工质量。

14.2 施工组织设计

14.2.1 施工组织设计的含义

施工组织设计是在工程开工前编制的,是用来指导拟建工程施工准备和组织施工的全面性的技术经济文件,它是对整个施工活动实行科学管理的有力手段。

施工组织设计的任务是根据建设单位的要求,选择经济、合理、有效的施工方案;确定紧凑、均衡、有序的施工进度;拟订针对性强、效果性好的技术组织措施;优化配置和节约使用劳动力、材料、机械设备、资金和技术等施工资源;充分利用施工现场的空间;实现施工进度快、质量好、成本低、安全施工的目标。

施工组织设计的作用,包括:①施工组织设计是施工准备工作的核心内容;②施工组织设计是组织施工的指导性文件;③施工组织设计是工程设计和工程施工之间的沟通桥梁;④施工组织设计是协调施工各方步骤进度的依据;⑤施工组织设计是建筑企业及项目经理部进行施工管理的基础。

14.2.2 施工组织设计的分类

施工组织设计的分类方法常用的有两种,按施工组织设计编制对象范围划分和按中标前后划分。按施工组织设计编制对象范围的不同可分为施工组织设计大纲、施工组织总设计、单位工程施工组织设计和分部分项工程施工组织设计。

（1）施工组织设计大纲是以一个投标工程项目为对象进行编制，用以指导其投标全过程各项实施活动的技术、经济、组织、协调和控制的综合性文件。它是编制工程项目投标书的依据，其目的是为了中标，主要内容包括：项目概况、施工目标、施工组织和施工方案、施工进度、施工质量、施工成本、施工安全、施工环保和施工平面、施工风险防范等。它是编制施工组织总设计的依据。

（2）施工组织总设计是以一个建设项目或一个建筑群为对象进行编制，用以指导其建设全过程各项全局性施工活动的技术、经济、组织、协调和控制的综合性文件。它是经过招投标确定了总包单位之后，在总包单位的总工程师主持下，会同建设单位、设计单位和分包单位的相应工程师共同编制，主要内容包括：建设项目概况、施工总目标、施工组织、施工部署和施工方案、施工准备工作、施工总进度、施工质量、施工总成本、施工安全、施工总资源、施工环保和施工设施、施工风险防范、施工总平面和主要技术经济指标。它是编制单位工程施工组织设计的依据。

（3）单位工程施工组织设计是以一个单项或其一个单位工程为对象进行编制，用以指导其施工全过程各项施工活动的技术、经济、组织、协调和控制的综合性文件。它是在签订相应工程施工合同之后，在项目经理组织下，由项目工程师负责编制，主要内容包括：工程概况、施工组织和施工方案、施工准备工作、施工进度、施工质量、施工成本、施工安全、施工资源、施工环保、施工设施、施工风险防范、施工平面布置和主要技术经济指标。它是编制分部分项工程施工组织设计的依据。

（4）分部分项工程施工组织设计是以一个分部工程或其一个分项工程为对象进行编制，用以指导其各项作业活动的技术、经济、组织、协调和控制的综合文件。它是在编制单位工程施工组织设计的同时，由项目主管技术人员负责编制，作为该项目专业工程具体实施的依据。分部分项工程施工组织设计是针对某些较重要的、技术复杂、施工难度大，或采用新工艺、新材料施工的分部分项工程，如深基础、无黏结预应力混凝土、大型安装、高级装修工程等为对象编制的，其内容具体详细，可操作性强，是直接指导分部分项工程施工的技术计划。

施工组织设计大纲、施工组织总设计是整个建设项目的全局性战略部署，其范围和内容大而概括，属规划和控制型。单位工程施工组织设计是在施工组织总设计的控制下考虑企业施工计划编制的，针对单位工程，把施工组织总设计的内容具体化，属实施指导型。分部分项工程施工组织设计是以单位工程施工组织设计和项目部施工计划为依据编制的，针对特殊的分部分项工程，把单位工程施工组织设计进一步详细化，属实施操作型。它们之间是同一建设项目不同广度、深度的施工计划，是控制与被控制的关系；它们的目标是一致的，编制原则是一致的，主要内容是相通的；它们的编制对象和范围不同，编制的依据不同，参与编制的人员不同，编制的时间不同，所起的作用不同。

按中标前后的不同，施工组织设计可分为投标前的施工组织设计（简称标前设计）和中标后的施工组织设计（简称标后设计）两种。

标前设计是在投标前编制的对项目各目标实现的组织与技术的保证。标前设计主要是给发包方看的，目的是承揽施工任务。签订施工合同后，应依据标前设计、施工合同、企业施工计划,在开工前由中标后成立的项目经理部负责编制详细的实施指导性标后设计,它是给施工企业用的,目的是保证合同承诺的实现。两者之间有先后次序关系、单向制约关系,具体不同之处见表 14-1。

标前设计和标后设计的特点   表 14-1

种　类	服务范围	编制时间	编　制　者	主要特征	追求的目标
标前设计	投标与签约	投标书编制前	经营管理层	规划性	中标与经济效益
标后设计	施工全过程	签约后开工前	项目管理层	指导性	施工效率和效益

对于大型的项目来说,施工组织设计的编制往往是随着项目设计的深入而编制不同广度、深度和作用的施工组织设计,类型会多一些变化。对于小型项目及熟悉的工程项目,施工组织设计的编制内容可以进行简化。

14.2.3　施工组织设计的编制依据

施工组织设计的编制依据主要有:

(1)施工合同。施工合同是施工单位开展施工的基本依据,施工合同中约定的开工日期、竣工日期、合同工期,是制订进度计划的主要约束条件。施工合同中约定的质量等级,是预制质量保证措施的主要目标。

(2)设计资料。施工单位的任务就是将设计蓝图变成实际项目,设计资料是施工单位开展施工的出发点和目的地。施工中的设计资料包括已批准的设计任务书、设计图纸和设计说明书等。

(3)现场自然条件。由于建设项目的地点固定性,所以施工组织设计必须依据现场地形、地质、水文和气象资料来进行编制。

(4)项目周边条件。项目周边条件包括项目周边供水、供电、交通运输、生产和生活基础设施情况、建筑材料供应情况、施工力量供应情况等。

(5)施工能力。施工企业及相关协作单位可配备的人力资源、机械设备、成熟施工技术等。

(6)施工技术资料。国家和地方有关的现行施工规范、规程、标准、定额等工具性技术参考资料。

(7)类似工程施工经验。虽然建设项目施工具有施工单件性特点,但类似工程施工经验对于拟建工程施工的借鉴意义是非常重大的。类似工程施工经验是编制施工组织设计的主要依据之一。

不同类型的施工组织设计,其编制依据应根据需要进行增减。

14.2.4　施工组织设计的编制内容

施工组织设计的编制内容主要包括以下 8 个方面:

1)工程概况及特点分析

施工组织设计应首先对拟建工程的概况及特点进行分析并加以简述,目的在于清楚工程任务的基本情况。这样做可使编制的施工组织设计具有针对性,便于使用者掌握,方便审批者

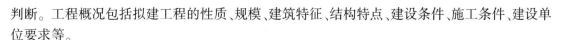

判断。工程概况包括拟建工程的性质、规模、建筑特征、结构特点、建设条件、施工条件、建设单位要求等。

2）施工部署

施工部署是对于整个建设项目施工的总体安排。施工组织设计应该对拟建工程的施工部署给出明确的安排，因为它是组织施工的路线图。施工部署包括施工组织的确定、施工任务的分工、施工场地的划分、工期的规划安排、分期分批施工的内容、全场性的技术组织措施、施工流向和施工顺序的确定等。

3）施工进度计划

施工进度计划反映施工方案在时间上的安排，是组织与控制整个工程进度的依据。施工组织设计应对拟建工程的施工进度给出明确安排，因为它是落实施工任务的基本依据。施工进度计划的编制应尽量采用先进的流水施工方法，应尽量采用先进的网络图和横道图计划方式。施工进度计划包括划分施工过程，计算工程量，计算劳动量和机械量，确定工作天数及相应的作业人数或机械台数，编制进度计划表及检查与调整方法等。

4）施工准备计划

施工准备计划主要是明确施工前应完成的施工准备工作内容、起止时间、质量要求等。建设项目、单位工程和分部分项工程，在其开工前都需要按时完成相应的准备工作。施工准备计划包括技术准备、物资准备、劳动组织准备、施工现场准备、施工场外协调。

5）资源需用计划

资源需用计划是根据施工进度计划编制的保证施工计划实现的支持性计划，包括劳动力、主要建筑材料、预制件、半成品及机械设备需要量计划，资金收支预测计划等。各项资源需要量计划是提供施工需用资源的依据和前提，它构成了施工组织设计的主要编制内容。

6）施工平面图

施工现场平面图是施工方案和施工进度计划在空间上的全面安排。它以合理利用施工现场空间为原则，本着方便生产、有利生活、文明施工的目的，把投入的各项资源和人员的生产、生活场地，做出合理的平面布置。

7）技术组织措施

施工任务的完成除了施工方案选择合理，进度计划安排科学，资源需要及时满足，现场布局协调合理以外，还应采取有效的技术组织措施。技术组织措施，尽量文字、图表的形式加以阐述，以便贯彻执行。施工组织设计中的技术组织措施，是确保质量好、工期短、成本低和文明安全的必要手段。

8）技术经济指标

技术经济指标用以衡量组织施工的水平，它是对确定的施工方案、施工进度计划及施工平面图的技术经济效益进行全面的评价。技术经济指标主要包括施工工期、全员劳动生产率、资源利用系数、机械使用总台班量等。

14.2.5 施工组织设计的编制分工

标前设计由企业总工办或相关职能部门负责牵头编制。标后设计由项目经理或项目技术负责人负责牵头编制。

施工组织设计编制要吸收相关职能部门施工经验丰富的技术人员参加，集思广益；要根据建设单位给定目标进行编制，满足建设单位要求；要依据国家和地方政府施工规定进行编制，符合规范规定，还要广泛征求各协作施工单位的意见，便于协作配合；要对结构复杂、施工难度大的以及采用新工艺、新技术的工程，进行专题研究，确保万无一失。

14.3 施工准备工作

14.3.1 施工准备工作分类

常言道"有备无患""不打无准备之仗"，组织施工也是同样的道理。由于建筑施工是在形形色色的条件下进行的，投入的资源多，影响因素多，技术关联大，协作配合复杂，所以如果事先缺乏全面充分的施工准备，必然会使施工活动陷于被动，无法正常进行施工。进行施工准备是为了能够使工程开工以后按计划顺利进行。

施工准备工作有按准备工作范围划分和按工程所处施工阶段划分两种方式。

(1)按准备工作范围划分，施工准备工作有全场性施工准备、单位工程施工条件准备、分部分项工程作业条件准备三类。

①全场性施工准备是以一个建设项目为对象而进行的各项施工准备，其目的和内容都是为全场性施工服务的，它不仅要为全场性的施工活动创造有利条件，而且要兼顾单位工程施工条件的准备。

②单位工程施工条件准备是以一个单位工程为对象而进行的施工准备，其目的和内容都是为该单位工程服务的，它既要为单位工程做好开工前的一切准备，又要为其分部分项工程施工进行作业条件的准备。

③分部分项工程作业条件准备是以一个分部分项工程或冬、雨季施工工程为对象而进行的作业条件准备。其目的和内容都是为该分部分项工程开工，事前最好充分准备。

(2)按工程所处施工阶段划分，施工准备工作有开工前的施工准备工作和开工后的施工准备工作两类。

①开工前的施工准备工作是在拟建工程正式开工前所进行的一切施工准备。其目的是为工程正式开工创造必要的施工条件，主要指全场性的施工准备。

②开工后的施工准备工作是在拟建工程开工后，每个施工阶段正式开始之前所进行的施工准备。如混合结构住宅的施工，需要针对地下工程、主体结构工程和装饰工程，按其所需物资技术条件、组织要求和现场布置，分别组织落实施工准备工作。

14.3.2 施工准备工作内容

施工准备工作内容包括技术的准备、物资的准备、劳动组织的准备、施工现场准备、施工场外协调五部分。

1)技术准备

技术准备包括做好扩大初步设计方案的审查、熟悉和审查施工图纸、原始资料调查分析、编制施工图预算和施工预算、编制施工组织设计五部分。

（1）认真做好扩大初步设计方案的审查工作。任务确定以后，应提前与设计单位结合，掌握扩大初步设计方案编制情况，使方案的设计在质量、功能、工艺技术等方面均能适应市场发展水平，为施工扫除障碍。

（2）熟悉和审查施工图纸。施工图纸熟悉和审查的重点是：①施工图纸是否完整和齐全；②施工图纸是否符合国家有关工程设计和施工的方针及政策；③施工图纸与其说明书在内容上是否一致；④施工图纸及其各组成部分间有无矛盾和错误；⑤建筑图与其相关的结构图，在尺寸、坐标、高程和说明方面是否一致，技术要求是否明确；⑥熟悉工业项目的生产工艺流程和技术要求，掌握配套投产的先后次序和相互关系；⑦审查设备安装图纸与其相配合的土建图纸，在坐标和高程尺寸上是否一致，土建施工的质量标准能否满足设备安装的工艺要求；⑧基础设计或地基处理方案同建造地点的工程地质和水文地质条件是否一致；⑨弄清建筑物与地下构筑物、管线间的相互关系；⑩掌握拟建工程的建筑和结构的形式和特点，需要采取哪些新技术；⑪复核主要承重结构或构件的强度、刚度和稳定性能否满足施工要求；对于工程复杂、施工难度大和技术要求高的分部分项工程，要审查现有施工技术和管理水平能否满足工程质量和工期要求；⑫建筑设备及加工订货有何特殊要求等。熟悉和审查施工图纸主要是为编制施工组织设计提供各项依据，通常按图纸自审、会审和现场签证三个阶段进行。图纸自审由施工单位主持，并写出图纸自审记录；图纸会审由建设单位主持，设计和施工单位共同参加，形成"图纸会审纪要"，由建设单位正式行文，三方共同会签并盖公章，作为指导施工和工程结算的依据；图纸现场签证是在工程施工中，遵循技术核定和设计变更签证制度，对所发现的问题进行现场签证，作为指导施工、竣工验收和结算的依据。

（3）原始资料调查分析。调查分析建设地点自然条件和项目所在地技术经济条件。自然条件调查分析包括建设地区的气象、建设场地的地形、工程地质和水文地质、施工现场地上和地下障碍物状况、周围民宅的坚固程度及其居民的健康状况等项调查，目的是为编制施工现场的"四通一平"计划提供依据。技术经济条件调查分析包括地方建筑生产企业、地方资源、交通运输、水电及其他能源、主要设备、国拨材料和特种物资，以及它们的生产能力等项调查。自然条件、技术经济条件调查用表，见表14-2～表14-8。

地方建筑生产企业情况调查内容表　　　　　表14-2

企业和产品名称	规格	单位	生产能力	供应能力	生产方式	出厂价格	运距	运输方式	单位、价格	备注

注：1. 企业名称按构件厂、木工厂、商品混凝土厂、门窗厂、设备、脚手、模板租赁厂、金属结构厂、采料厂、砖、瓦、灰厂等填列。
　　2. 这一调查可向当地计划、经济或主管建筑企业机关进行。

地方资源情况调查内容表　　　　　表14-3

材料（或资源）名称	产地	埋藏量	质量	开采量	开采费	出厂价	运距	运费	备注

注：材料名称按块石、碎石、砾石、砂、工业废料（包括冶金矿渣、炉渣、电站粉煤灰）填列。

交通运输条件调查内容表   表 14-4

项目	内 容
铁路	(1)邻近铁路专用线、车站至工地距离,运输条件; (2)车站起重能力,卸货线长度,现场存储能力; (3)装载货物的最大尺寸; (4)运费、装卸费和装卸力量
公路	(1)各种材料至工地的公路等级、路面构造、路宽及完好情况,允许最大载质量,途经桥涵等级,允许最大载质量; (2)当地专业运输机构及附近农村能提供的运输能力,汽车、人、畜力车数量,效率; (3)运费、装卸费和装卸力量; (4)有无汽车修配厂,至工地的距离,道路情况,能提供的修配能力
航运	(1)货源与工地至邻近河流、码头、渡口的距离,道路情况; (2)洪水、平水、枯水期,通航最大船只及吨位,取得船只情况; (3)码头装卸能力,最大起重量,增设码头的可能性; (4)渡口、渡船能力,同时可载汽车、马车数,每日次数,能为施工提供的能力; (5)每吨货物运价,装卸费和渡口费

气象、地形、地质和水文调查内容表   表 14-5

项目	调 查 内 容	调 查 目 的
气温	(1)年平均温度,最高、最低、最冷、最热月的逐月平均温度,结冰期,解冻期; (2)冬、夏室外计算温度; (3)小于等于 −3~5℃ 的天数、起止时间	(1)防暑降温; (2)冬季施工; (3)混凝土、灰浆强度增长
降雨	(1)雨季起止时间; (2)全年降水量,昼夜最大降水量; (3)年雷暴日数	(1)雨季施工; (2)工地排水、防洪; (3)防雷
风	(1)主导风向及频率; (2)大于和等于 8 级风全年天数,时间	(1)布置临时设施; (2)高空作业及吊装措施
地形	(1)区域地形图; (2)厂址地形图; (3)该区的城市规划; (4)控制桩、水准点的位置	(1)选择施工用地; (2)布置施工总平面图; (3)现场平整土方量计算; (4)障碍物及数量
地震	烈度大小	(1)对地基的影响; (2)施工措施
地质	(1)钻孔布置图; (2)地质剖面图(土层特征及厚度); (3)地质的稳定性、滑坡、流沙、冲沟; (4)物理力学指标:天然含水率,天然孔隙比,塑性指数,压缩试验; (5)最大冻结深度; (6)地基土强度结论; (7)地基土破坏情况,土坑、枯井、古墓、地下构筑物	(1)土方施工方法的选择; (2)地基处理方法; (3)基础施工; (4)障碍物拆除计划; (5)复核地基基础设计

续上表

项目	调查内容	调查目的
地下水	(1)最高、最低水位及时间； (2)流向、流速及流量； (3)水质分析； (4)抽水试验	(1)土方施工； (2)基础施工方案的选择； (3)降低地下水位； (4)侵蚀性质及施工注意事项
地面水	(1)临近的江河湖泊及距离； (2)洪水、平水及枯水时期； (3)流量、水位及航道深； (4)水质分析	(1)临时给水； (2)航运组织； (3)水工工程

注：资料来源为当地的气象台(站)设计的原始资料如地质勘察报告、地形测量图等。

主要设备、材料和特殊物资调查内容表 表14-6

项目	内容
设备	(1)主要工艺设备名称及来源，含进口设备； (2)分批和全部到货时间
三大材料	(1)钢材分配的规格、钢号、数量和到货时间； (2)木材分配的品种、等级、数量和到货时间； (3)水泥分配的品种、强度等级、数量和到货时间
特殊材料	(1)需要的品种、规格和数量； (2)进口材料和新材料

水、电源和其他动力条件调查内容表 表14-7

项目	内容
给排水	(1)与当地现有水源连接的可能性，可供水量，接管地点、管径、材料、埋深、水压、水质、水费 至工地距离，地形地物情况； (2)自选临时江河水源，至工地距离，地形地物情况，水量，取水方式，水质及处理； (3)自选临时水井水源的位置、深度、管径和出水量； (4)利用永久排水设施的可能，施工排水去向、距离和坡度，洪水影响，现有防洪设施
供电与电信	(1)电源位置，供电的可能性，方向，接线地点至工地的距离，地形地物情况。允许供电容量，电压、导线截面、电费； (2)建设和施工单位自有发电设备的规格型号、台数、能力； (3)利用邻近电信设备的可能性，电话、电报局至工地距离，可能增设电话、计算机等自动化办公设备和线路情况
蒸汽	(1)有无蒸汽来源，可供蒸汽量，管径、埋深、至工地距离，地形地物情况，蒸汽价格； (2)建设和施工单位自有锅炉设备规格型号、台数和能力，所需燃料，用水水质； (3)当地和建设单位的压缩空气、氧气的提供能力，至工地距离

参加施工的各单位(含分包)生产能力情况调查内容表 表14-8

项目	内容
工人	(1)总数，分工种人数； (2)定额完成情况； (3)一专多能情况
管理人员	(1)管理人员数，所占比例； (2)其中干部、技术人员、服务人员和其他人员数

续上表

项目	内 容
施工机械	(1)名称、型号、能力、数量、新旧程度(列表); (2)总装备程度(马力/全员); (3)拟、订购的新增加情况
施工经验	(1)在历史上曾施工过的主要工程项目; (2)习惯采用的施工方法; (3)采用过的先进施工方法; (4)科研成果
主要指标	(1)劳动生产率; (2)质量、安全; (3)降低成本; (4)机械化、工厂化程度; (5)机械设备的完好率、利用率

(4)编制施工图预算。施工图预算应按照施工图纸所确定的工程量、施工组织设计拟定的施工方法、建筑工程预算定额和有关费用定额,由施工单位编制。

(5)编制施工组织设计。拟建工程应根据工程规模、结构特点和建设单位要求,编制指导该工程施工全过程的施工组织设计。

2)物资准备

物资准备工作内容包括建筑材料准备、构配件和制品加工准备、建筑施工机具准备、生产工艺设备准备四部分。

建筑材料准备是根据施工预算的材料分析和施工进度计划的要求,编制建筑材料需要量计划,为施工备料、确定仓库和堆场面积以及组织运输提供依据。

构配件和制品加工准备是根据施工预算所提供的构配件和制品加工要求,编制相应计划,为组织运输和确定堆场面积提供依据。

建筑施工机具准备是根据施工方案和进度计划的要求,编制施工机具需要量计划,为组织运输和确定机具停放场地提供依据。

生产工艺设备准备是按照生产工艺流程及其工艺布置图的要求,编制工艺设备需要量计划,为组织运输和确定堆场面积提供依据。

物资准备工作程序是:①编制各种物资需要量计划;②签订物资供应合同;③确定物资运输方案和计划;④组织物资按计划进场和保管。

3)劳动组织准备

劳动组织准备包括建立施工项目领导机构,建立精干的工作队组,集结施工力量、组织劳动力进场,做好职工入场教育工作四部分。

(1)建立施工项目领导机构。根据工程规模、结构特点和复杂程度,确定施工项目领导机构的人选和名额;遵循合理分工与密切协作、因事设职与因职选人的原则,建立有施工经验、有开拓精神和工作效率高的施工项目领导机构。

(2)建立精干的工作队组。根据采用的施工组织方式,确定合理的劳动组织,建立相应的专业或混合工作队组。

（3）集结施工力量，组织劳动力进场。按照开工日期和劳动力需要量计划，组织工人进场，安排好职工生活，并进行安全、防火和文明施工等教育。

（4）做好职工入场教育工作。为落实施工计划和技术责任制，应按管理系统逐级进行交底。交底内容通常包括：①工程施工进度计划和月、旬作业计划；②各项安全技术措施、降低成本措施和质量保证措施；③质量标准和验收规范要求；④设计变更和技术核定事项等，都应详细交底，必要时进行现场示范；⑤同时健全各项规章制度，加强遵纪守法教育。

4）施工现场准备

施工现场准备内容主要有以下几点：

（1）施工现场控制网测量。根据给定永久性坐标和高程，按照建筑总平面图要求，进行施工场地控制网测量，设置场区永久性控制测量标桩。

（2）做好"四通一平"，认真设置消火栓。确保施工现场水通、电通、道路畅通、通信畅通和场地平整；按消防要求，设置足够数量的消火栓。

（3）建造施工设施。按照施工平面图和施工设施需要量计划，建造各项施工设施，为正式开工准备好用房。

（4）组织施工机具进场。根据施工机具需要量计划，按施工平面图要求，组织施工机械、设备和工具进场，按规定地点和方式存放，并应进行相应的保养和试运转等项工作。

（5）组织建筑材料进场。根据建筑材料、构配件和制品需要量计划，组织其进场，按规定地点和方式储存或堆放。

（6）拟订有关试验、试制项目计划。建筑材料进场后，应进行各项材料的试验、检验。对于新技术项目，应拟订相应试制和试验计划，并均应在开工前实施。

（7）做好季节性施工准备。按照施工组织设计要求，认真落实冬施、雨施和高温季节施工项目的施工设施和技术组织措施。

5）施工场外协调

施工场外协调内容主要有以下几点：

（1）材料加工和订货。根据各项资源需要量计划，同建材加工和设备制造部门或单位取得联系，签订供货合同，保证按时供应。

（2）施工机具租赁或订购。对于本单位缺少且需用的施工机具，应根据需要量计划，同有关单位签订租赁合同或订购合同。

14.4　单位工程施工组织设计

14.4.1　单位工程施工组织设计含义

单位工程施工组织设计是在单位工程开工前编制的，用来指导拟建单位工程施工准备和组织施工的全面性的技术经济文件，它是对整个单位工程施工活动实行科学管理的有力手段。

单位工程施工一般有两种情况：一种是属于群体工程中的一部分，如工业项目的一个车间的土建工程或一个烟囱；另一种是一个独立的单位工程，如一个新建的生产车间、一栋民用住宅楼的土建工程或一座桥梁。所以应根据不同的单位工程的具体条件和要求，进行单位工程施工组织设计。

单位工程施工组织设计由项目经理组织,在编制前应会同有关部门和人员,在调查研究的基础上,共同研究和讨论其主要的技术措施和组织措施。

单位工程施工组织设计的任务是根据建设单位的要求,选择经济、合理、有效的单位工程施工方案;确定紧凑、均衡、有序的单位工程施工进度;拟订针对性强、效果性好的单位工程技术组织措施;优化配置和节约使用劳动力、材料、机械设备等施工资源;充分利用施工现场的空间;实现施工进度快、质量好、成本低、安全施工的目标。

14.4.2　单位工程施工组织设计内容

单位工程施工组织设计主要内容包括:工程概况、施工管理组织、施工方案、施工准备工作、施工进度计划、施工质量、施工成本、施工安全、施工资源、施工环保、施工设施、施工风险防范、施工平面布置和主要技术经济指标。

1)工程概况

工程概况主要包括工程性质和作用、建筑和结构特征、建造地点特征、工程施工特征。

(1)工程性质和作用主要说明:工程类型、使用功能、建设目的、建设工期、质量要求、投资额以及工程建成后地位和作用。

(2)建筑和结构特征主要说明:工程平面组成、层数、层高和建筑面积,并附以平面、立面和剖面图;结构特点、复杂程度和抗震要求;主要工种工程量一览表。

(3)建造地点特征主要说明:建造地点及其空间状况;气象条件及其变化状况;工程地形和工程地质条件及其变化状况;水文地质条件及其变化状况;冬期施工起止时间和土壤冻结深度。

(4)工程施工特征主要说明:结合工程具体施工条件的施工全过程的关键工程。

2)施工管理组织

施工管理组织主要包括确定施工管理组织目标、确定施工管理工作内容、确定施工管理组织机构、制定施工管理工作流程和考核标准。

(1)确定施工管理组织目标是要根据施工目标,确定施工管理组织目标。

(2)施工管理工作内容通常分为:施工进度控制、质量控制、成本控制、合同管理、信息管理和组织协调。

(3)确定施工管理组织机构包括从直线式、直线职能式和矩阵式三种形式中选择一种作为组织机构形式,确定组织管理层次的决策层、控制层和作业层,制定有规章制度保障的岗位职责,按照岗位职责需要选派称职管理人员。

(4)制定施工管理工作流程和考核标准是按照施工管理规律,制定出相应管理工作流程和考核标准,用以检查施工计划落实状况。

3)施工方案

施工方案主要包括确定施工起点流向、确定施工程序、确定施工顺序、确定施工方法、确定安全施工措施。

(1)确定施工起点流向指确定在平面上和竖向上施工开始部位和进展方向,它主要解决施工项目在空间上施工顺序合理的问题。

（2）确定施工程序是根据"先场外后场内、先地下后地上、先主体后装修和先土建后设备安装"的原则确定不同施工阶段之间的先后施工次序。

（3）确定施工顺序是明确工程内部各个分部分项工程之间的先后施工次序。

（4）确定施工方法是指明确主要操作手段和主导施工机械。

（5）确定安全施工措施包括预防自然灾害措施、防火防爆措施、劳动保护措施、特殊工程安全措施、环境保护措施。

4）施工准备工作

施工准备工作主要包括建立工程管理组织、施工技术准备、劳动组织准备、施工物资准备、施工现场准备。

（1）建立工程管理组织包括：组建管理机构、确定各部门职能、确定岗位职责分工和选聘岗位人员、明确部门之间和岗位之间的相互关系。

（2）施工技术准备包括：编制施工进度控制实施细则、编制施工质量控制实施细则、编制施工成本控制实施细则、做好工程技术交底工作。

（3）劳动组织准备包括：建立工作队组、做好劳动力培训工作。

（4）施工物资准备包括：建筑材料准备、预制加工品准备、施工机具准备、生产工艺设备准备。

（5）施工现场准备包括：实现"四通一平"、现场控制网测量、建造各项施工设施、做好冬雨期施工准备、组织施工物资和施工机具进场。

5）施工进度计划

施工进度计划主要包括确定施工进度计划编制依据、明确施工进度计划编制步骤、明确施工进度计划编制要点、制订施工进度控制实施细则。

（1）施工进度计划编制依据主要有：施工合同和全部施工图纸、建设地区原始资料、施工总进度计划对本工程有关要求、工程概预算资料、主要施工资源供应条件。

（2）施工进度计划编制步骤包括分网络图进度计划编制和横道图进度计划编制。

（3）施工进度计划编制要点包括：确定施工起点流向和划分施工段、计算工程量、确定分项工程劳动量或机械台班数量、确定分项工程持续时间、安排施工进度、调整施工进度。

（4）施工进度控制实施细则包括：编制月旬和周施工作业计划、落实施工资源供应计划、协调同设计单位和分包单位关系、协调同业主的关系、跟踪监控施工进度。

6）施工质量

施工质量计划主要包括施工质量计划的编制依据、施工质量计划内容、施工质量计划编制步骤。

（1）施工质量计划的编制依据主要有：施工合同对工程造价、工期和质量有关规定；施工图纸和有关设计文件；概预算文件；国家现行施工验收规范和有关规定；劳动力素质、材料和施工机械质量以及现场施工作业环境状况。

（2）施工质量计划内容主要有：设计图纸对施工质量要求；施工质量控制目标分解；确定施工质量控制点；制订施工质量控制实施细则；建立施工质量保障体系。

（3）施工质量计划编制步骤为：明确施工质量要求、施工质量控制目标分解、确定施工质量控制点、制订施工质量控制实施细则、建立工程施工质量保障体系。

7）施工成本

施工成本计划主要包括施工成本分类和构成、施工成本计划编制步骤。

（1）单位工程施工成本分为：施工预算成本、施工计划成本及施工实际成本三种，由直接费和间接费两部分费用构成。

（2）施工成本计划编制步骤为：收集和审查有关编制依据；做好工程施工成本预测；编制单位工程施工成本计划；制订施工成本控制实施细则。

8）施工安全

施工安全计划主要包括施工安全计划内容和施工安全计划编制步骤。

（1）施工安全计划内容主要有：工程概况；安全控制程序；安全控制目标；安全组织结构；安全资源配置；安全技术措施；安全检查评价和奖励。

（2）施工安全计划编制步骤为：明确工程概况；确定安全控制程序；确定安全控制目标；确定安全组织机构；确保安全资源配置；预制安全技术措施；落实安全检查评价和奖励。

9）施工资源

施工资源计划主要包括劳动力需要量计划、建筑材料需要量计划、预制加工品需要量计划、施工机具需要量计划和生产工艺设备需要量计划。

（1）劳动力需要量计划是根据施工方案、施工进度和施工预算，确定的专业工种、进场时间、劳动量和工人数的汇集表格。

（2）建筑材料需要量计划是根据施工预算工料分析和施工进度，确定的材料名称、规格、数量和进场时间的汇集表格。

（3）预制加工品需要量计划是根据施工预算和施工进度计划而编制的预制加工品加工订货和组织运输的安排。

（4）施工机具需要量计划是根据施工方案和施工进度计划而编制的落实施工机具来源和组织施工机具进出场的安排。

（5）生产工艺设备需要量计划是根据生产工艺布置图和设备安装进度而编制的生产设备订货、组织运输和进场后存放的安排。

10）施工环保

施工环保计划主要包括施工环保计划内容、施工环保计划编制步骤。施工环保计划内容有：施工环保目标；施工环保组织机构；施工环保事项和措施。施工环保计划编制步骤为：确定施工环保目标；建立环保组织机构；明确施工环保事项和措施。

11）施工设施

施工设施包括施工安全设施、施工环保设施、施工用房屋、施工运输设施、施工通信设施、施工供水设施、施工供电设施和其他设施。施工设施需要量计划是根据项目施工需要确定的施工设施建设和投入使用的时间安排。

12）施工风险防范

施工风险防范计划主要包括施工风险类型分析、施工风险因素识别、施工风险出现概率和损失值估计、施工风险管理重点、施工风险防范对策、施工风险管理责任。

（1）通常单位工程施工风险有工期风险、质量风险和成本风险三种。

（2）识别施工风险因素的方法主要有：专家调查法、故障树法、流程图分析法、财务报表分析法和现场观察法。

（3）施工风险估计方法包括：概率分析法、趋势分析法、专家会议法、德尔菲法和专家系统分析法。

（4）施工风险损失值估计包括：风险直接损失和间接损失两部分；前者比较容易估计，后者比较复杂。

（5）在风险潜在阶段，施工风险管理重点是正确预见和发现风险苗头，消除风险隐患；在风险出现阶段，施工风险管理重点是积极采取抢救或补救措施；在风险损失发生后，施工风险管理重点是迅速对风险损失进行有效的经济补偿。

（6）风险管理手段和措施包括：风险回避、风险转移、风险预防、风险分散、风险自留和保险六种。施工风险防范对策包括风险控制对策和风险财务对策。为落实施工风险管理责任，必须列出风险管理责任表。

13）施工平面布置

施工平面布置主要包括施工平面布置依据、施工平面布置原则、施工平面布置内容、设计施工平面图步骤。

（1）施工平面布置依据有：建设地区原始资料；一切原有和拟建工程位置及尺寸；全部施工设施建造方案；施工方案、施工进度和资源需要量计划；建设单位可提供的房屋和其他生活设施。

（2）施工平面布置原则有：施工平面布置要紧凑合理，尽量减少施工用地；尽量利用原有建筑物或构筑物，降低施工设施建造费用；合理地组织运输，保证现场运输道路畅通，尽量减少场内运输费；尽量采用装配式施工设施，减少搬迁损失，提高施工设施安装速度；各项施工设施布置方便生产、有利于生活、安全防火、环境保护和劳动保护要求。

（3）施工平面布置内容有：建筑总平面图上的地上、地下建筑物、构筑物和管线；地形高线，测量放线标桩位置；各类起重机械停放场地和开行路线位置；施工设施位置。

（4）设计施工平面图步骤为：确定起重机械数量和位置；确定搅拌站、材料堆场、仓库和加工场位置；确定运输道路位置；行政管理和文化福利设施布置；确定水电管网位置。

14）主要技术经济指标

施工组织设计的主要技术经济指标包括：施工工期、施工质量、施工成本、施工安全、施工环保和施工效率，以及其他技术经济指标。

14.4.3　单位工程施工组织设计编制依据

单位工程施工组织设计编制依据主要有以下几点：

（1）建设项目施工组织总设计对本工程的工期、质量和成本控制的目标要求。

（2）全部施工图纸及其标准图。

（3）工程地质勘察报告、地形图和工程测量控制网。

（4）工程所在地的气象资料。

（5）工程预算文件和资料。

（6）施工合同或承包合同对本工程开竣工的时间要求。

（7）施工管理组织能力。

（8）施工环境要求。

（9）施工准备工作情况。

（10）主要施工资源供应条件。

（11）施工设施落实情况。

（12）施工场地情况。

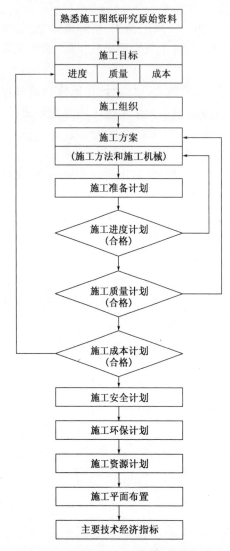

图 14-1　单位工程施工组织设计编制程序

14.4.4　单位工程施工组织设计编制程序

单位工程施工组织设计编制程序如图 14-1 所示。

14.4.5　单位工程施工方案设计

1）单位工程施工方案设计的基本要求

施工方案是单位工程施工组织设计的核心内容，施工方案选择是否合理，将直接影响到工程的施工质量、施工速度、工程造价，故必须引起足够的重视。

施工方案设计的基本要求包括以下 4 点，这 4 点是一个整体，是综合衡量施工方案优劣的标准。

（1）切实可行。制定施工方案必须从实际出发，切合项目实际情况，有实现的可能性。施工方案只能在有实现可能性的范围内，追求技术先进或施工快速。

（2）保证工期。制定的施工方案的施工期限必须满足施工合同要求，确保工程按期投产或交付使用，迅速地发挥投资效益。

（3）保障质量和安全。制定的施工方案在实施中，要有切实保证工程质量和安全生产的技术组织措施。

（4）节约施工费用最低。制定的施工方案要在切实可行、保证工期、保障质量和安全的前提下，节约或节省施工费用。

在选择施工方案时，为了防止所选择的施工方案可能出现片面性，应多考虑几个方案，从技术、经济的角度进行比较，最后择优选用。

2）单位工程施工方案的确定

施工方案主要包括确定施工起点流向、确定施工程序、确定施工顺序、确定施工方法、确定安全施工措施。

（1）确定施工起点流向

确定施工起点流向指确定在平面上和竖向上施工的开始部位和进展方向，主要解决施工项目在空间上施工顺序合理的问题。

施工起点流向的决定因素包括：生产工艺要求；建设单位交付使用的工期要求；工程各部分复

杂程度不同时,应从复杂部位开始;工程有高低层并列时,应从并列处开始;工程基础深度不同时,应从深基础部分开始,并且考虑施工现场周边环境状况。

(2)确定施工程序

确定施工程序要符合"先场外后场内、先地下后地上、先主体后装修和先土建后设备安装"原则。确定施工程序要符合"签订工程施工合同、施工准备、全面施工和竣工验收"施工总程序约束。在编制施工方案时,必须认真研究单位工程施工程序。

(3)确定施工顺序

确定施工顺序是明确工程内部各个分部分项工程之间的先后施工次序。施工顺序合理与否,将直接影响工种间配合、工程质量、施工安全、工程成本和施工速度,必须科学合理地确定单项工程施工顺序。

例如装饰工程中的室内墙面抹灰包括顶棚、墙面和地面三个分项工程,其施工顺序有两种:顶棚→墙面→地面;地面→顶棚→墙面。两者各有利弊,要结合具体情况加以确定。

(4)确定施工方法

确定施工方法是指明确主要操作手段和主导施工机械。

在选择施工方法时,要重点解决影响工程施工的主要分部工程。对于人们熟悉的、工艺简单的分部分项工程,只要加以概括说明即可。对于工程量大而且地位重要的工程项目、施工技术复杂的工程项目、特种结构工程、应由专业施工单位施工的特殊专业工程、陌生工程,则要编制具体的施工过程设计。确定施工方法时,要考虑该方法在工程上实现的可能性,是否符合国家技术政策,经济上是否合算,必须考虑对其他工程施工的影响,要注意施工质量要求以及相应的安全技术措施。比如,单层工业厂结构吊装工程的安装方法,有单件吊装法和综合吊装法两种。单件吊装法可以充分利用机械能力,校正容易,构件堆放不拥挤,但不利于其他工序插入施工。综合吊装法优缺点正好与单件吊装法相反。采用哪种方案为宜,必须从工程整体考虑,择优选用。

在选择主导施工机械时,要充分考虑工程特点、机械供应条件和施工现场空间状况,合理地确定主导施工机械类型、型号和台数。在选择辅助施工机械时,必须充分发挥主导施工机械的生产效率,要使两者的台班生产能力协调一致,并确定出辅助施工机械的类型、型号和台数。为便于施工机械管理,同一施工现场的机械型号尽可能少。当工程量大而且集中时,应选用专业化施工机械。当工程量小而且分散时,要选择多用途施工机械。

(5)确定安全施工措施

确定安全施工措施包括预防自然灾害措施、防火防爆措施、劳动保护措施、特殊工程安全措施、环境保护措施。

预防自然灾害措施包括防台风、防雷击、防洪水、防山洪暴发和防地震灾害等措施。防火防爆措施包括大风天气严禁施工现场明火作业、明火作业要有安全保护、氧气瓶防震防晒和乙炔罐严防回火等措施。劳动保护措施包括安全用电、高空作业、交叉施工、施工人员上下、防暑降温、防冻防寒和防滑防坠落,以及防有害气体毒害等措施。特殊工程安全措施,如采用新结构、新材料或新工艺的单项工程,要编制详细的安全施工措施。环境保护措施包括有害气体排放、现场雨水排放、现场生产污水和生活污水排放,以及现场树木和绿地保护等措施。

3)单位工程施工方案的评价

施工方案的评价选择,必须建立在几个可行方案的比较分析上。施工方案的评价依据是技术经济比较。它分定性比较和定量比较两种方式。定性比较是从施工操作上的难易程度和安全可靠性、为后续工程提供施工条件的可能性、冬雨季施工的困难程度、利用现有机具的情况、工期长短、单位造价高低、文明施工情况等方面进行比较。定量比较是计算比较各个施工方案所耗的人力、物力、财力和工期等指标。

施工方案定性评价指标主要有：施工操作难易程度和安全可靠性；为后续工程创造有利条件的可能性；利用现有或取得施工机械的可能性；施工方案对冬雨期施工的适应性；为现场文明施工创造有利条件的可能性。

施工方案定量评价指标主要有：工期；单位建筑面积造价；单位建筑面积劳动消耗量；降低成本指标。

施工方案经技术经济指标比较，往往会出现某一方案的某些指标较为理想，而另外方案的其他指标则比较好，这时应综合各项技术经济指标，全面衡量，选取最佳方案。有时可能会因施工特定条件和建设单位的具体要求，某项指标成为选择方案的决定条件，其他指标则只作为参考，此时在进行方案选择时，应根据具体对象和条件做出正确的分析和决策。

14.4.6 单位工程施工进度计划

1）单位工程施工进度计划的编制依据

单位工程施工进度计划的任务是按照组织施工的基本原则，根据选定的施工方案，在时间和施工顺序上作出安排，达到以最少的人力、财力，保证在规定的工期内完成合格的单位建筑产品。为顺利完成单位工程施工进度计划的任务，需要从工程实际出发。

编制施工进度计划的依据主要有以下几点：

(1)单位工程施工承包合同和全部施工图纸；

(2)单位工程施工图纸；

(3)建设单位要求的开工、竣工日期；

(4)施工总进度计划对本工程有关要求；

(5)工程预算及定额；

(6)施工方案；

(7)建设项目所在地区的地质、水文、气象及技术经济资料；

(8)主要施工资源供应条件。

2）单位工程施工进度计划的编制步骤

施工进度计划一般采用网络图和横道图的形式。这里主要阐述用网络图和横道图编制施工进度计划的方法及步骤。

(1)施工网络进度计划编制步骤如下：

①熟悉审查施工图纸，研究原始资料；

②确定施工起点流向，划分施工段和施工层；

③分解施工过程，确定施工顺序和工作名称；

④选择施工方法和施工机械，确定施工方案；

⑤计算工程量，确定劳动量或机械台班数量；

⑥计算各项工作持续时间；

⑦绘制施工网络图;

⑧计算网络图各项时间参数;

⑨按照项目进度控制目标要求,调整和优化施工网络计划。

(2)施工横道进度计划编制步骤如下:

①熟悉审查施工图纸,研究原始资料;

②确定施工起点流向,划分施工段和施工层;

③分解施工过程,确定工程项目名称和施工顺序;

④选择施工方法和施工机械,确定施工方案;

⑤计算工程量,确定劳动量或机械台班数量;

⑥计算工程项目持续时间,确定各项流水参数;

⑦绘制施工横道图;

⑧按项目进度控制目标要求,调整和优化施工横道计划。

3)单位工程施工进度计划的编制要点

(1)按单位工程施工方案确定中的方法确定施工起点流向。

(2)按空间参数中的方法划分施工段。

(3)工程量计算要与所采用施工方法一致,计算单位要与所采用定额单位一致。

(4)用产量定额确定分项工程劳动量或机械台班数量。

(5)用时间定额确定分项工程持续时间。

(6)同一性质主导分项工程尽可能连续施工;非同一性质穿插分项工程,要最大限度搭接起来。

(7)计划工期要满足合同工期要求。如果工期不符合要求,应改变某些分项工程施工方法,调整和优化工期,使其满足进度控制目标要求。

(8)要满足均衡施工要求。如果资源消耗不均衡,应对进度计划初始方案进行资源调整。如网络计划的资源优化和施工横道计划的资源动态曲线调整。

14.4.7 单位工程施工资源计划

单位工程施工资源计划包括:劳动力需要量计划、建筑材料需要量计划、预制加工品需要量计划、施工机具需要量计划和生产工艺设备需要量计划。

劳动力需要量计划是根据施工方案、施工进度和施工预算,分析确定的专业工种、工人数、劳动量、进场时间,一般以汇表形式表示。劳动力需要量计划是组织施工时现场劳动力调配的依据。劳动力需要量计划表见表14-9。

劳动力需要量计划表 表14-9

序号	专业工种		劳动量/工日	需要人数和时间									备注
				×月			×月			×月			
	名称	级别		Ⅰ	Ⅱ	Ⅲ	Ⅰ	Ⅱ	Ⅲ	Ⅰ	Ⅱ	Ⅲ	

建筑材料需要量计划是根据施工预算工料分析和施工进度,分析确定的材料名称、规格、数量和进场时间,一般以汇表形式表示。建筑材料需要量计划可作为组织施工时备料、确定堆场和仓库面积,以及组织运输的依据。建筑材料需要量计划表见表14-10。

建筑材料需要量计划表 表14-10

序号	材料名称	规格	需要量		需要时间									备注
			单位	数量	×月			×月			×月			
					I	II	III	I	II	III	I	II	III	

预制加工品需要量计划是根据施工预算和施工进度计划,分析确定的预制加工品名称、规格、型号、数量和进场时间,一般以汇表形式表示。预制加工品需要量计划可作为组织施工时加工订货、确定堆场面积和组织运输的依据。预制加工品需要量计划表见表14-11。

预制加工品需要量计划表 表14-11

序号	预制加工品名称	型号/图号	规格尺寸(mm)	需要量		要求供应起止日期	备注
				单位	数量		

施工机具需要量计划是根据施工方案和施工进度计划,分析确定的施工机具名称、规格、型号、功率、数量和进场时间,一般以汇表形式表示。施工机具需要量计划可作为组织施工时落实施工机具来源和组织施工机具进场的依据。施工机具需要量计划表见表14-12。

施工机具需要量计划表 表14-12

序号	施工机具名称	型号	规格	电功率(kV·A)	需要量(台)	使用时间	备注

生产工艺设备需要量计划是根据生产工艺布置图和设备安装进度制,分析确定的生产工艺设备名称、规格、型号、功率、数量和进场时间,一般以汇表形式表示。生产工艺设备需要量计划可作为组织施工时生产设备订货、组织运输和进场后存放的依据。生产工艺设备需要量计划表见表14-13。

生产工艺设备需要量计划表 表14-13

序号	生产机具名称	型号	规格	电功率(kV·A)	需要量(台)	进场时间	备注

施工设施需要量计划是根据项目施工需要,确定的相应施工设施数量、建设时间、使用时间。通常包括:施工安全设施、施工环保设施、施工用房屋、施工运输设施、施工通信设施、施工供水设施、施工供电设施和其他设施。

14.4.8　施工平面布置

1)施工平面布置内容

施工平面布置包括设计施工平面图和编制施工设施计划两部分。

设计施工平面图内容包括:建筑总平面图上的全部地上、地下建筑物、构筑物和管线;地形等高线,测量放线标桩位置;各类起重机械停放场地和开行路线位置;生产性、生活性施工设施和安全防火设施位置。

编制施工设施计划内容包括:生产性和生活性施工设施的种类、规模和数量,以及占地面积和建造费用。

2)施工平面布置依据和原则

施工平面布置依据有:建设地区原始资料;一切原有和拟建工程位置及尺寸;全部施工设施建造方案;施工方案、施工进度和资源需要量计划;建设单位可提供的房屋和其他生活设施。

施工平面布置原则有:施工平面布置要紧凑合理、减少施工占地;尽量利用原有建筑物或构筑物,降低施工设施建造费用;保证现场运输道路畅通,尽量减少场内运输费;尽量采用装配式施工设施,减少搬迁损失;各项施工设施布置满足方便生产、有利生活、安全防火、保护环境要求。

3)施工平面图设计步骤

(1)确定起重机械数量和位置

起重机械数量的计算公式为:

$$N = \frac{\sum Q}{S} \tag{14-1}$$

式中:N——起重机台数;

$\sum Q$——垂直运输高峰期每班要求运输总次数;

S——每台起重机每班运输次数。

固定式起重机械位置,如龙门架、桅杆和井架等,要根据机械性能、建筑物平面尺寸、施工段划分状况、材料运输去向、已有道路、每班需运送的材料数量等来确定。固定式起重机械的位置选择,应尽量使地面、楼面上的水平运距最小。为使各施工段上的水平运输互不干扰,当建筑物各部位高度相同时,固定式起重机械布置在施工段分界点附近;当高度不一时,布置在高低并列处。如有可能,井架、龙门架最好布置在门窗口处,这样可减少砌墙留槎和拆架后的修补工作。为保证驾驶员能看到起重物的全部升降过程,固定式起重机械的卷扬机和起重架应有适当距离。

自行有轨式起重机械位置,如塔式起重机要根据建筑物平面尺寸、吊物重量和起重机能力具体确定。有轨式起重机有沿建筑物一侧和双侧布置两种情况。应使材料和构件可直接送至建筑物的任何施工地点而不出现死角。轨道与拟建工程应有最小安全距离,行驶方便,驾驶员视线不受阻碍。

自行无轨式起重机械位置,如轮胎式和履带式起重机要根据建筑物平面尺寸、构件重量、安装高度、吊装方法、起重机的起重半径来具体确定。

(2)确定搅拌站、材料堆场、仓库和加工场位置

当采用固定式起重机械时,搅拌站及其材料堆场要靠近起重机械,兼顾运输和装卸的方便;当采用自行有轨式起重机械时,搅拌站及其材料堆场应在其起重半径范围内;当采用自行无轨式起重机械时,应将其沿起重机械开行路线和起重半径范围内布置。

施工现场仓库位置应根据其材料使用地点优化确定。各种加工场位置,要就近加工品使用地点和不影响主要工种施工为原则,通过不同方案优选来确定。

基础及第一层所使用的材料,可沿建筑物四周布放。但应注意不要因堆料造成基槽(坑)土壁失去稳定,即必须留足安全尺寸。第二层以上使用的材料,应布置在起重机附近,以减少水平搬运。

当多种材料同时布置时,对大宗的、单位质量大的和先使用的材料应尽量靠近使用地点或起重机附近;对量少、质轻和后期使用的材料则可布置得稍远。

水泥、砂、石子等大宗材料应尽可能环绕搅拌机就近布置。

由于不同的施工阶段使用材料不同,所以同一位置可以存放不同时期使用的不同材料。例如:装配式结构单层工业厂房结构吊装阶段可布置各类构件,在维护工程施工阶段可在原堆放构件位置存放砖和砂等材料。

当浇筑大体积基础混凝土时,搅拌站可直接布置在基坑边缘以减少运距。

加工棚可布置在拟建工程四周,并考虑木材、钢筋、成品堆放场地。

石灰仓库和淋灰池的位置要靠近砂浆搅拌机且位于下风向,沥青堆场及熬制位置要放在下风向且离开易燃仓库和堆场。

(3)确定运输道路位置

施工现场应优先利用永久性道路,或者先建永久性道路路基,作为施工道路使用,在工程竣工前再铺路面。运输道路要沿生产性和生活性施工设施布置,使其畅通无阻,并尽可能形成环形路线。道路宽度不小于3.5m,转弯半径不大于10m,道路两侧要设排水沟,保持路面排水畅通,道路每隔一定距离要设置一个回车场,每个施工现场至少要有两个道路出口。

(4)行政管理和文化福利设施布置

要根据方便生产、有利生活、安全防火和劳动保护要求,具体确定办公室、工人休息室、食堂、烧水房、收发室和门卫等设施的位置。

为单位工程服务的生活用临时设施较少,一般仅有办公室、休息室、工具库等,它们的位置应以使用方便、不碍施工、符合防火为原则。

(5)确定水电管网位置

施工用的临时给水管,一般由建设单位的干管和总平面设计的干管接到用水地点,管径的大小和龙头数目和管网长度须经计算确定。管道可埋置于地下,也可铺设在地面。视使用期限长短和气温而定。工地内要设置消防栓,且距建筑物不小于5m,也不大于25m,距路边不大于2m。如附近有永久消防设施,在条件允许时,应尽量利用。为防止水的意外中断,有时可在拟建工程附近设置简易蓄水池,储存一定数量的生产、消防用水,若水压不足,尚需设置高压水泵。在布置施工供水管网时,应力求供水管网总长度最短。为排除现场地面水和地下水,要接

通永久性地下排水管道;同时做好地面排水,在雨季到来之前修筑好排水明沟。

施工用电要综合考虑,如属于独立的单位工程,要先计算出施工用电总量,并选择相应变压器,然后计算支路导线截面积,确定供电网形式。施工现场供电线路,通常要架空铺设,并尽量使其线路最短。变压器位置应避开交通要道口,安置在施工现场边缘的高压线接入处,四周要用铁丝网或围墙圈住,以保安全。

4)施工平面图管理

施工平面图的比例一般是1:500~1:200。

有时需要几张施工平面图。施工中使用的各种机具、材料、构件、半成品随着工程的进展而逐渐进场、消耗和变换位置,为此,对较大的建筑工程或施工期限较长的工程需按施工阶段布置设计几张施工平面图,以便反映不同施工阶段内工地平面布置。在设计各施工阶段的施工平面图时,凡属整个施工期间内使用的运输道路、水电管网、临时房屋、大型固定机具等不要轻易变动,以节省费用。对较小的建筑物,一般按主要施工阶段的要求设计施工平面图,同时考虑其他施工阶段对场地的周转使用。

施工平面图不但要设计好,且应管理好。常用施工平面图管理措施有:严格按施工平面图布置施工道路、水电管网、机具、堆场和临时设施;道路、水电应有专人管理维护;准备施工阶段和施工过程中应做到工完、料净、场清;施工平面图必须随着施工的进展及时调整补充,以适应变化情况。

 思考题

1. 单位工程施工组织设计包括哪些内容?
2. 单位工程施工组织设计的原则是什么?
3. 单位工程施工组织设计的依据有哪些?
4. 单位工程施工进度计划如何编制?
5. 施工方案、施工进度计划和施工现场平面布置图之间有何关系?
6. 确定施工方案需要考虑哪几方面的内容?
7. 单位工程施工平面图的内容有哪些?
8. 单位工程施工平面图的设计步骤有哪些?

参 考 文 献

[1] 应慧清. 土木工程施工[M]. 北京:高等教育出版社,2009.

[2] 邓寿昌. 土木工程施工 [M]. 北京:北京大学出版社,2006.

[3] 石海均,马哲. 土木工程施工[M]. 北京:北京大学出版社,2010.

[4] 《建筑施工手册(第四版)》编写组. 建筑施工手册[M]. 4 版. 北京:中国建筑工业出版社,2008.

[5] 余群舟. 建筑工程施工组织与管理[M]. 北京:北京大学出版社,2007.

[6] 江正荣. 建筑地基与基础施工手册[M]. 2 版. 北京:中国建筑工业出版社,2005.

[7] 熊学玉,等. 预应力工程设计施工手册[M]. 北京:中国建筑工业出版社,2003.

[8] 中华人民共和国住房和城乡建设部. 钢筋焊接及验收规程:JGJ 18—2012[S]. 北京:中国建筑工业出版社,2012.

[9] 中国建筑科学研究院. 混凝土结构工程施工质量验收规范:GB 50204—2017[S]. 北京:中国建筑工业出版社,2017.

[10] 中交公路规划设计院有限公司. 公路钢筋混凝土及预应力混凝土桥涵设计规范:JTG 3362—2018[S]. 北京:人民交通出版社股份有限公司,2018.

[11] 中华人民共和国住房和城乡建设部. 混凝土结构设计规范:GB 50010—2010[S]. 北京:中国建筑工业出版社,2015.

[12] 中华人民共和国住房和城乡建设部. 建筑施工脚手架安全技术统一标准:GB 51210—2016[S]. 北京:中国建筑工业出版社,2016.

[13] 雍本. 幕墙工程施工手册[M]. 2 版. 北京:中国计划出版社,2007.

[14] 杨嗣信. 建筑工程模板施工手册[M]. 2 版. 北京:中国建筑工业出版社,2004.